设施果树
高效栽培与安全施肥

SHESHI GUOSHU GAOXIAO ZAIPEI YU ANQUAN SHIFEI

张洪昌　李星林　段继贤　主编

中国科学技术出版社
·北　京·

图书在版编目（CIP）数据

设施果树高效栽培与安全施肥 / 张洪昌，李星林，段继贤主编 .—北京：中国科学技术出版社，2017.1

ISBN 978-7-5046-7388-6

Ⅰ. ①设… Ⅱ. ①张… ②李… ③段… Ⅲ. ①果树园艺—设施农业 ②果树—施肥 Ⅳ. ① S628 ② S660.6

中国版本图书馆 CIP 数据核字（2017）第 000467 号

策划编辑	张海莲　乌日娜
责任编辑	张海莲　乌日娜
装帧设计	中文天地
责任校对	刘洪岩
责任印制	马宇晨

出　　版	中国科学技术出版社
发　　行	中国科学技术出版社发行部
地　　址	北京市海淀区中关村南大街16号
邮　　编	100081
发行电话	010-62173865
传　　真	010-62173081
网　　址	http://www.cspbooks.com.cn

开　　本	889mm×1194mm　1/32
字　　数	230千字
印　　张	9.625
版　　次	2017年1月第1版
印　　次	2017年1月第1次印刷
印　　刷	北京盛通印刷股份有限公司
书　　号	ISBN 978-7-5046-7388-6 / S・609
定　　价	29.00元

本书编委会

主　编

张洪昌　李星林　段继贤

副主编

王顺利　李　菡　巩彦如　王超逸

编著者

张洪昌　李星林　段继贤　王顺利

李　菡　巩彦如　王超逸　赵春山

李光威　丁云梅　王　校　谭根生

Preface 前言

设施果树栽培是在人工调节环境因素的条件下进行的果品产期调节，生产反季节、超时令新鲜水果，实现果品周年供应，是一种高效生产方式，对促进农业增效、增加农民收入和繁荣农村经济具有重要意义。

设施果树业发展迅速，但有很多果农不懂得果树设施栽培和安全施肥技术，管理措施不当，导致投资高、经济效益差，甚至造成经济损失，从而制约了果树设施栽培的进一步发展。为进一步普及果树保护地栽培与安全施肥的关键技术，满足广大果农的迫切要求，我们编写了《设施果树高效栽培与安全施肥》一书。笔者从生产实际出发，广泛收集了设施果树栽培与安全施肥的生产实践经验和科研成果，在阐述设施果树栽培与安全施肥相关技术的基础上，着重介绍了10种主要果树设施栽培与安全施肥以及病虫害防治新技术。本书内容新颖，实用性和可操作性强，适合广大果农、果树科技人员、基层农业技术推广人员、农资经营人员、肥料生产企业、农林院校有关专业师生阅读参考。

本书在编写过程中参阅和引用了有关专家、学者和有关科研部门的文献资料，以充实其内容，在此表示感谢。

由于水平有限，书中疏漏和不妥之处在所难免，恳请广大读者、同仁专家批评指正。

编著者

Contents 目录

第一章 设施果树安全施肥基础知识

第一节　设施果树安全施肥技术

一、设施果树安全施肥概述

（一）果树安全施肥的概念

果树安全施肥，是指通过肥料科学合理施用，保护果树和生态环境的安全，从而确保水果的食用安全。水果的食用安全，是指水果产品中危害人体健康的成分如硝酸盐、重金属等毒性物质和农药残留含量不得超过国家有关规定的指标。

施肥对水果产品质量的影响是一个较为复杂的问题。一般来说，通过肥料的科学合理施用，可以提高水果产量，改善水果产品品质，培肥土地，提高产量水平。

果树安全施肥是一项技术性很强的果树增产措施，其基本内容包括：①选用的肥料种类或品种；②果树需肥特点；③目标产量；④施肥量；⑤养分配比；⑥施肥时间；⑦施肥方式、方法；⑧施肥位置。每一项具体的安全合理施肥技术都与施肥效果有着密切关系，如图 1–1 所示。

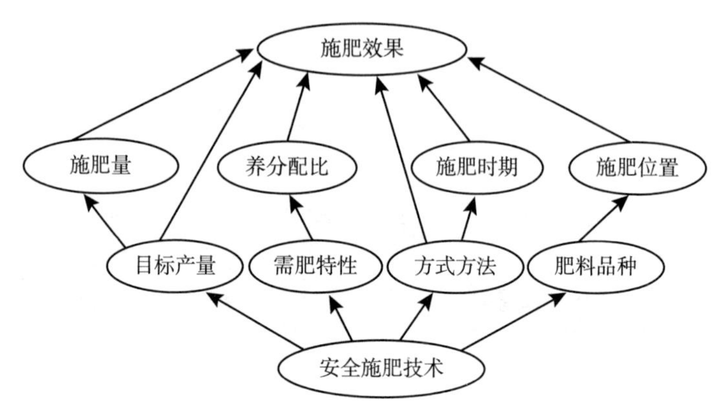

图 1-1 安全施肥技术与施肥效果关系示意图

肥料的种类很多，选择肥料时应了解肥料的性质和功能、特点、施用方法，同时考虑土壤肥力、各种果树的需肥特性，做到因土壤、作物、气候等因素进行安全合理施用，以获得优质、高产、高效，防止水果产品污染和生态环境污染。

（二）果树安全施肥的重要意义

肥料是水果生产的“粮食”，是果树栽培的重要生产资料，在水果生产中起着重要的作用，具体如下。

第一，提高果树产量。据调查统计资料显示，肥料的平均增产效果在 40%～60%。

第二，改善水果品质。通过科学合理安全施肥，可以有效改善水果品质，如适量施用钾肥，可明显提高水果糖分和维生素含量，降低硝酸盐含量；适量施用钙肥，可以防治水果水心病、脐腐病等。

第三，保障耕地肥力。通过科学合理安全施肥，补充土壤被作物吸收带走的养分，保护耕地生产力。

第四，使果树生长茂盛，提高地面覆盖率，减缓或防止水土流失，保护地表水域、水体不受污染，相应地起到了保护环境

的作用。

第五，提高肥效，使果树健壮生长，减少农药用量，不仅降低生产成本、增加效益，还对保护生态环境有重要意义。

在我国现在水果生产中，肥料投入占全部农业生产资料投入的50%以上。值得注意的是，肥料的施用也并非越多越好，过量或不合理施用肥料会导致水果产品质量安全问题，使人体健康受到威胁。例如，氮肥过量施用，可能导致作物抗病虫、抗倒伏能力下降，产量降低；引起水果中硝酸盐的富集；氮素的淋失会对地表水和地下水产生环境污染；氨的挥发和反硝化脱氮会对大气环境产生污染。

（三）果树安全施肥的基本原则

果树安全施肥的基本原则是：根据果树的需肥特点和果树土地供肥状况及肥料效应，以有机肥为主，化肥为辅，充分满足果树对各种营养元素的需求，保持或增加土壤肥力及土壤微生物活性，所施的肥料不应对果园环境和果实品质产生不良影响，使用符合国家有关标准的农家肥、化肥、微生物肥料和新型肥料及叶面肥等。

禁止施用的肥料类别有：①未经无害化处理的城市垃圾，含有金属、橡胶和有毒物质的垃圾、污泥，医院的粪便、垃圾和工业垃圾。②硝态氮肥和未腐熟的人粪尿。③未获国家有关部门批准登记生产的肥料等。

（四）设施果树的安全施肥要点

设施果树要秋施有机肥，施肥量较露地栽培应增加30%，以利改土和营养树根，增加果树养分储备量；适当减少和控制化肥的施用量，化肥的施用量为露地栽培的1/3～1/2；应重视二氧化碳施肥和叶面喷施肥；根据土壤养分情况及时补充中量和微量元素肥料，以喷施为佳。在花期喷施0.3%硼砂水溶液，加0.2%尿素或0.2%磷酸二氢钾水溶液，也可喷施氨基酸复合微肥，可显著提高坐果率。

二、设施果树安全施肥时期

（一）基　肥

基肥是较长时期供给果树养分的基础肥料。作基肥施用的主要是有机肥和迟效化肥，也可根据果树种类和树相，配施适量的速效肥料。基肥施入土壤后，逐渐分解，不断供给果树需要的常量元素和微量元素。基肥于果实采摘后尽早施入效果最好，采果后果树根系生长仍较旺盛，因施基肥造成的伤根容易愈合，切断一些细小根可促发新根。施基肥可提高树体营养水平和细胞液浓度，有利于翌年萌芽开花和新梢早期生长。

（二）追　肥

当果树需肥量增大或对养分的吸收强度猛增时，基肥释放的有效养分不能满足需要，就必须及时追肥。追肥既是当季壮树和增产的肥料，也为果树翌年的生长结果打下基础。追肥数量、次数和时期与树龄、树相、土质及气候等因素有关。一般幼龄树追肥宜少，随着结果的增多，追肥次数也要增加，以协调长树与结果的矛盾。一般成年结果树每年追肥 2～4 次，依果树类别和果园具体情况酌情增减。

1. 花前追肥　果树萌芽开花需消耗大量营养物质，若树体营养水平较低，而氮素供应不足时，易导致以后大量落花落果，并影响树体生长。一般果树花期正值养分供应高峰期，对氮肥敏感，只有及时追肥才能满足其需要。对弱树、老树和结果量大的树，应加大追肥量，促萌芽开花整齐，提高坐果率，并加强营养生长。若树势强，而且施基肥充足，花前肥应推迟至开花后再追施。春季干旱少雨地区，追肥须结合浇水，才能充分发挥肥效。

2. 花后追肥　落花后是坐果期，也是果树需肥较多的时期。幼果生长迅速，新梢生长加快，都需要较多氮素营养。追肥可促新梢生长，扩大叶面积，提高其光合效能，利于碳水化合物和蛋白质的形成，减少生理落果。

3. 果实膨大与花芽分化期追肥　此期花芽开始分化，部分新梢停止生长，追肥可提高果树的光合效能，促进养分积累，提高细胞浓度，有利于果实肥大和花芽分化。这次追肥既保证了当年产量，又为翌年结果打下基础，对克服大小年结果现象也有效。一些果树的花芽分化期是氮肥的最大效率期，追肥后增产明显。结果不多的大树或新梢尚未停长的初结果树，也应追施适量氮肥，否则易引起二次生长，影响花芽分化。此期追肥还要注意氮、磷、钾适当配合。

4. 果实生长后期追肥　此次追肥主要解决大量结果造成树体营养物质亏缺和花芽分化的矛盾。尤其是晚熟品种后期追肥十分必要。据研究，树体内含氮化合物一般以 8 月份含量最高，若前期氮肥不足，则秋季树体氮素含量逐渐减少，落叶前减至最少。因此，后期必须追施氮肥。适量配施磷、钾肥可提高果实品质，改善着色效果。这对盛果期大树尤为重要。在实际生产中，有些地区将此次追肥与施基肥相结合。

因地域不同，果树类别不同或物候期的差异，各地施肥的时期和次数也有所不同

三、设施果树安全施肥量的确定

设施果树栽培是一个庞大的生态体系，确定果树的安全施肥量是一个较复杂的施肥技术问题。由于影响施肥量的因素是多方面的，从而使施肥量有较大的变化幅度和明显的地域差异。鉴于我国目前的水果生产实际情况，并考虑到方法的可操作性，本书只介绍养分平衡法来确定果树的安全施肥量。

养分平衡法是国内外施肥中最基本、最重要的方法。是根据果树需肥量与土壤供肥量之差来计算达到目标产量（也称计划产量）的施肥量，其计算公式为：

$$\text{某养分元素肥料的合理用量（千克/公顷）}=\frac{\text{果树养分吸收量（千克/公顷）}-\text{土壤养分供应量（千克/公顷）}}{\text{肥料中的该养分含量（\%）}\times\text{肥料当季利用率（\%）}}$$

（一）果树的养分吸收量

一般用下式求出：

$$\text{果树的养分吸收量（千克/公顷）}=\text{果品单位产量的养分吸收量（千克/公顷）}\times\text{目标产量（千克/公顷）}$$

1. 果品单位产量的养分吸收量 就是每生产 1 千克果品需要吸收某营养元素的量。该值可通过田间试验取得，一般做法是：把一定区域内果树一个生产周期生长的地上部分收获起来，对枝、叶、果等分别称重，并测定它们的养分含量，求出某养分的吸收总量，再除以该区域内一个周期的果品产量，所得的商就是果品单位产量对某养分的吸收量。在实际生产中，可查阅相关资料，参考前人对该项参数的研究结果。表 1–1 列出了几种果品单位产量对氮、磷、钾的吸收量。

表 1–1 几种果品单位产量对氮、磷、钾的吸收量

果品类别	收获物	养分吸收量（千克/1 000 千克鲜果）		
		氮	五氯化二磷	氧化钾
苹 果	果 实	2.0～3.0	0.2～0.8	2.3～3.2
梨	果 实	3.0～4.7	1.5～2.3	3.0～4.8
桃	果 实	2.5～4.8	1.0～2.0	3.0～7.6
李	果 实	1.5～1.8	0.2～0.3	3.2～3.5
枣	果 实	15.0	10.0	13.0
板 栗	果 实	14.7	7.0	12.5
葡 萄	果 实	6.0	3.0	6.0～7.2
柑 橘	果 实	6.0	1.1	4.0
香 蕉	果 实	4.8～5.9	1.0～1.1	18.0～22.0

2. 目标产量　也称为计划产量，确定该项指标是养分平衡法计算施肥量的关键。目标产量绝不能凭主观意志决定，必须从客观实际出发，统筹考虑果树的产量构成因素和生产条件（如地力基础、水浇条件、气候因素）。若目标产量定得太低，难以发挥果园的生产潜力；若定得太高，施肥量必然较大，如果实际产量达不到目标值，就会供肥过量，造成浪费，甚至污染环境。从近 10 年来我国各地实验研究结果和生产实践得知，果园目标产量首先取决于树相与群体结构，管理水平、地力基础、水源条件及气候因素等也是影响目标产量的重要条件。拟定和调整目标产量也应参考当地果园上季的实际产量和同类区域果园的产量情况。

（二）土壤养分供应量

土壤养分供应量的计算，是根据地力均匀的同一果园不施肥区的果品产量，乘以果品单位产量的养分吸收量。计算公式为：

$$\frac{\text{土壤养分供应量}}{\text{（千克／公顷）}}=\frac{\text{果品单位产量的养分}}{\text{吸收量（千克／公顷）}}\times\frac{\text{不施肥区果品产量}}{\text{（千克／公顷）}}$$

式中，果品单位产量的养分吸收量与前文中的取值相同。

（三）肥料中的养分含量

商品肥料（化肥、复混肥、精制有机肥、叶面肥等）都是按照国家规定或行业标准生产的，其所含有效养分的类别与含量都标注在肥料包装或容器标签上，一般可直接用其标定值。果农积造的各类有机肥（堆沤肥、秸秆肥、厩肥、饼肥等）的养分类别与含量，可采集肥料样品到农业测试部门化验取得，也可通过田间试验法测得。

（四）肥料的当季利用率

肥料的当季利用率是指当季果树从所施肥料中吸收的养分

量占所施肥料养分总量的百分数。它不是恒定值，在很大程度上取决于肥料用量、用法和施肥时期，且受土壤特性、果树生长状况、气候条件和农艺措施等因素的影响而变化。一般有机肥的当季利用率较低，速效化肥的当季利用率较高，有些迟效化肥（如磷矿粉）的当季利用率很低。

根据前人试验结果和多方面统计资料，现将几种肥料的主要养分利用率及肥效速度汇总列于表 1–2，供参考。

表 1–2　几种肥料的主要养分利用率与肥效速度

（河北省保定地区）

肥料种类	主要养分含量（%）			利用率（%）	肥效速度（%）		
	氮	五氧化二磷	氧化钾		第一年	第二年	第三年
厩　肥	0.3～0.5	0.09～0.11	0.5	20～30	34	33	33
人粪尿	0.5～0.8	0.10～0.15	0.20～0.25	40～50	75	15	10
草木灰	—	0.25～0.40	2.0～3.0	30～40	75	15	10
氨　水	16.0	—	—	50	100	0	0
硫酸铵	21.0	—	—	70	100	0	0
碳酸氢铵	17.0	—	—	50	100	0	0
尿　素	46.0	—	—	50～70	100	0	0
过磷酸钙	—	14.0～20.0	—	20～30	45	35	20

肥料利用率的高低直接关系到投肥量的大小和经济收入的多少，国内外都在积极探索提高肥料利用率的途径，下面介绍田间差减法。

用田间差减法测定肥料利用率较为简便，其基本原理与养分平衡法测定土壤供肥量的原理相似，即利用施肥区果树吸收养分量减去不施肥区果树吸收的养分量，其差值视为肥料供应的养分量，再除以肥料养分总量，所得的商就是肥料的利用率。算式表达式为：

$$\text{肥料利用率}(\%)=\frac{\text{施肥区果树吸收养分量（千克/公顷）}-\text{不施肥区果树吸收养分量（千克/公顷）}}{\text{肥料施用量（千克/公顷）}\times\text{肥料中的养分含量（\%）}}\times 100\%$$

例如，某果园不施肥区苹果产量为9 000千克/公顷，施用有机肥80 000千克/公顷小区苹果产量为30 000千克/公顷。已测得该有机肥氮、磷、钾养分含量为：氮0.5%、五氧化二磷0.15%、氧化钾0.4%；苹果单位产量（1千克）的养分吸收量为氮0.003千克、五氧化二磷0.000 8千克、氧化钾0.003 2千克。试求出该有机肥中氮、磷、钾的利用率。将产量数据和氮素数据代入算式，即可计算出有机肥中氮的利用率：

$$\text{有机肥中氮素利用率}(\%)=\frac{30\,000\times 0.003-9\,000\times 0.003}{80\,000\times 0.5\%}\times 100\%=15.75\%$$

同理，可求出磷、钾的利用率：

$$\text{有机肥中磷素利用率}(\%)=\frac{30\,000\times 0.000\,8-9\,000\times 0.000\,8}{80\,000\times 0.5\%}\times 100\%=14\%$$

$$\text{有机肥中钾素利用率}(\%)=\frac{30\,000\times 0.003\,2-9\,000\times 0.003\,2}{80\,000\times 0.4\%}\times 100\%=21\%$$

四、设施果树安全施肥方法

（一）土壤施肥

土壤施肥是将肥料施在根系生长分布范围内，便于根系吸收，最大限度地发挥肥料效能。土壤施肥应注意与浇水的结合，特别是干旱条件下，施肥后尽量及时浇水。果树常用的施肥方法有以下几种。

1. 环状沟施　在树冠外围稍远处即根系集中区外围，挖环

状沟施肥然后覆土。环状沟施肥法一般多用于幼龄树。

2. **放射状沟施** 以树干基部为中心，呈放射状向四周挖多条（4～6条或更多）沟。沟外端略超出树冠投影的外缘，沟宽30～70厘米，沟深一般达根系集中层，树干端深30厘米，外端深60厘米，施肥覆土。隔年或隔次更换施肥沟的位置，扩大施肥面积。

3. **条状施肥** 在果树行间、株间或隔行挖沟施肥后覆土，也可结合深翻土地进行。挖施肥沟的方向和深度尽量与根系分布变化趋势相吻合。

4. **撒施** 将肥料均匀地撒在土壤表面，再翻入深20厘米的土中，也有的撒施后立即浇水或划锄地表。成年果树或密植棚（室），根系几乎布满全棚（室）时多用此法。该法施肥深度较浅，有可能导致根系上翻，降低果树抗逆性。若将此法与放射状沟施法隔年交替应用，可互补不足。各地还有围绕树盘多点穴施等施肥形式，作为撒施和沟施的补充方法。

5. **灌根施肥** 灌根施肥是将肥料配制成水溶液，也可加入防治果树病虫害的农药，直接灌于果树根的分布区域。此法具有节省肥料、速效、不伤根，可与部分农药混用等特点。

6. **果园绿肥种植与施用** 果园种植绿肥可充分利用土地、光能等自然资源。绿肥还可用作养殖用饲草，过腹还田，实现经济效益与生态效益双丰收。

（二）根外施肥

1. **叶面喷施** 此法用肥量小，发挥作用快，而且几乎不受树体养分分配重点的影响，可直接针对树冠不同部位分别施用，满足养分急需，也避免了养分被土壤所固定。一般喷施后15分钟至2小时即可吸收。根外追肥可提高叶片光合强度50%～100%及以上。喷后8～15天，叶片对肥料元素反应最明显，以后逐渐降低，20～30天后基本消失。根外追肥不能完全替代土壤施肥，两者相互补充，可发挥施肥的最佳效果。

喷肥浓度一般尿素为0.3%～0.4%，磷酸二氢钾为0.2%～0.5%，硫酸钾为0.5%，过磷酸钙为0.5%～1%，硼砂为0.1%～0.2%，硫酸锌为0.1%～0.2%，硫酸锰为0.05%～0.1%，农用稀土为0.1%。

掌握好喷肥时间，扣棚期因棚内湿度大，叶面容易积成水珠，喷肥时必须在水珠蒸发干后进行，一般在上午10时至下午4时之间喷肥。非扣棚期，一般在上午8时至下午6时进行喷肥。但在温度过高的情况下，要避开上午10时至下午4时。

喷肥时期一般在开花前期、落花期、幼果期、叶面缺素期进行叶面喷肥。每次喷肥间隔应在10天左右。一般花期喷施微肥，果期喷施化肥。

适宜喷肥的空气相对湿度一般在50%～80%。

视果树生长状况喷肥。当树体长势较弱、叶色发黄、生长缓慢时，则为植株缺氮，此时应以氮肥为主，配合喷施磷、钾肥。当树体长势过壮、叶大嫩绿、节间过长时，为氮素过于丰富，此时喷肥应以磷、钾肥为主。

喷洒部位叶片背面叶孔较多，肥料易渗进去，喷肥要以叶背面为主，最好正反面兼顾。

2. 树干注入法　有些地区采用对树干压力注射法，将肥料水溶液送入树体；还有的采用给树干输液法，即在树干上打孔，然后插上特制的针头，用胶管连通肥料溶液桶，这些方法在改善高产大树的营养状况和快速除治果树缺素症等方面具有特效。

五、设施果树施肥新技术

（一）水肥一体化技术

水肥一体化技术是将灌溉与施肥结合起来的一种新技术，是将肥料溶解在灌溉水中，利用灌溉设施输送给每一株果树，以满足其生长发育的需要。还可以将可溶性农药如除草剂、土壤消毒剂等，借助灌溉设施进行实施。灌溉施肥有冲施、喷灌、微灌、渗灌等方法，将肥料混入灌溉水中，肥随水走。其特点是可控制、节水、节肥，供肥较快，肥力均匀，对根系损伤小，肥料利用率高，节省劳动力、增产、增效，具有显著的节水、节肥、节省劳力、高效等特点。

水肥一体化又称为灌溉施肥、管道施肥、滴灌施肥、喷灌施肥、微喷灌施肥等，或叫水肥一体化管理。通过灌溉系统施肥进行灌溉和施肥，目前多采用微灌方式实施。

1. 微灌的种类 微灌是利用微灌设备组装成的微灌系统，液体物料通过增压输送到蔬菜作物的根际部位，以微小的流量湿润作物根际土壤，供作物吸收利用。目前微灌多采用滴灌和微喷灌方法。

（1）滴灌 滴灌是将有压力的水或带有肥料等的水溶液经过滤后，通过管道输送到滴头，以水滴形式向蔬菜作物根际供应的方法，包括作物根际地表滴灌或地下滴灌 2 种形式。每个滴水器的流量一般为 2～12 升 / 小时，使用压力为 50～150 帕。

（2）微喷灌 微喷灌是利用低压管道系统，以小流量将水或水溶液喷洒到蔬菜作物根际土壤表面的方式。微喷灌时水流以较快的速度由喷头的喷嘴喷出，形成细小的水滴落到土壤表面湿润土壤。微喷头有折射式和旋转式 2 种，前者喷洒范围较小，水滴细小，是一种雾化喷灌方式；后者喷洒范围较大，水滴也大。微喷头的流量一般为 10～250 升 / 小时，压力一般为 200～300 帕。

2. 微灌的管理技术

（1）用水管理 主要是灌水量，而灌水量与土壤容重、湿润深度、灌水面积有关。

灌水量（米^3/667 米^2）＝土壤容重（1000 千克 / 米^3）×土壤适宜含水量的上下限值×计划湿润深度（米）× 667 米^2

计划湿润深度随作物生育期不同而变化，一般苗期为0.3～0.4米，还随着蔬菜作物不断生长发育而逐渐加深，一般为0.8～1米。

具体浇水时间和浇水量应根据作物的种类和不同生育期的需水特性及环境条件、土壤含水量等来确定。

（2）施肥管理　结合微灌进行施肥，具有方便、均匀、快捷、利于作物吸收等特点，便于蔬菜作物在不同的生长发育期进行配方施肥，可提高养分的有效性和利用率。但对一些有腐蚀性的肥料易腐蚀损坏管线和喷头，施肥结束时应再用循环一定时间的清水冲洗管道和喷头，以延长灌溉设施寿命。

在使用微灌进行施肥时，应选择纯度高、杂质少、不沉淀或沉淀少的肥料为宜。如果肥料溶于水之后沉淀物较多时，在使用前应进行过滤，然后导入微灌系统。还应注意施肥浓度，应根据不同果树作物的耐肥性和测土配方施肥要求，合理确定施肥量，严格防止肥料溶液浓度过大造成烧伤果树。

（二）穴贮肥水新技术

穴贮肥水是一种节约用水、集中使用肥水和加强自然降水的蓄水保墒新技术。它适用于干旱少雨地区的果园进行土壤肥水管理。其主要技术规程是：于果树春季发芽前，在树冠外缘下根系密集区内均匀地挖直径30～40厘米、深40～50厘米的穴若干，每穴内直立埋入一直径20～30厘米、长30～40厘米的用玉米秸、麦秸、谷草、杂草等捆扎而成并已充分吸足肥水的草把。草把上端比地面低约10厘米，四周及上部用混有氮、磷、钾和有机肥的土壤埋好、踏实。使穴顶比周围地面略低，呈漏斗状，以利积水。后在其上覆膜，四周用土压好封严，并在穴的中心捅一孔。以后的施肥浇水都将在穴孔上进行。

该技术可以局部改善果园土、肥、水状况，促进果树根系发育，操作简单，取材方便，投资少，节水节肥，增产优质，增

效显著。

（三）树干强力注射施肥技术

该技术是将果树所需要的肥料配成一定浓度的溶液，从树干强行直接注入树体内，靠机具持续的压力将进入树体的肥液输送到根、枝和叶部，直接被果树吸收利用。这种方法的优点是可及时矫治果树缺素症，减少肥料用量，提高其利用率，不污染环境。但存在易引起腐烂病等缺点。目前，多用此法来注射铁肥，以治疗果树缺铁失绿症。

（四）二氧化碳施肥技术

二氧化碳是植物进行光合作用的重要原料，植物正常进行光合作用时周围环境中二氧化碳浓度为 300 微升 / 升。在棚室内日出前二氧化碳浓度可达到 1 200 微升 / 升；日出后，植物开始进行光合作用，二氧化碳浓度迅速下降，2 小时后降至 250 微升 / 升。当降至 100 微升 / 升以下时，植株光合作用减弱，植物生长发育受到严重影响。施用二氧化碳提高抗病虫害能力，可增加果树产量，改善品质，果树能提早成熟上市。二氧化碳施肥是设施果树栽培的重要增产措施之一。

具体施肥方法见本章第三节第二部分气体调控有关内容。

第二节　设施果树营养诊断与补救措施

一、设施果树营养失调症状分类及诊断

（一）果树缺素一般症状及检索

根据果树因缺素出现的病症，可以判断果树的缺素情况。果树缺乏矿质营养元素的症状检索表见表 1-3。

（二）果树缺素症状分类

各种类型的缺素或营养失调症，一般均首先表现在叶片上，

表 1-3　果树缺乏矿质营养元素症状检索表

	症　　　　状	缺乏元素
老叶	症状常遍布整株，基部叶片干焦和死亡 植株浅绿，基部叶片黄色，干燥时呈褐色，茎短而细	缺　氮
	植株深绿，常呈红或紫色，基部叶片黄色，干燥时暗绿，茎短而细	缺　磷
	症状常限于局部，杂色或缺绿，叶缘杯状卷起或卷皱 叶杂色或缺绿，有时呈红色，有坏死斑点，茎细	缺　镁
	叶杂色或缺绿，叶尖和叶缘有坏死斑点	缺　钾
	坏死斑点大而普遍出现于叶脉间，最后出现于叶脉，叶厚	缺　锌
嫩叶	顶芽死亡，嫩叶变形和坏死 嫩叶初呈钩状，后从叶尖和叶缘向内死亡	缺　钙
	嫩叶基部浅绿，从叶基部枯死，叶扭曲	缺　硼
	顶芽仍活但缺绿或萎蔫 嫩叶萎蔫，无失绿，茎尖弱	缺　铜
	嫩叶不萎蔫，有失绿 坏死斑点小，叶脉仍绿	缺　锰
	有或无坏死斑点 叶脉仍绿	缺　铁
	叶脉失绿	缺　硫

失绿黄化，或呈暗绿、暗褐色，或叶脉间失绿，或出现坏死斑。这种共同特征主要因为每种元素都不是各自独立地被植物吸收，且又多与几种代谢功能有关，而功能之间则是相互联系的。例如大多数代谢失调导致蛋白质合成受破坏，或一些酶功能不正常，叶中氨基酸或其他物质（如丁二胺）累积而造成中毒症状等。不过，在供应短缺的情况下，首先表现出来的症状又往往与此元素最主要的功能有关，这是缺素症特异性的一面。

（三）果树缺素症状诊断

在观察果树营养失调症时，有的营养元素的缺乏症状很相似，容易混淆。例如，缺锌、缺锰、缺铁、缺镁的主要症状都是叶脉间失绿，有相似之处，但又不完全相同，可以根据各元素的缺乏症状的特点来辨识。辨识微量元素缺乏症状有以下3个要点。

1. 叶片大小和形状 例如，缺锌的叶片小而窄，在枝条的顶端向上直立呈簇生状，缺乏其他微量元素时，叶片大小正常，没有小叶出现。

2. 失绿的部位 缺锌、缺锰和缺镁的叶片，只有叶脉间失绿，叶脉本身和叶脉附近部位仍然保持绿色。而缺铁叶片，只有叶脉本身保持绿色，叶脉间和叶脉附近全部失绿，因而叶脉形成了细网状，严重缺铁时，较细的侧脉也会失绿。缺镁的叶片，有时在叶尖和叶基部仍然保持绿色，这是与缺乏微量元素显著不同的。

3. 叶片颜色的反差 缺锌、缺镁时，失绿部分呈浅绿色、黄绿色以至于灰绿色，中脉或叶脉附近仍保持原有的绿色。绿色部分与失绿部分相比较时，颜色深浅相差很大。缺铁时叶片几乎呈灰白色，反差更强。缺锰时反差很小，是深绿色或浅绿色的差异。

元素缺乏症不仅表现在叶或新梢上，根、茎、芽、花、果实均可能出现症状，判断时需全面查验。果树缺钙现象比较普遍，且主要表现在果实上。果实缺钙症状主要集中在果实膨大期和成熟期。微量元素的缺乏与土壤类型相关，缺锰或缺铁一般发生在石灰性土壤中，缺镁只出现在酸性土壤中，只有缺锌会出现在石灰性土壤和酸性土壤中。

二、设施果树营养失调的种类与危害

（一）缺 素 症

缺素症是指由于某种营养元素供应不足使果树生长发育发生异常变化的现象。如缺氮、缺铁、缺锌时，叶片往往失绿黄化，严重影响果树的光合作用和养分积累。缺素症是果树上最常见的营养失调症，多是由于长期施肥不足和土质土性不好将养分

固定而使果树难以吸收利用所造成的。轻则叶片变色失常、新梢生长缓慢和果实发育畸形等，重则造成新梢衰弱干枯，甚至树体死亡。

（二）多 素 症

多素症是指某些元素过多使果树生长发育发生异常变化的现象。如氮素过多易造成枝条徒长，使果实质量降低，成熟推迟，着色变差，硬度不足使贮藏性降低等。特别是一些有害的盐分积累，轻则造成叶片变小失绿或发生褐斑坏死而脱落，重则新梢、枝条和根系大量干枯，甚至整树死亡。多素症多发生在施肥不当和盐碱地果园。

（三）多素缺素症

多素缺素症是指由于某些元素过多影响了其他元素的吸收，从而破坏了营养元素的平衡使树体发生异常变化的现象。这种树从表面上看是缺素症，实际上是多素危害症。如氮肥和钾肥施量过多时，影响钙的吸收，往往引起缺钙性果实水心病。又如过量施用磷肥会引起树体缺锌，锰过多的土壤常会引起缺铁。多素缺素症多发生在施肥不当、污水灌溉和盐碱地果园，对果树危害更大。因为缺素的症状容易误导栽培上采取某些改进措施，可能使树体因得不到及时治理而加速衰亡过程。

总之，果树体内各种营养元素之间的关系十分复杂，有的是相助作用，有的是拮抗作用，还有的常与当时的激素水平、酶的活性和环境条件相关联。所以，果树营养失调症的治理应做到具体问题深入分析、整体问题全面分析和表面问题实质分析。

三、土壤养分缺素症的临界线参考值

一般情况下，当土壤中某种元素含量低到一定程度时就容易引起作物缺素症，引起土壤缺素症的临界线参考值，见表 1–4。

表 1-4　土壤养分缺素症的临界线参考值

营养元素名称			临界含量（100克土）
大量元素	氮（N）	全氮（N）	＜1000 毫克
	磷（P）	全磷（P_2O_5）	＜30 毫克
	钾（K）	交换钾（K_2O）	＜5 毫克
中量元素	钙（Ca）	交换钙（CaO）	＜28 毫克
	镁（Mg）	交换镁（毫克）	＜10 毫克
	硫（S）	全硫（S）	＜20 毫克
pH 值	4.8		
微量元素	锌（Zn）	乙酸钠缓冲液浸出	＜10 毫克
	硼（B）	还原性锰	＜8 毫克
	锰（Mn）	热水浸出	＜0.02～0.03 毫克
	铜（Cu）	0.1 摩 / 升盐酸浸出	＜0.05～0.09 毫克
	铁（Fe）	0.1 摩 / 升盐酸浸出	＜0.09～0.16 毫克
	钼（Mo）	草酸铵浸出	＜0.012～0.04 毫克
特殊元素	硅（Si）	pH 值为 4 的乙酸钠缓冲液浸出 SiO_2	＜10 毫克

四、几种相似失绿症的辨别

有些微量元素的缺素症十分相似，容易混淆，这给树体相貌的营养诊断带来了一定的难度。这里以锌、锰、铁、镁 4 种微量元素的缺素症为例，说明它们的共同表现与不同特征，供参考。

（一）共同表现

锌、锰、铁、镁 4 种缺素症的主要表现大体相同，都是叶片的脉间失绿。

（二）不同特征

以上 4 种缺素症的不同点有以下方面。

1. 病叶形状不同　缺锌的特点是小叶病，即在枝梢顶端簇生小而窄的变形叶。而缺锰、缺铁、缺镁的叶片大小正常。

2. **失绿部位不同**　缺锌、缺锰、缺镁时叶脉间失绿，叶脉及其附近仍保持绿色。而缺铁的叶片只是叶脉本身为绿色，形成细的网状结构，严重时侧脉也失绿。缺镁时叶片有时在叶尖和叶基仍保持绿色，与其他缺素症明显不同。病叶部位也不同，缺铁、缺锌的叶多在枝梢的上部，且缺锌症状为簇生小叶，容易区别。而缺镁、缺锰的叶片多在枝梢的下部，尤其是严重缺锰时虽然几乎可使全部的叶片发生黄化，但顶梢的新叶仍保持绿色。

3. **病叶色差不同**　缺锌、缺镁、缺铁的叶片，脉间的失绿部分与叶脉及其附近的持绿部分色差明显，尤其缺铁叶片非常黄白，色差更大。而缺锰叶片这种色差较小。

五、果树营养失调的原因与防治

（一）氮的缺素多素与矫治

1. **缺氮原因与矫治**　果树缺氮除施氮肥不足原因之外，还与土壤类型有关。容易缺氮的土壤主要是有机质含量低的土壤和雨水冲刷严重的沙质土。所以矫治缺氮症的途径，一是对沙质土应进行客土改造，掺入一定的黏土，并在雨量多的地区和季节做好排涝防冲刷工作。二是结合秋季深翻多施有机肥，特别是豆秸肥。三是适时追氮，同时注意用少量多次的方法逐步恢复，必要时配合叶面喷肥。

2. **多氮原因与矫治**　氮素过多一般是盲目施用所造成的，主要影响果树枝叶和果实的质量及土壤结构。这种现象只要暂停或减少施用氮肥，特别是严格控制后期施用，即可逐渐解除。

（二）磷的缺素多素与矫治

1. **缺磷原因与矫治**　果树缺磷除忽视磷肥施用的原因之外，还与土壤类型有关。容易缺磷的土壤主要是高度风化土、石灰土、草炭土和腐泥土等。其中，石灰土中含磷量虽高，但有效性

差。从管理上说，土壤温度低和有机质含量少时也会影响磷的有效性。矫治土壤缺磷的方法，一是直接补充有效磷，二是采取措施促进磷向有效态转化。酸性土施入各种磷肥均可，中性和碱性土以水溶液磷肥为好。在有机肥中以厩肥最好，因为厩肥不仅本身有机磷多，有效期长，而且还能减少酸性土对化学无机磷的固定。对石灰土进行酸化改造和提高地温的管理措施，均有利于磷的有效性转化。

2. 多磷原因与矫治　磷素过量的原因一般是施肥过多造成的，主要表现是缺铜和缺锌症状，甚至还会影响铁等其他微量元素的吸收。这时一方面应通过补铜、补锌等措施来矫治缺素症，一方面应进行树体和土壤分析，探明实际情况。

（三）钾的缺素多素与矫治

1. 缺钾原因与矫治　果树缺钾除忽视钾肥施用的原因之外，还与土壤类型有关。容易缺钾的土壤是沙质土、重黏土、酸性土、草炭土、腐殖土、红壤土等，其中沙质土容易使钾淋洗，重黏土容易使钾固定，红壤土容易使交换性钾减少。从管理上说，不合理的土壤耕作制度也会降低钾对果树的有效性。矫治土壤缺钾的技术途径主要有 2 个，一是增施钾肥弥补缺素，二是改良土壤促进有效钾的转化。如通过客土改良使土壤质地趋向壤土，通过碱化改造中和酸性土壤，通过深翻熟化和增施有机厩肥使有益微生物活跃，通过果园生草、秸秆覆盖改善土壤结构，从而提高果树对钾素的吸收利用率。

2. 多钾原因与矫治　钾素过量的原因主要是对低肥土壤连续施用钾肥的结果，其副作用主要是容易引起缺镁、缺锌和缺铁。实际上，多钾影响其他元素吸收的过程主要发生在土壤中，树体并不一定就过量地吸收钾素而直接发生毒害。所以，这时应注意调整肥料结构，暂时停止对土壤施用钾肥，而增加其他因多钾容易发生缺素的肥料施入。

（四）钙的缺素多素与矫治

1. 缺钙原因与矫治　经常缺钙的土壤有酸性土、沙质土、蛇纹石土、强酸性草炭土、蒙脱土、高钠盐碱土等。从管理上说，凡具有加强这些土壤性质的栽培措施均易引起缺钙，如长期连续施用酸性肥料、常用高钠肥水管理、连续间作需高钙作物等。矫治土壤缺钙的方法主要是增施钙肥和中和土壤的酸性，最常用的措施是施用石灰，其次是施用石膏、硝酸钙、氯化钙、厩肥和硅酸钙矿渣等；并注意调整施用酸性较弱的肥料，禁用高钠肥水，停止间作需高钙作物等。

2. 多钙原因与矫治　容易造成果树多钙的土壤类型主要是含碳酸钙的石灰土和含可溶性钙盐的盐土。从管理上说，过量地施用钙肥和用高钙水灌溉，或过多灌溉和降雨造成地下水位提高而返碱积盐，均易造成果树多钙症。矫治的办法是，在石灰过量的情况下，可用硫酸铵等酸性肥料和土壤改良剂，逐步将其部分中和溶解。在可溶性钙盐过量的情况下，可通过雨季排涝和灌溉淋洗的方法减少根区土壤中钙素的积累。干旱时可采用覆草的方法防止因土壤水分蒸发而造成返碱返盐现象。由于多钙而引发其他元素亏缺时，可按缺素症矫治的方法，有针对性地补肥。

（五）镁的缺素多素与矫治

1. 缺镁原因与矫治　容易引发缺镁症的土壤类型有酸性沙土、碱性土、积水土、冲积土、腐泥土、黏土等。从管理上说，在土壤中大量使用化学肥料和改良剂造成含盐量增高，尤其是钾、钠较多时容易引发缺镁症。所以矫治缺镁症的技术途径，一是补镁，二是合理控制其他拮抗元素的施用量。补镁的方法有土施和叶施 2 种，肥料多是硫酸镁。其中叶面喷施效果较快，但有效期较短，浓度为 2%。土施效果虽慢，但有效期可达 2～3 年。也有的用硝酸镁和氯化镁矫治。

2. 多镁原因与矫治　有些重黏土可能导致镁素过量，尤其

是低钙土壤施镁时容易产生多镁毒害症。所以，可通过改良土壤质地和增施钙肥来矫治多镁症。

（六）铁的缺素与矫治

铁在果树上的失调症一般都是缺素症，很少有多素毒害症。容易发生缺铁的土壤类型主要是石灰土和碱土。矫治的方法主要是追施铁肥和土壤的酸化改造。土壤追施时主要是与有机肥混合使用，效果较快的措施是叶面喷施和枝干注射。肥料种类主要有硫酸亚铁、硫酸亚铁铵、尿素铁、黄腐酸铁 4 种，其中后 2 种在空气中较稳定，不易挥发，常用于叶面喷施，浓度为 0.2%～0.5%。

（七）硼的缺素多素与矫治

1. **缺硼原因与矫治**　容易缺硼的土壤类型有低硼土、酸性土、碱性土、沙质土、草炭土、腐殖土、低有机质土等。缺硼也与降水灌水状况有关，雨水冲刷淋洗严重、长期干旱和灌溉水含硼量较低且含钙量较高时容易使果树缺硼。从施肥上说，长期忽视施用硼肥、有机肥而过多施用石灰时容易缺硼。所以果树缺硼症的矫治应从土肥水综合管理上入手，首先调整好土壤的质地和酸碱度，然后在水分管理上注意雨季排水防涝和旱季灌水，在施肥上注意增施硼肥和有机肥，并防止过量使用钙肥。硼肥中，硼砂因低温下水溶性差和在干燥空气中易风化而多用于土施，可溶性硼化合物多用于叶施，硼酸采用土施和叶施均可。

2. **多硼原因与矫治**　从土壤类型上说，海水沉积土、长期干旱土、硼矿母质土和地质年代新的沉积土均为高硼土。从管理上说，过多追施硼肥和用高硼水灌溉容易发生多硼毒害症。这种情况只要注意合理控制就能得到迅速解除，也可通过适当施用石灰来降低硼的有效释放量。

（八）锰的缺素多素与矫治

1. **缺锰原因与矫治**　果树缺锰多发生在 pH 值 > 6.5 的中性

土和碱性土，特别是含碳酸钙较高的石灰碱性土和碱性土增加有机质时更易发生缺锰症。所以，矫治时要从调整土壤的酸碱度入手，也应采取措施尽可能减少碳酸钙含量。在施入有机肥时应配施生物菌肥，并保持土壤疏松通气，以防锰和有机质形成络合物而使锰的有效性降低。追施锰肥时应注意少量多次，不可过量，不可与碱性肥料混用，叶面喷肥浓度不可大于0.1%。

2. 多锰原因与矫治　果树发生多锰症情况较少，只是在苹果等少数果树上偶尔发生。从土壤类型和管理上说，一般是发生在酸性土壤和部分中性土壤上，如红壤土等。尤其酸性土增加有机质时更容易使锰的有效性增加，所以矫治多锰症时应首先用石灰对土质进行碱化改造。

（九）铜的缺素与矫治

铜在果树上的失调症多为缺素症，很少有多素症。从土壤类型上说，碱性土、石灰土、沙质土、花岗岩土、流纹岩土等果园容易发生缺铜症，当然以石灰性沙碱土果园更重。从管理上说，大量施用氮肥和磷肥容易引起缺铜。矫治缺铜的办法是补施铜肥，氧化铜只适合土施基肥，施于酸性土为好；硫酸铜除土施外，主要用于根外追肥，花后至6月底生长前期可向叶面喷施0.05%硫酸铜溶液。波尔多液农药既可防治病虫，又可兼治缺铜症。

（十）锌的缺素多素与矫治

1. 缺锌原因与矫治　从土壤类型上说，沙质土、盐碱土、贫瘠土、花岗岩土、片麻岩土和被淋洗的酸性土较易缺锌。从管理上说，过多施用磷肥、氮肥、石灰等易导致缺锌。所以，矫治时应首先进行土壤改良，但酸性土不宜用石灰碱化改造。在管理上合理施用磷、氮肥，土施或叶面喷施硫酸锌，树干注射锌肥和钉入镀锌铁钉、铁片等方法都有效。也可通过作物秸秆覆盖、种植绿肥和增施基肥等途径增加果园有机质，配施生物菌肥并对土壤进行杀菌消毒，均有利于防止缺素症。

2. 多锌原因与矫治 有些酸性草炭土、高锌岩石土、锌铅污染土等果园较易发生多锌症。从管理上说，过多施用锌肥和长期施用酸性肥料导致土壤酸化的情况下，容易引起多锌毒害。矫治的办法是施用碳酸钙、碳酸盐和石灰等。

（十一）钼的缺素多素与矫治

1. 缺钼原因与矫治 从土壤类型上说，黄土、沙土、生草灰化土、高位草炭土等含钼量较低，花岗岩红壤土和有些酸性土的钼含量虽高，但有效性较差，这些都可能引发缺钼症。最初表现是在叶脉间出现黄绿色至橙色斑点，接着向外扩展。与缺氮不同的是只在叶脉间失绿，而不是全叶变黄。以后叶缘卷曲、枯萎，最后坏死。矫治的办法是，酸性土可用石灰进行碱化处理，其他原因造成的缺钼症可用钼酸铵或钼酸钠追施防治。花后喷施0.3%～0.6%钼酸铵溶液，1～3次就有效。

2. 多钼原因与矫治 含钼量较高的土壤类型如低位草炭土、腐殖土和石灰性土壤可能发生多钼，但多数情况下是施用钼肥过多而造成。多钼虽然不一定在果树上表现异常症状，但有可能对食果、食草后的人、畜有害，影响健康，所以还应防止过多施用钼肥。

（十二）氯的多素与矫治

氯在果树上的缺素情况很少，但有敏感多素症，主要表现是果个变小，酸度提高，含糖量下降。这类对氯敏感的果树称为忌氯植物，如苹果、鳄梨、葡萄、桃、李、梅、草莓、树莓、樱桃、柑橘、菠萝等。氯过多对果树产量与品质的影响，多数情况是施肥造成的，所以对此类果树应尽量避免施用含氯肥料。如果需施钾肥最好使用硫酸钾，而不用氯化钾。

六、果树营养失调的预防措施

果树营养体系的影响因素很多，其间的关系非常复杂，树体一旦从外貌上表现出缺素或多素的营养失调症，不仅难以准确判断，而且矫治也需要一定的过程，甚至这一过程在时间上比发病过程更长。所以，果树的缺素多素症必须以防为主，从土壤、肥水、树体管理三方面和多个环节建立一个长期稳定的科学管理制度，而且逐步积累经验使其不断完善。

（一）改良土壤

土壤是果树生长发育所需养料的基础，如果在质地、结构、肥力、酸碱度等理化特性上不符合所种植果树的要求，就应当进行改造。如采取沙土掺泥、黏土客沙、酸碱调整、害盐清洗、深翻熟化等措施，从而为果树根系的生长发育和营养吸收创造一个良好的土壤环境。

（二）科学施肥

科学施肥就是根据果树的营养特点、土壤的理化特性、肥料的性能和产品的要求进行合理化施肥。只有这样，才能真正把施肥与果树、地力、市场三者的需要有机地结合起来，才符合优质、高产、高效、持续的现代农业生产方向。从有效预防果树的缺素多素症角度上说，科学施肥主要包括以下 2 个方面。

1. 重视有机肥和生物肥施用 有机农业是持续优质农业的主要组成部分。我国传统农业的肥源主要是有机肥，在那个时代虽然产量受到限制，但土壤的持续生产能力强，产品质量好。现代农业中的肥料结构发生了很大的变化，人们为了取得高产和减少施肥用工，长期大量地单用化肥，不仅破坏土性影响持续生产与产品质量，而且容易引发各种缺素症。扭转这个局面的唯一途径是必须重视有机肥和生物肥施用。因为有机肥是基肥的主体，既能养土活土，提高土壤的耕性肥性和酸碱缓冲力，又能长期稳定地供给果树各种营养元素，从而防止缺素多素症。有机肥施入时期与方法以秋季结合果园深翻进行为宜。生物肥是指各种菌肥，是土壤中有益微生物的后备加强力量，是有机肥分解转化的

加工者，是土壤肥力中有效养分的调供者。我国北方多数果园土壤的有机质很缺乏，不足 1%。从持续优质高产的角度上说，土壤的有机质应保持在 3%～5% 及以上。在此基础上如再补充生物肥，更利于改善果树的营养状况，减少营养失调症的发生。

2. 普及诊断施肥和平衡施肥 以有机肥为主的基肥施用效果比较平稳缓慢，当果树在快速生长期急需养分时还必须用速效化肥进行追肥补充。化肥虽有速效的优点，但也有成本高和污染土壤的缺点。因此，应通过诊断施肥和平衡施肥的方法，以最小的施肥量来满足果树正常生产的需要，这就是科学施肥的实质和原则。诊断施肥就是通过对树体和土壤的营养诊断指导施肥，缺什么施什么，何时缺何时施，哪里缺哪里施。其中最关键的是要找出限制果树产量质量提高的最小养分（即最缺营养元素），从而进行重点补充。平衡施肥是国内外配方施肥中最基本最重要的方法，是根据目标产量与质量的要求，在掌握果树需要量、土壤供给量、肥料可补量和营养元素互作关系的基础上，经过平衡调配和计算后进行定量的施肥，缺多少施多少，如何缺如何施。从防止缺素多素症的角度上看，平衡施肥应重点解决 2 个问题，一是协调各种营养元素的比例，二是如数归还土壤中每年损失的养分。这就需要了解各元素间的拮抗作用、相助作用和果树从土壤中对养分的吸收消耗量。拮抗作用是指某元素存在时对其他元素有效性的抑制效应，相助作用是指某元素存在时对其他元素有效性的促进效应。年生长量的影响，尤其是果实的产量越高，果树从土壤中吸收的养分就越多。所以，平衡施肥是预防果树营养失调症的基础。

（三）合理结果

果实是果树的产品，也是消耗养分的主要器官。实践证明，果树只有合理结果才能保持正常生产和健壮树势。反之，超量结果不仅影响产量和质量，而且会大大降低树体营养水平造成树势

衰弱，甚至引发缺素症。所以，在修剪时应根据树势合理疏花留果，尤其对土肥水条件差且树势明显衰弱的果园应减少产量定额，在冬剪时严格控制花芽量，以防弱树缺素、感病减寿，给树体造成“雪上加霜”的后果。

第三节　设施环境条件的调控

设施栽培为果树创造了特殊可控的小区环境，但设施内的环境条件，并不是露天自然条件的简单移植与模仿，其调控的适宜与否，决定着设施栽培的成败，不同地域、不同树种和不同品种的最适环境条件不尽相同，应根据实际情况区别对待，进行灵活调控。下面将一般的环境调控标准和调控技术阐述如下。

一、设施环境调控标准

（一）设施内气温调控标准

设施果树栽培气温控制标准见表 1–5。

表 1–5　设施果树栽培气温控制标准（℃）

树　种	萌芽期	开花期	果实膨大期	成熟期
桃	11～18	14～17	15～25	25～30
李	12～18	14～20	18～25	22～28
杏	10～15	12～18	12～18	22～30
甜樱桃	18～20	20～22	12～24	22～25
葡　萄	23～25	25～28	28～30	28～32
草　莓	15～25	20～25	20～25	22～25

（二）设施内湿度调控标准

设施果树栽培湿度控制标准见表 1–6。

表 1–6　设施内湿度调控标准（%）

树　种	萌芽期	开花期	果实膨大期	成熟期
桃	80 左右	50～60	＜ 70	＜ 70
李	＜ 80	45～55	50～60	50～60
杏	＜ 80	44～45	50～65	50～60
甜樱桃	70～80	50～60	60 左右	50
葡　萄	70～80	60～65	70	60～65
草　莓	85～90	50	60～70	60～70

（三）其他因素调控标准

设施果树栽培其他因素控制标准见表 1–7。

表 1–7　设施内其他因素调控标准

因　素	调　控　标　准	备　　注
土壤温度	昼夜气温的平均值	升温前 30～40 天地面起垄覆盖地膜
土壤含水量	田间最大持水量的 60%～80%	
光照强度	外界光强的 60%～70%	
二氧化碳浓度	＞ 300 微升 / 升	

二、设施环境调控技术

（一）温度调控

1. **气温调控技术**　设施栽培创造了果树先于露地生长的温度条件，其调节的适宜与否决定着栽培的其他环节。一般认为，设施温度的管理有 3 个关键时期：催芽期、开花期和果实生长发育期。

（1）保温技术　包括优化棚室结构，强化棚室采光和保温设计；选用保温性能良好的保温覆盖材料、多层覆盖；挖防寒沟；人工加温；正确揭盖草苫、保温被等保温覆盖物。

（2）降温技术　通风降温，注意通风降温顺序先通顶风，再放底风，最后打开北墙通风窗进行降温；喷水降温，注意喷水降温必须结合通风降温，防止空气湿度过大；遮阴降温，这种降温方法只能在催芽期使用。

2. **地温调控技术**　在设施内的地温调控技术主要是指提高地温技术，使地温和气温协调一致，避免或减轻核果类果树“先芽后花”现象的发生，以利于开花坐果。主要通过起垄栽培、早期覆盖地膜（一般于扣棚前30～40天覆盖）、建造地下火炕或地热管和电热线等。在我国设施果树生产中常用起垄栽培和早期覆盖地膜2项措施提高地温。

棚内温度应与树种、品种、发育物候期、设施结构相结合进行适当调控。扣棚前10～15天棚内地面全部覆盖地膜，增加地温，棚内升温要逐步进行，夜间温度一般可保持在7℃～12℃，防止棚温逆转，尤其是在花期和幼果期，会导致花器、幼果冻伤，严重影响产量。花期前后白天一般不超过25℃，夜间一般不低于5℃。

（二）湿度调控

设施内空气湿度一般指空气相对湿度。果树不同物候期对湿度要求各异，花期空气相对湿度60%较为适宜，若设施内空气湿度过高，会使棚膜上凝结大量水滴，既影响光合作用，也诱发多种果树病害。花期空气湿度过高或过低都不利于开花、传粉和受精；果实发育后期，如湿度过大，会使新梢徒长，影响光照及花芽的形成，适当控制土壤湿度，有利于增加果实含糖量，提高品质。设施栽培由于避开了自然雨水，为人工调控土壤及空气湿度创造了方便条件。

1. **降低空气湿度技术**　通风换气，可明显降低空气湿度；在温度较低无法通风的情况下，可加温降湿；地面覆盖地膜，既可控制土壤水分蒸发，又可提高地温，是冬季设施生产必需的措

施；灌溉制度改传统漫灌为膜下滴灌，可明显避免空气湿度过大；有条件可采用除湿机来降低空气湿度；在设施内放置生石灰，利用生石灰吸湿，也有较好效果。

2. 增加空气湿度技术 主要通过地面浇灌和空间喷雾来调控，喷水增湿。

3. 土壤湿度的调控 主要通过控制浇水的次数和每次浇水量来实现。

（三）光照调控

光照是设施内热量的主要来源，也是果树光合作用的能量来源。在一定范围内，透入棚室的光照越多，温度越高，果树光合作用越旺盛。设施果树生产是在一年中光照时间最短、光照强度最弱的季节进行，而且设施内的光照强度只有自然光的70%～80%，因此改善设施内的光照条件成为提高设施果树产量和质量的主要措施。

设施果树栽培主要在冬春季进行，进行设施果树栽培，必须重视增强棚（室）内光照。棚室内的光照远远不能满足果树生长需要，由于光照强度低，会导致枝叶旺长，生理落果严重，果实品质差。针对设施内光照强度弱、光谱质量差、光照时间短的特点，进行设施果树栽培，在光的调控上可以采取以下具体措施。

通过建造方位适宜、结构合理的棚室，选择透光性能良好、透光率衰减速度慢的透明覆盖材料并定期清扫，正确揭盖草苫和保温被等保温覆盖材料并使用卷帘机等机械设备，采取合理的栽植密度和适宜的树形、叶幕形及合理恰当的修剪技术，后墙涂白、挂铺反光膜，人工补光等措施可有效改善棚室内的光照条件。此外，选用耐弱光的树种和品种对于改善设施内的光照条件也非常重要。

（四）土肥水调控

果树设施栽培的生长环境中，温度、湿度、光照、通风等

小气候与露地栽培不同。土壤经常处于高温、高湿、高蒸发、无雨淋溶的环境，由于土壤中盐分的积累而使土壤盐渍化，而且土壤盐渍化程度会逐年加重，导致果实产量下降，品质变劣。因此，在设施果树生产中应重视土壤盐渍化的问题并采取措施加以预防。

1. 土壤盐渍化的原因

（1）环境密闭、自然降雨淋溶作用减轻　棚室环境密闭，湿度大，蒸发量小，且不受降雨影响，土壤中盐分不能随雨水冲刷流失，也不能淋溶渗透到深层土壤中去，残留在耕作层土内，使土壤盐渍化。

（2）浇水因素　一是浇水次数频繁。棚室栽培的果树，因温度高、湿度大、生长期长，其生长量要比露地栽培大，灌水次数较多。加之环境条件密闭，致使棚室内土壤的团粒结构遭到破坏，土壤渗透能力降低，吸附作用下降，水分蒸发后使盐分积聚下来。二是水质问题。由于大量污水、废水排出导致水中氮、磷有机化合物及某些重金属元素含量增高，这些水灌溉在土壤中，加上设施内高温强光照等因素影响，土壤次生盐渍化加剧。

（3）地势低洼　由于多数棚室内地势低洼（建棚取土所致），地下水位升高，通透性能差，使土壤耕层内积蓄了大量的盐分而不能下渗，造成耕层土壤板结盐化。

（4）肥料施用　化肥施用量大，棚室果树需肥量较大，但大多数果农不注重有机肥的施用，偏施化肥，尤其是过量施用硫酸铵、氯化钾、硝酸铵等化肥，使土壤硝态氮含量过高，同时这些化肥又易溶于水，不易被土壤胶体吸附；加之，果树根系不吸收硫酸根离子、氯离子而使之滞留在土壤溶液中，使土壤溶液浓度升高。因此，过量施用化肥和偏施氮肥是引起设施内土壤盐渍化的直接原因。

棚栽果树施用有机肥料很少，如再施用未腐熟的人粪尿，

由于大棚内温度高，人畜粪尿迅速挥发分解后，大量的氨被挥发掉，使一些硫化物、硫酸盐、有机盐和无机盐残留于耕作层土壤中，导致大棚内土壤板结盐渍化加剧。

（5）土壤类型及栽培年限　沙质与黏质土壤缓冲能力差，土壤易盐渍化，而有机质含量高的壤土盐渍化程度轻。另外，果树进行棚室栽培的年限越长，其土壤盐渍化的程度越高。

2. 设施内土壤盐渍化的基本特性

（1）盐分的主要组分为硝酸根　设施内土壤的盐分组成中，阳离子主要是以钙离子（Ca^{2+}）为主，阴离子则以硝酸根离子（NO_3^-）居多，占土壤中阴离子总量的56%～76%，NO_3^-离子的陡增使土壤固相中的钙离子等被交换出来形成各种硝酸盐，提高了土壤溶液的浓度和渗透压。有研究表明，保护地次生盐渍土的电导率与硝酸盐含量之间呈极显著相关。因此，保护地土壤硝酸盐的过量累积是设施果树等作物出现营养障碍和生理性病害的主要原因。

（2）不同设施的积盐特点不同　玻璃温室和使用长寿膜的塑料温室是全年性覆盖设施，土壤终年处于积盐过程，因而盐害严重且发生早，一般种植2～3年即出现盐害。而使用普通薄膜的塑料温室系冬春覆盖、夏秋揭膜，土壤盐分全年有明显的消积过程，但随使用年限的增长，土体内盐分有明显的累积趋势，地下水的矿化度也随之逐年提高。因此，土壤盐渍化的潜在威胁较大。一般使用5年左右，如果不注意防治，即可出现盐害。

（3）盐渍严重时产生紫红色胶状物　设施内土壤盐渍严重而又偏湿时，土表常常出现紫红色胶状物，多次测定这种紫红色胶状物及附着表土的含盐量常在1%以上。经分别接种在消过毒的菜园土和温室次生盐渍土上，前者只长出绿色青苔而后者长出紫红色的紫球藻。紫红色胶状物可作为温室土壤严重盐渍的指示植物。

3. 土壤盐渍化对果树生长发育的影响　果树种类不同，抗盐性不同，桃、杏的抗性较差，葡萄、枣则较强。砧木种类不同，抗盐性也不同。在苹果砧木中，海棠比山定子抗盐碱性强；在桃树砧木中，毛桃比毛樱桃抗盐碱性强。另外，同一种果树和砧木，在不同类型的土壤中栽培，其抗盐性表现也不同。沙质土、黏质土中栽培的果树其抗盐性较差，而在有机质含量高的土壤上栽培的果树其抗盐性能力较强。一般情况下，土壤盐类浓度（盐渍化程度）对果树生长发育的影响可分为 4 个梯度：总盐浓度在 3 000 毫克 / 千克以下，果树一般不受危害；总盐浓度在 3 000 ～ 5 000 毫克 / 千克土壤中可有铵离子检出，此时果树对水分养分的吸收失去平衡，生长发育不良；总盐浓度达到 5000 ～ 10000 毫克 / 千克，土壤中铵离子积累，果树对钙的吸收受阻，叶片变褐，出现焦边，引起坐果不良，幼果脱落；总盐浓度达到 10000 毫克 / 千克以上时，果树根系细胞普遍发生质壁分离，新根产生受阻，植株枯萎死亡。

在果树设施栽培中，经常出现果树生理干旱现象，即虽然经常浇水，但只有土壤表层湿润而根系集中分布层或较深层仍干旱少水。这种现象的发生，主要是由于反复浇水，表层土壤孔隙度减少，盐分在土表积聚而形成一层硬壳，使水分难以下渗所致。

4. 设施土壤盐渍化的调控措施

（1）合理用水，以水化盐　设施土壤中累积的硝酸盐原本是作物易吸收的养分，只是因为浓度过高才导致根部吸收障碍。所以，保护地栽培的水分管理应与露地有所不同。在果树的生长季内，根据作物在不同生育时期对养分和水分的需求，每次浇足浇透。这样，可将表土积聚的盐分淋洗下移，供根系吸收。在果树休眠期或设施栽培结束后，向大棚土壤浇水，使地表水层保持 3 ～ 5 厘米，浸泡 1 ～ 3 天，然后排出积水，或在棚室外挖沟，增加浇水次数，使耕层多余盐分随水排走，冲溶消盐。据有关试验表明，浇水后 2 天，耕层中（0 ～ 20 厘米）的盐分可减少

30%～40%。桃树不耐涝，须加以注意。

（2）深翻掺沙降低水位　采取深翻的措施，结合整地，适量掺沙（对黏质土壤尤为重要），改善棚室内土壤的物理性状，降低地下水位，增强大棚土壤通透性。

（3）合理施用化肥　设施栽培中由于自然淋溶作用减弱，化肥的有效期延长和利用率提高。因此，棚室果树的化肥施用量比露地栽培可适量减少，一般为自然条件下的50%左右。同时，要注意选择化肥的种类。硫酸盐、氯化物、硝酸盐类化肥要尽量少施或不施，可选用磷酸类化肥，如磷酸铵、磷酸氢二铵、磷酸二氢钾及尿素、碳酸氢铵等。忌偏施氮肥。施用化肥时，最好采用穴施、沟施等方法，施后覆土。大量施用化肥是设施土壤次生盐渍化的重要人为条件。需要注意的是，不同肥料即使在施用量相同时，它们所导致的土壤溶液中渗透压的增加也不同，通常用肥料的盐效指数表示。某种肥料的盐效指数越大，其导致作物盐害的可能性也就越大。因此，在集中施肥或大量施肥时，一定要考虑化肥的种类；与此同时，应根据前茬残留的硝态氮总量和目标产量确定最佳施氮量，充分利用土壤中残留的硝态氮，这是防治设施土壤盐渍化和硝酸盐积累的重要途径。

（4）增施有机肥料　提高土壤有机质含量，以肥压盐　主要是在设施休闲季节，埋施半腐熟有机肥或作物秸秆，因其碳氮比（C/N）比较大，在进一步腐熟过程中，土壤微生物吸收土壤溶液中的氮素，并加以固定，从而降低了保护地土壤中硝酸盐的含量及渗透压。就棚室栽培果树而言，重视有机肥料的施用具有特殊的意义。它不仅能提高土壤有机质含量，改善土壤理化性状，增加有效微生物的数量，增强土壤的缓冲能力，而且可以增加大棚内二氧化碳的浓度，有利于果树生长发育。增施有机肥，是防止大棚土壤盐渍化的根本途径。棚室中生长季施用的有机肥料，必须是经过充分腐熟的优质有机肥，特别是人粪尿肥，施用

前必须充分腐熟发酵。否则，会加重土壤盐渍化程度，还会产生大量有害物质。

（5）选用长效或可控释放性肥料，避免短期内肥料浓度急剧升高　设施内土壤次生盐渍化的一个重要原因就是速效化肥使用量过多，特别是速效氮肥。因此，采用可控释放性肥料，诸如涂层尿素、长效碳酸氢铵等缓释肥料，可有效控制肥料中养分的释放速度，使之与作物的吸收速率相吻合。这样，不仅可有效降低肥料损失，提高作物利用率，减少环境污染，而且还能控制土壤中可溶性盐的浓度，从而避免土壤次生盐渍化的发生。当然，选用优质生物菌肥等也具有一定的效果。

（6）地面覆盖，抑制返盐　用地膜覆盖或地面撒施木屑、铺盖农作物秸秆，不仅可以保温、保水、保肥，还有抑制土表盐渍化的效果。特别是铺秸秆，既可以减少土表水分蒸发，又可以增加土壤有机质含量，培肥土壤。

（7）换土消盐改质　对盐渍化程度较高的土壤，可采用换土消盐法，即铲除棚室中0～15厘米的表土层，用肥沃优质的田土进行更换。换土时注意保护果树的浅层根系，尤其是不能损伤粗大根系。换土后应立即浇水。

（8）采用土壤改良剂，降低土壤中全盐含量　土壤改良剂的原理是利用一些有机酸络合土壤中的成盐离子，从而暂时解除盐分对作物的毒害作用。此外，它还具有间接调节土壤理化性质、改善土壤结构的作用。

（9）及时揭膜，降雨淋溶　无论是春提早或是秋延后的设施栽培，在果实成熟或采收后，只要外界自然条件允许，就应及时揭膜通风。尤其是在高温多雨季节（北方一般7～8月份），在不影响果树生长的情况下，将膜揭去，增加自然降雨淋洗的机会，减少土表盐分的积累。

5. 肥水调控　控制化肥用量，增施有机肥，加强叶面喷肥，

合理灌溉。

扣棚至开花前向枝梢喷施1%～3%尿素溶液1～2次，促进花芽发育。坐果后加强叶面补肥，每10～15天叶面喷肥1次，前期以氮肥为主（0.2%的尿素），后期以磷、钾肥为主（0.3%磷酸二氢钾溶液）。秋施有机肥，施肥量较露地栽培增加30%，以利改土和养根壮树，增加养分贮备量。适当减少和控制无机肥的使用量，无机肥使用量为露地栽培的1/3～1/2。由于棚内自然蒸发量减少，应减少浇水次数和数量，避免大水漫灌。

（五）气体调控

在设施密闭状态下，对果树生长发育影响较大的气体主要是二氧化碳和有害气体。

设施条件下，由于保温的需要，常使果树处于密闭环境，通风换气受到限制，造成棚内二氧化碳浓度过低，影响光合作用，使果树有机营养不足，树体处于生理饥饿状态，会降低果树产量和果实品质。研究表明，当棚内二氧化碳浓度达室外浓度（300微升/升）的3倍时，光合强度提高2倍以上，而且在弱光条件下效果明显。而天气晴朗时，从上午9时开始，棚内二氧化碳浓度明显低于棚外，使果树处于二氧化碳饥饿状态。因此，二氧化碳施肥技术对于果树设施栽培而言非常重要。

1. 人工增施二氧化碳的方法

（1）增施有机肥　有机肥（包括人畜粪便、作物秸秆和杂草茎叶等）可施入土壤也可堆积起来。施入土壤后，如果土壤温湿度、透气性都适于微生物的活动，有机质可腐化分解产生大量二氧化碳。在我国目前条件下，补充二氧化碳比较现实的方法是土壤中增施有机肥，而且增施有机肥同时还可改良土壤、培肥地力。

（2）施用固体二氧化碳气肥　固体二氧化碳气肥为褐色、直径10毫米、扁圆形固体颗粒，物理性状良好，化学性质稳定，肥效期长。在地面开2～4厘米深沟，撒入颗粒肥，覆土1厘米

厚。施固体二氧化碳气肥，一般每次每667米^{2}施30～50千克，施后1周开始释放二氧化碳，有效期可达40～60天。施固体二氧化碳气肥应保持土壤湿润、疏松。

（3）燃烧法　在棚室内多设几个点，燃烧煤、焦炭、液化气或天然气等产生二氧化碳。这种方法原料来源较容易，但二氧化碳气体浓度不易控制，在燃烧过程中常有一氧化碳和二氧化硫有害气体相伴而出。棚（室）外建沼气池，棚（室）内通管道点燃沼气，也可提高棚室内二氧化碳的浓度。

（4）液态二氧化碳　液态二氧化碳为酒精工业的副产品，可以直接施用，把气态二氧化碳加压装在钢瓶内，可以直接通过管道施用，此方法容易控制用量，肥源较多但成本较高。

（5）化学反应法产生二氧化碳　利用化学反应法产生二氧化碳，操作简单，价格较低，适合广大农村，易于推广。目前，应用的方法有盐酸—石灰石法、硝酸—石灰石法和碳酸氢铵—硫酸法。其中，碳酸氢铵—硫酸法成本低、易掌握，在产生二氧化碳的同时，还能将不宜在保护地中直接施用的碳酸氢铵，转化为比较稳定的可直接用作追肥的硫酸铵，是现在应用较广的一种方法。

（6）合理通风换气　配合降温进行通风换气可提高设施内的二氧化碳浓度。

2. 二氧化碳施用时期　应在果树展叶后开始进行二氧化碳施肥，一直到果实采收后为止。一般在天气晴朗、温度适宜的天气条件下于上午日出1～2小时后开始施用，每天至少保证连续施用2～4小时及以上，全天施用或单独上午施用；阴、雨雪天和温度低时不宜施放；施放二氧化碳还应保持一定的连续性，间隔时间不宜超过1周。

3. 设施内二氧化碳的适宜浓度　晴天为1000～1500微升/升，阴天时为500～1000微升/升。

4. 二氧化碳施肥注意事项 一是施用二氧化碳后可适当提高白天的温度，但最高不得超过30℃。前半夜的温度应提高到15℃～10℃。二是适当控制土壤水分，以防止营养生长过度。

5. 有害气体的预防 设施生产中如管理不当，可发生多种有害气体，造成果树伤害。这些有害气体主要来自于有机肥分解释放气体、化肥和塑料棚膜的挥发气体、燃烧加温产生的气体等。常见有害气体危害症状及预防方法见表1–8。

表1–8 主要有害气体危害症状及预防方法

有害气体	来 源	危害症状	预防方法
氨 气	施 肥	叶片边缘失绿干枯。严重时自下而上叶片先呈水渍状，后失绿变褐干枯	深施充分腐熟后的有机肥。不用或少用化肥，挥发性强的化肥作追肥，要适当深施 施肥后及时灌水、覆盖地膜可防止有害气体释放，减轻危害。一旦发生气害，及时通风
二氧化氮		中部叶片受害重，叶面气孔部分先变白，后除叶脉外，整个叶片被漂白、干枯	
二氧化硫	燃 料	中部叶片受害重，叶片背面气孔部分失绿变白，严重时整个叶片变白枯干	采用火炉加温时要选用含硫低的燃料，炉子要燃烧充分，密封烟道，严禁漏烟。采用木炭加温要在室外点燃后再放入
一氧化碳		叶片白化或黄化，严重时叶片枯死	
乙 烯	塑料制品	植株矮化，茎节粗短，叶片下垂、皱缩，失绿变黄脱落，落花落果，果实畸形等	选用无毒塑料薄膜，棚室内不堆放塑料制品及农药化肥等
氯 气		叶片边缘及叶脉间叶肉变黄，后期漂白枯死	

第二章 设施果树常用肥料与安全施用技术

第一节 有机肥料

一、有机肥料概述

有机肥料是指主要来源于植物和（或）动物，以提供植物养分和改良土壤为主要功效的含碳物料。它是利用人畜粪尿、绿肥、秸秆、饼肥及废弃有机物等为原料，就地积制、就地使用，也称农家肥料。有机肥料具有肥源广、成本低、养分全、肥效长、有机质多等特点（表 2–1）。

（一）有机肥料的种类

目前设施果树栽培常用的有机肥料主要有商品有机肥料和农家肥。

（二）各种有机肥的性能与安全施用技术

1. 粪尿肥 粪尿肥是人和动物的排泄物，它含有丰富的有机质、氮、磷、钾、钙、镁、硫、铁等作物需要的营养元素及有机酸、脂肪、蛋白质及其分解物。包括人粪尿、家畜粪尿、家禽粪及其他动物粪肥等。

表 2–1　我国有机肥料类别及品种

类　别	品　　　种
粪尿类	人粪尿、人粪、人尿、猪粪、猪粪尿、马粪尿、牛粪、牛尿、牛粪尿、骡粪、骡尿、驴粪、驴尿、驴粪尿、羊尿、羊粪尿、兔粪、鸡粪、鸭粪、鹅粪、鸽粪、蚕沙、狗粪、鹌鹑粪、貂粪、猴粪、大象粪、蝙蝠粪等
秸秆肥料	水稻秸秆、小麦秸秆、大麦秸秆、玉米秸秆、荞麦秸秆、大豆秸秆、油菜秸秆、花生秸秆、高粱秸、谷子秸秆、棉花秆、马铃薯藤、烟草秆、辣椒秆、番茄秆、向日葵秆、西瓜藤、草莓秆、麻秆、冬瓜藤、南瓜藤、绿豆秸、豌豆秸、香蕉茎叶、甘蔗茎叶、洋葱茎叶、芋头茎叶、黄瓜藤、芝麻秆等
绿肥类	紫云英、苕子、金花菜、紫花苜蓿、草木樨、豌豆、箭筈豌豆、蚕豆、萝卜菜、油菜、田菁、柽麻、猪尿豆、绿豆、豇豆、泥豆、紫穗槐、三叶草、沙打旺、满江红、水花生、水浮莲、水葫芦、蒿草、苦刺、金尖菊、山杜鹃、黄荆、马桑、青草、粒粒苋、小葵子、黑麦草、印尼大绿豆、络麻叶、苜蓿、空心莲子草、红豆草、茅草、含羞草、马豆草、松毛、蕨菜、合欢、马樱花、大狼毒、麻栎叶、鸡豌豆、莱豆、薄荷、麻柳、山毛豆、无芒雀麦、橡胶叶、稗草、狼尾草、红麻、竹豆、过河草、串叶松香草、苍耳、飞蓬、野扫帚、大豆、飞机草等
饼肥类	豆饼、菜籽饼、花生饼、芝麻饼、茶籽饼、桐籽饼、棉籽饼、柏籽饼、葵花籽饼、蓖麻籽饼、胡麻饼、烟籽饼、兰花籽饼、线麻籽饼、栀子籽饼等

注：摘自全国农业技术推广服务中心的《中国有机肥料资源》。

（1）人粪尿　人粪是食物经消化后未被吸收利用而排出体外的部分。人粪中的有机物主要是纤维素、半纤维素、蛋白质及分解产物。人尿中的有机物主要是可溶性有机物质，以尿素为最多，其余为少量的尿酸、马尿酸，无机盐成分以食盐最多，其次是磷酸盐、铵盐及各种微量元素等。人粪尿是农家肥料中的速效肥料，除少部分用作基肥外，大多用作追肥、随水浇施或兑水泼施，现大多利用沼气池循环利用。

（2）家畜粪肥　以家禽（包括猪、牛、羊等）的粪尿为主，施用时常用基肥。禽粪：禽粪是鸡粪、鸭粪、鹅粪、鸽粪等的总称。是容易腐熟的有机肥料。氮以尿酸形态存在，尿酸盐不能直

接被作物吸收利用，而且对作物根系生长有害，因此须堆沤腐熟后施用。腐熟的禽粪是一种细肥，多作追肥施用，肥效较好。

2. 堆沤肥　堆沤肥包括厩肥、堆肥和沤肥。

（1）厩肥　是牲畜尿与垫料混合堆沤腐解而成的有机肥料，通常称之为圈肥；堆肥是利用作物秸秆、落叶、杂草、泥土、垃圾、生活污水及人粪尿、家畜粪尿等各种有机物和适量的石灰混合堆积腐熟而成的肥料；沤肥是利用作物秸秆、绿肥、青草、草皮、落叶等植物残体为主，混以垃圾、人畜粪尿、泥土等，在常温、淹水的条件下沤制而成的肥料。堆沤肥中有机质在嫌气条件下分解，养分不易挥发，且形成的速效养分多被泥土吸附，不易流失，肥效长而稳。

（2）堆沤肥　适用于各种土壤和各种果树，常用作基肥，可环状沟施或放射沟施，施后覆土压实，适时浇水。一般每667米^{2}施用量为1500～4000千克。施用时应与适量的氮肥和磷肥配合施用。一般半腐熟的堆沤肥深施于沙质土壤上，适于生长周期较长的作物播前作基肥。完全腐熟的堆沤肥宜施在黏质土壤上。

3. 秸秆肥　秸秆是农作物的副产品，当作物收获后，将作物秸秆直接归还于土壤，其中含有相当多的营养元素。秸秆肥有改善土壤物理、化学和生物学性状，提高土壤肥力，增加作物产量的作用。

秸秆肥料中含有作物所需的各种营养元素，是补充耕地有机质的主要来源，对改善土壤理化性状、提高土壤有机质含量、提高土壤肥力作用显著。适用于各种土壤、各种作物。肥效持久，宜作基肥施用，结合深耕翻土，有利于土壤相融，提高肥效。一般每667米^{2}施用商品秸秆有机肥200～300千克，与化肥配合施用，可缓急相济，互为补充。

如果将秸秆粉碎后直接还田，一般每667米^{2}施用鲜秸秆1500～2000千克，或干秸秆300～500千克。施用时应与商品有机肥等肥料混合开沟施用，沟深以20～40厘米为宜，因上层土壤中微生物数量较多，有利于秸秆腐熟分解。秸秆肥施用后应加强土壤水分管理。

4. 绿肥 凡以植物的绿色部分耕翻入土壤当做肥料的均称绿肥，作为肥料而栽培的作物叫绿肥作物。绿肥在提供农作物所需养分、改良土壤、改善农田生态环境和防止土壤侵蚀及污染等方面具有良好的作用。主要品种有：箭筈豌豆、毛苕子、沙打旺、苜蓿、豌豆绿肥、蚕豆绿肥、草木樨、油菜绿肥、燕麦等。

果园施用绿肥主要有以下2种方式：一是树下压青。在树冠外开20～40厘米深的环状沟或条状沟，将刈割下的绿肥与土一层一层地相间压入沟内，最后覆土、踏实。绿肥的施用量，可依据绿肥的种类、肥分高低、土壤肥力和需肥情况等而定。一般每667米^{2}用鲜草1000～2000千克，每100千克绿肥中混入过磷酸钙1～2千克，以调节氮、磷、钾等的相对平衡。二是挖坑沤制。在离水源较近的地方，根据绿肥数量挖一定容积的坑，将绿肥粉碎成小段，先在坑底铺30～40厘米厚，上面撒上10%的人粪尿或牛马粪，加过磷酸钙1%，再覆土6厘米厚，适量浇水，依次层层堆积至3～4层即可，最上层用土封严踏实，夏季经过20天左右，冬季经过60～70天，即可腐烂施用。收割翻压绿肥的时间，以花期或花荚期最好。这时肥分含量高，植株柔软，容易腐烂，鲜草产量也较高。

5. 土杂肥 土杂肥是我国传统的农家肥料，来源广、种类多，主要有肥土、泥肥、灰肥、屠宰废弃物等。

6. 饼肥 饼肥是油料的种子经榨油后剩下的残渣，也叫油枯。是我国传统的优质农家肥，有些也是牲畜的优质饲料。饼肥的种类很多，主要品种有豆饼、菜籽饼、麻籽饼、棉籽饼、花生饼、桐籽饼、茶籽饼等。各种类型的饼肥中一般含有丰富的有机质、氮和相当数量的磷、钾与中、微量元素，其中的钾素可直

接被农作物吸收利用，而氮、磷则分别存在于蛋白质和卵磷脂中，不能直接被农作物吸收利用。虽然饼肥中氮、磷不能直接被利用，但由于饼肥的碳氮比较小，易分解，肥效比其他有机肥易发挥。饼肥是优质的有机肥料，具有养分完全、肥效高、肥效持久、优化作物根际生态环境等优点，适用于各种土壤和多种作物，用于果树能显著提高产量，改善品质。

饼肥可作基肥、追肥。施用时应先发酵再施用，深度在 10 厘米以下，施后覆土。饼肥腐熟后施用，有利于果树吸收利用。饼肥发酵一般采用与堆肥或厩肥混合堆积的方法，或用水浸泡数天即可。饼肥的施用量应根据土壤肥力高低和作物品种而定，土壤肥力低和耐肥品种宜适当多施；反之，应适当减少施用量。施用量一般为 667 米^2 50～150 千克。由于饼肥为迟效性肥料，应注意配合施用适量的速效性氮、磷、钾化肥。饼肥含有抗菌物质，施用后可减轻果树病害。饼肥直接施用时应拌入适量的杀虫剂，以防招引地下害虫。

7. 海肥　利用海产品加工后的废弃物（如鱼肠、鱼鳞、鱼骨、虾皮等）和不能食用的海生动植物，经过堆沤腐熟后而成的肥料。海底污泥也常用作肥料。海肥中除含有氮、磷、钾 3 种植物主要营养素外，还含有丰富的有机质和碳酸钙。海肥种类很多，成分复杂，肥分含量也不同。一般作物都适用。海泥则不适用于对氯敏感的作物。贝壳和蟹壳含丰富的碳酸钙，一般适用于缺钙的酸性土壤。海肥一般经堆沤腐熟后方可施用，可作基肥和追肥。

8. 草炭及腐殖酸肥料　草炭又叫泥炭、草煤、土煤、泥煤、草筏子等。是古代低湿地带生长的植物，在积水条件下由未完全分解的植物残体形成的有机物层，组成成分中有纤维素、半纤维素、沥青、腐殖酸、灰分等。根据草炭的形成条件、植物群落特征和养分状况，可将其分为 3 种类型：①低位草炭。一般分布在地势低洼处，季节性或常年浸泡在含矿物质较高的水中，植物群

落以沼泽植物为主，如苔藓、芦苇等，分解程度和养分含量较高，呈微酸性至中性，适宜直接利用，我国的草炭多属此类型。②高位草炭。又称贫营养型草炭，一般分布在高寒山区的森林地带的分水岭上，植被以苔藓类为主。植物残体分解程度差、养分含量少、呈酸性，不宜直接作肥料。但其吸收能力强，宜作垫圈材料。③中位草炭。又称过渡型草炭，分布的地形部位与植被类型均介于低位与高位草炭之间。由于草炭是在积水条件下形成的，水溶性养分大部分流失，磷、钾不多，速效性氮很少；草炭的碳氮化虽然不大，但分解缓慢，因为所含氮化物多以蛋白质态形式存在，不易分解；含碳化合物又多为结构复杂的木质素、纤维素、半纤维素、沥青、树脂、蜡质和脂肪酸等。草炭适合作为牲畜栏的垫料、细菌肥料的载体、营养体、混合肥料和腐殖酸类肥料的原料，较少直接施用。

腐殖酸类肥料是利用草炭、褐煤、风化煤等原料，采用一定的生产工艺与方法，经不同的化学处理或再掺入无机肥料制得的含有大量腐殖酸及作物生长发育所需要的氮、磷、钾和某些微量元素的有机肥料。目前，我国生产的腐殖酸肥料常见的品种有腐殖酸铵、腐殖酸磷、腐殖酸钠、腐殖酸钾、黄腐酸、腐殖酸复混肥等。

腐殖酸铵是采用直接氨化制取法，利用氨水或碳酸氢铵处理草炭、褐煤或风化煤而制成的一种腐殖酸类肥料。腐殖酸肥料不仅能为农作物提供氮素营养，其含有的腐殖酸铵还具有改良土壤理化性状、刺激作物生长发育的作用。是一种多功能的有机无机复合肥。腐殖酸铵适用于各种土壤、各类作物。就土壤而言，在结构不良的沙土、盐碱土、有机质缺乏的土地上施用效果更为显著。对作物来说，以蔬菜增产效果最好，其次是块根、块茎作物，对油料作物效果较差。应用时主要作基肥施用，一般采用撒施、穴施、条施的方法撒施翻入土中，用量的多少视肥料中腐殖酸含

量多少而异，腐殖酸含量在20%以上，速效氮含量为1%～1.5%，每667米^{2}用量为100～200千克，腐殖酸含量30%以上，速效氮含量为2%以上，每667米^{2}用量为50～150千克。质量好的腐殖酸铵（腐殖酸、速效氮含量高，水溶性好）亦可作种肥和追肥。作种肥用量为种子重量的2%～5%。腐殖酸铵不能完全代替农家肥料和化肥，必须与农家肥料和化肥配合施用，特别是与速效磷肥配合，有助于磷酸进一步活化，提高磷肥的利用率。

腐殖酸钠是在草炭、褐煤或风化煤中加入氢氧化钠和水，经加热而制成的一种腐殖酸类肥料，多为液体。腐殖酸钠适用于各种作物，可以作基肥、追肥、浸种、蘸根和叶面喷施。作基肥时用腐殖酸钠水溶液与农家肥拌在一起施用。作追肥时主要浇灌在作物根系附近，注意切勿接触根系。

腐殖酸溶于碱、酸和水中呈黄色溶液的部分即称为黄腐酸，又叫富里酸。黄腐酸是一种植物生长调节剂，具有刺激作物根系生长、增强光合作用、提高抗旱作用的功效。黄腐酸产品呈黑色粉末状，在自然环境中稳定，黄腐酸大于80%，水分小于10%，pH值2.5左右。一般用于拌种、蘸根与根外喷施。拌种：称取适量黄腐酸，一般用量为种子量的0.5%，将之与种子混拌均匀即可播种。蘸根：作物移栽前，用浓度为1%的黄腐酸溶液蘸根，蘸后即可移栽。根外喷施：根据不同种类作物要求的喷施浓度、时期，将液肥均匀地喷洒在叶片的正、反两面，喷施量一般为每667米^{2}用肥液50千克。

腐殖酸复混肥是根据土壤养分供应状况与作物需求，将腐殖酸、无机化肥、微量元素肥料分别粉碎过孔径0.8毫米的筛，按一定比例混合造粒制成的复混肥。腐殖酸复混肥可用于各类作物，也可制成专用肥。一般作为基肥基施，施用量因土质和作物而定，一般为每667米^2 25～50千克。

9. **沼气肥** 作物秸秆、青草和人粪尿等在沼气池中经微生物发酵制取沼气后的残留物，富含有机质和必需的营养元素。沼气发酵慢，有机质消耗较少，氮、磷、钾损失少，氮素回收率达95%、钾为90%以上。沼气发酵残渣和沼气发酵液是优质的有机肥料，其养分含量受原料种类、比例和加水量的影响而差异较大。一般沼气发酵残渣含全氮0.5%～1.2%、碱解氮430～880毫克/千克、速效磷50～300毫克/千克、速效钾0.17%～0.32%；沼气发酵液中含全氮0.07%～0.09%、铵态氮200～600毫克/千克、速效磷20～90毫克/千克、速效钾0.04%～0.11%。沼气发酵残渣的碳氮比为12.6～23.5，质量较高，但仍属迟效性肥料，而发酵液则属速效性氮肥。

沼气残渣和发酵液可分别施用，也可混合施用，都可作基肥或追肥，但发酵液大多作追肥。作基肥每667米^{2}用量100～200千克，作追肥每667米^{2}用量800～1 500千克，沟施或穴施，施后立即覆土。发酵肥应立即施用，或加盖密封，以免养分损失。施用发酵肥可使果树增产10%～40%，水果品质也有所提高。

（三）各种有机肥的成分

表2-2列出了部分有机肥料的养分含量。

表2-2　部分有机肥料的养分含量

种　类	水分（%）	有机质（%）	N（%）	P_2O_5（%）	K_2O（%）	CaO（%）
人　粪	70	20	1.00	0.50	0.37	—
猪　粪	82	15	0.50	0.40	0.44	0.09
牛　粪	83	15	0.32	0.25	0.15	0.34
马　粪	76	20	0.55	0.30	0.24	0.15
羊　粪	65	28	0.65	0.50	0.25	0.45
鸡　粪	51	26	1.63	1.54	0.85	—
鸭　粪	57	26	1.10	1.40	0.82	—
厩　肥	72	25	0.45	0.19	0.60	0.08

续表 2-2

种　类	水分（%）	有机质（%）	N（%）	P_2O_5（%）	K_2O（%）	CaO（%）
堆　肥	—	—	0.45	0.22	0.56	—
杂　肥	—	—	0.45	0.3	0.4	—
豆　饼	—	—	6.3	1.1	1.2	—
茶籽饼	—	—	4.6	1.6	1.3	—
玉米秸	—	80.5	0.75	0.40	0.90	—
小麦秸	—	81.1	0.48	0.22	0.63	—
稻　草	—	78.6	0.63	0.11	0.85	—
草木灰	—	—	—	2.00	4.00	—
草　炭	—	—	1.80	0.15	0.25	—
紫云英	—	—	0.33	0.08	0.23	—
紫花苜蓿	—	—	0.56	0.18	0.31	—
沼　渣	—	55.72	2.02	0.84	0.88	—
酒　糟	—	65.4	2.87	0.33	0.35	—
屠宰废弃物	—	39.87	3.22	10.46	1.05	—
生活垃圾	—	—	0.37	0.15	0.37	—

二、商品有机肥料

（一）商品有机肥料定义

商品有机肥料是以动植物残体或动物粪便等富含有机物质的资源为主要原料，采用工厂化方式生产的有机肥料，与农家肥相比，具有养分含量相对较高、质量稳定、施用方便等优点。

（二）商品有机肥料施用技术

商品有机肥一般作基肥施用，也可用作追肥。基肥一般每667 米^{2}施用量为 300～600 千克。在施用时，应根据土壤肥力不同，推荐量也应有所不同，对高肥力果园，可适量施用精制有机肥料；低肥力果园，应加大有机肥用量，强化培肥地力。用有机肥料作基肥时，应与化学肥料配合施用，肥效会更好。

三、有机肥施用注意事项

粗制有机肥料一般施用量较大，除秸秆还田用量不宜过高外，大多施用量为每667米^2 3000～10000千克，主要用作基肥，一次施入土壤。部分粗制有机肥料（如粪尿肥、沼气肥等）因速效养分含量相对较高，释放也较快，亦可作追肥施用，绿肥和秸秆还田一般应注意耕翻的适宜时期和分解条件。

有机肥料和化肥配合施用，是提高化肥和有机肥施用效果的重要途径。在有机肥料与无机肥料配合施用中应注意二者的比例以及搭配方式。许多研究表明，以有机肥料氮量与氮肥氮量比1∶1左右增产效果较好。除了与氮素化肥配合外，有机肥料还可与磷、钾及中量元素、微量元素肥料配合施用，或与复混肥料配合施用。

第二节　大量元素肥料

一、氮　肥

（一）尿　素

1. 尿素的性质　尿素是一种化学合成的有机酰胺态氮肥，是我国当前固体氮肥中含氮量最高的肥料。因其含氮量高、物理性状好、无副作用等优点，成为世界上施用量最高的氮肥品种，尿素分子式为$CO(NH_2)_2$，含氮46%，白色晶体或颗粒，易溶于水，水溶液呈中性。不易结块，常温下基本不分解，但遇高温、高湿天气，也会吸湿结块，贮运时应注意防潮。市场上销售的商品尿素一般为白色小珠状颗粒，也有2～4毫米大颗粒尿素上市，专门用于生产掺混肥料。

2. 尿素的安全施用　尿素施入土壤后被土壤中的脲酶分解，夏季需1～3天即可全部完成，冬季则需1周左右时间。尿素分

解后以碳酸氢铵的形态存在于土壤中，可造成氨的挥发，特别是在塑料大棚或温室中表面撒施尿素时，往往会因氨挥发而使植株受害。因此，在设施果树栽培作追肥施用时，都应深施覆土，防止氮素损失。尿素中含有一定量的缩二脲，我国规定肥料用尿素中缩二脲含量为0.9%～1.5%，超过此标准即为不合格产品。因为缩二脲对作物易引起毒害。

尿素是一种高浓度的优质氮肥，适宜作基肥，最适宜作追肥，特别是根外追肥，效果好，但不宜用作种肥。果树植株叶片及其他幼嫩的营养器官能直接吸收尿素，所以尿素常用于设施果树叶面施肥，其浓度应控制在0.2%～0.5%。在早上或傍晚均匀喷洒在作物叶面，在作物生长旺期或中后期，每隔7～10天喷1次，连喷2～3次，尿素可与磷酸二氢钾、磷酸铵及杀虫剂、杀菌剂配合溶解后，一并喷施，可起到施肥、杀虫、防病的作用。作追肥施用时每次用量不宜过大，一般每667米^{2}一次用量为10千克为宜。

（二）硫 酸 铵

1. 硫酸铵的性质　硫酸铵简称硫铵，也叫肥田粉，是我国生产和施用最早的氮肥品种之一。由于尿素、碳酸氢铵等氮肥品种的快速发展，硫酸铵在我国的产量已很少，大多是炼焦等工业的副产物。

硫酸铵的分子式：$(NH_4)_2SO_4$，含氮、硫2种养分，含氮20%～21%，含硫（S）25.6%。纯品呈白色晶体，含少量杂质时呈微黄色。工业副产品的硫酸铵因带有杂质而呈灰绿色、灰红色等颜色。硫酸铵物理性状良好，吸湿性小，不易结块，便于贮藏和使用。硫酸铵易溶于水，是速效性氮肥，因含有硫酸根，属生理酸性。硫酸铵化学性质稳定，常温下不挥发，不分解。

2. 硫酸铵的安全施用　硫酸铵可作基肥、追肥和种肥，有较稳定的肥效。

硫酸铵是果园常用氮肥，可作基肥和追肥施用，与有机肥和中性肥料混合施用效果更好，最适于中性土壤和碱性土壤，不适于酸性土壤。在石灰性土壤上硫酸铵也会挥发损失，宜深施并及时浇水，也可随水冲施，一般每667米^{2}每次用量为15～20千克，硫酸铵在贮运时不宜与石灰、钙镁磷肥等碱性物质接触，以免引起分解和氨挥发而损失。在酸性土壤上施用时可先施适量石灰，相隔3～5天后再施硫酸铵。硫酸铵作基肥和追肥均应深施，以防止氨的挥发损失。硫酸铵属生理酸性肥料，施入土壤后溶解于水，离解为铵离子与硫酸根离子，作物吸收铵离子大于硫酸根离子，长期大量施用硫酸铵，会使硫酸根离子残留在土壤中，易引起土壤酸化。因此，应与其他氮肥交替施用或配施有机肥料。

（三）碳酸氢铵

1. 碳酸氢铵的性质 碳酸氢铵又称碳铵、酸式碳酸铵，是我国早期的主要氮肥品种。

碳酸氢铵的分子式：NH_4HCO_3，含氮（N）17%左右。白色或淡灰色细小颗粒结晶，易溶于水，水溶液呈碱性。碳酸氢铵容易分解挥发，产生氨味，影响其分解的主要因素是温度和湿度。

农用碳酸氢铵带有3.5%左右的水分，有的可高达5%，易使碳酸氢铵潮解，水分含量越高，潮解得越快，使包装袋中的碳酸氢铵结块。破包或散开时则加速挥发。温度影响碳酸氢铵的挥发，一般来说，温度在10℃左右时，碳酸氢铵基本不分解，从20℃以上时开始大量分解，温度超过60℃，碳酸氢铵分解剧烈。因此，在贮存和运输时必须注意，避免温度过高、破包和受潮。施用时随用随开袋。

2. 碳酸氢铵的安全施用 碳酸氢铵的优点是只要深施入土，它很易被土壤吸附，较少随水流失。所以，碳酸氢铵深施是提高碳酸氢铵肥效的关键措施，施用深度要大于6厘米，施后立即覆土。碳酸氢铵在土壤中无残留部分，其铵离子供作物吸收，碳酸根离子一部分供应作物根部碳素营养，一部分变成二氧化碳释放到空气中，提高大棚或温室空气中的二氧化碳浓度，有利于作物吸收转化。

碳酸氢铵可用作基肥，也可作追肥，但不宜作种肥。在果园可用碳酸氢铵作基肥，而用尿素作追肥，扬其所长，避其所短，合理施用。一般每667米^{2}每次用20～25千克，施用时切忌在土壤表面撒施，以防氮损失或熏伤果树作物。

（四）硝 酸 铵

1. 硝酸铵的性质　硝酸铵简称硝铵，约占我国目前氮肥总产量的3.5%左右，氮素形态是硝酸根（NO_3^-），属于硝态氮肥。硝酸铵还兼有铵态氮（NH_4^+），但其性质接近于硝态氮。

硝酸铵的分子式：NH_4NO_3，硝酸铵含氮（N）量35%。

硝酸铵为浅黄色或白色颗粒，易溶于水，吸湿性强，极易吸潮结块。硝酸铵在常温下是稳定的，加热达110℃时，开始分解为氨和硝酸。高于400℃时，反应极为迅猛，以致发生剧烈爆炸生成氮和水。氢离子（H^+）、氯离子（Cl^-）、重金属如铬、钴、铜等对硝酸铵有催化分解作用，硝酸对硝酸铵的分解也有很大影响。

2. 硝酸铵的安全施用　硝酸铵中的铵离子和硝酸根2种离子都能直接被作物根系吸收利用。一般土壤中铵态氮由于微生物的作用转化为硝态氮。酸性很强的土壤中硝化过程变慢，作物可以转而吸收大量铵态氮。硝酸铵中的硝态氮和铵态氮各占一半，都能被作物吸收，在土壤中没有残留物，属中性肥料。硝酸铵中的氮素不易挥发损失，施用后即使不覆土，氮素挥发损失也不及尿素和碳酸氢铵严重。铵态氮能被土壤吸附，处于贮存状态，陆续供给作物利用，硝态氮则易溶解于土壤溶液，随水流动，容易流失，在水田通气不良的还原层中，又易发生反硝化作用变

成气态损失。故硝酸铵不适于水田，若一定要用，最好少量多次分期施用。

硝酸铵适用的土壤和作物范围广，但最适于旱地和旱作物。硝酸铵可作基肥和追肥。旱地作物基施每667米^{2}用硝酸铵15～20千克，均匀撒施，随即耕耙。如果用在水田上可与农家肥混合施用，以减少氮素淋失。旱作追肥每667米^{2}用硝酸铵10～20千克，采用沟施或穴施，施后覆土盖严，浇水时不宜大水漫灌，以免硝态氮淋失。水稻田分次追肥可减少氮素淋失，浅水时追施后即除草耘田，不再灌水，使其自然落干。

应注意的是：施用硝酸铵如遇结块，切忌猛烈锤击，以防爆炸，可将其先溶于水后施用。硝酸铵不可与酸性肥料（如过磷酸钙）和碱性肥料（如草木灰、石灰氮等）混合施用，以防降低肥效。

二、磷　肥

磷肥是由磷矿石加工而成，根据它们的溶解性，可分为水溶性、弱酸溶性和难溶性磷肥。过磷酸钙、重过磷酸钙等属水溶性磷肥，易溶于水，其养分可被作物直接吸收利用，为速效性磷肥。弱酸溶性磷肥是指能溶于2%的柠檬酸、中性柠檬酸或微碱性柠檬酸铵溶液的磷肥，又称枸溶性磷肥，主要包括钙镁磷肥、沉淀磷肥等。不能溶于水、弱酸，只能溶于强酸的磷肥称为难溶性磷肥，主要有磷矿粉、骨粉等。

（一）过磷酸钙

1. 过磷酸钙的性质　过磷酸钙别名普通过磷酸钙，简称为普钙，过磷酸钙占我国目前磷肥总产量的70%左右。

分子式：$Ca(H_2PO_4)_2 \cdot H_2O+CaSO_4$，含有效磷（$P_2O_5$）12%～20%，还含有较高的钙元素。外观为浅灰色或灰白色粉状或颗粒，产品中含有多种副成分，如石膏、硫酸铁、硫酸铝等，

还有微量元素和少量游离酸，有酸味，易结块，水溶液为酸性，pH 值 3 左右，有腐蚀性。易吸湿结块，吸湿后导致磷的有效性降低。因此，在贮运过程中应注意防潮。

施入土壤后发生多种变化，使所含磷酸一钙转化成不溶性或难溶性磷酸盐，称为磷的固定或失活，当季利用率较低，一般只有 10%～25%，但有 3～5 年的后效。

为了减少土壤对普钙中磷的固定，可制成颗粒状，粒径 2～4 毫米，施用效果良好。

2. 过磷酸钙的安全施用　过磷酸钙适用于设施果树，可作基肥、追肥，又可作根外追肥和种肥。过磷酸钙中除磷之外，还有 40%～50% 的石膏，有利于碱土和贫瘠沙土的土壤改良，对于喜硫作物肥效更好，还有提高品质的作用。

施用过磷酸钙应采用集中施用的方法，这样可以减少过磷酸钙与土壤的接触面，降低磷的化学固定，促进磷向作物根系扩散，有利于作物对磷的吸收利用，提高磷的有效性，如采取穴施、条施或沟施的方法。施用量视土壤缺磷状况而定。过磷酸钙作基肥可与有机肥料混合施用，有利于减少磷的固定，提高其利用率。

过磷酸钙作基肥每 667 米^2 用量为 20～50 千克，作追肥每 667 米^2 用量为 20～30 千克，应早施、深施，作种肥每 667 米^2 用量为 10 千克左右。作根外追肥时，将过磷酸钙配制成浓度为 2% 左右水溶液，在作物生长中后期喷洒于叶面上，供作物直接吸收。配制方法是将过磷酸钙 2～3 千克放入 100 升水中，浸泡 1 昼夜，中间搅拌 2～3 次，用纱布滤去渣子，即为喷施水溶液。

应注意的是，普钙应适量施用，不可连年大量施用；不可与碱性肥料混合施用，以免降低肥效。

（二）重过磷酸钙

1. 重过磷酸钙的性质　重过磷酸钙简称重钙，有效成分是水溶性磷酸一钙，含磷 40%～50%，是普钙的 3 倍，所以又称

为三料过磷酸钙、三倍过磷酸钙。

重过磷酸钙的分子式：$Ca(H_2PO_4)_2 \cdot H_2O$。外观为灰白色或暗褐色颗粒或粉状，粉末状的产品易吸湿结块，有腐蚀性，易溶于水，为酸性易溶磷肥。是一种高浓度磷肥，性质比普钙稳定，在土壤中不发生磷酸退化作用。

2. 重过磷酸钙的安全施用 重过磷酸钙的有效成分易溶于水，是速效磷肥。适用土壤及作物类型、施用方法等与过磷酸钙基本相似，但因含磷量高，施用量相应较普钙少，又因其石膏含量很低，所以在改土和供硫能力上不如普钙。重钙不能与碱性物质如碳酸氢铵、石灰氮、草木灰及弱酸性磷肥混合，否则会降低磷的有效性。重过磷酸钙与硝酸铵、硫酸铵、硫酸钾、氯化钾等有良好的混配性能，但与尿素混合会引起加成反应，产生游离水，使肥料的物理性能变坏。因此，生产中只能有限掺混。

重过磷酸钙作基肥或追肥，一般每667米^{2}施用量为10～20千克。

重过磷酸钙在施用中应注意的问题与普钙相同，但重钙不宜用作拌种，也不宜用于蘸秧根，对于酸性土壤，在施用重钙前几天最好施用一次石灰。

（三）钙镁磷肥

1. 钙镁磷肥的性质 钙镁磷肥又称熔融含镁磷肥，是常用的弱酸溶性磷肥。钙镁磷肥占我国目前磷肥总产量的17%左右，仅次于普通过磷酸钙，其主要成分是磷酸三钙等，含五氧化二磷、氧化镁、氧化钙、二氧化硅等，无明确的分子式与分子量。

钙镁磷肥是一种枸溶性磷肥，不溶于水。一般含磷（P_2O_5）14%～20%、钙（CaO）25%～40%、镁（MgO）8%～18%，是一种以含磷为主，同时含有钙、镁、硅等成分的多元肥料。

钙镁磷肥产品外观灰白色、浅绿色、墨绿色或灰褐色，微碱性，玻璃状粉末，无毒、无臭，不吸湿，不结块，不腐蚀包装

材料，长期贮存不易变质。

钙镁磷肥中的磷不溶于水，但可被作物和微生物分泌的酸和土壤中的酸溶解，逐渐供作物吸收利用，所以肥效较慢。钙镁磷肥除含有磷素外，还含有大量的镁、钙，少量的钾、铁和微量的锰、铜、锌、钼等，特别是大量的钙离子，可减轻镉、铅等重金属离子对作物的危害。其中有 8%～18% 的氧化镁，是叶绿素的重要元素，能促进光合作用，加速作物生长；含有 25%～40% 的氧化钙，能中和土壤酸性，起到改良土壤的作用；含有 20%～35% 的二氧化硅，能提高作物的抗病能力。

2. 钙镁磷肥的安全施用 钙镁磷肥施入土壤后，在作物根分泌的酸和土壤中的酸性物质作用下，逐步溶解释放出有效磷，肥效虽不如过磷酸钙快，但后效较长。钙镁磷肥适用于缺磷的酸性土壤，特别适用于缺钙、镁的酸性土壤。在酸性土壤中，其肥效和普钙相似，在石灰性土壤中，肥效低于普钙。因其肥效较慢，宜作基肥施用，一般每 667 米^{2}施用 15～20 千克，应深施。与 10 倍以上的有机肥混合堆沤 30 天后施用，可提高其肥效。钙镁磷肥作基肥应及早施用，使它在土壤中有较长的时间溶解和转化，一般不作追肥施用。不能与铵态氮肥混合施用，以免引起氮素的挥发损失。为了提高肥效，可预先与有机肥料混合或共同堆腐。

钙镁磷肥不能与酸性肥料混合施用，否则会降低肥效。

三、钾 肥

（一）硫 酸 钾

1. 硫酸钾的性质 硫酸钾是高浓度的速效钾肥，不含氯离子，理论含钾（K_2O）54.06%，一般为 50%，还有硫（S）约 18%。

硫酸钾分子式：K_2SO_4。外观为白色或带灰黄色的结晶或颗

粒，也有红色的硫酸钾。农用硫酸钾是速效钾肥，易溶于水，吸湿性小，不易结块，贮运使用均较方便，是果树生长发育需要量较多的养分之一。钾是提高水果产量和质量的重要养分。

硫酸钾是一种高效生理酸性肥料，其水溶液呈中性，但施入土中后，所含钾离子被作物直接吸收利用，也可以被土壤胶体吸附，残留的硫酸根离子使土壤变酸，所以是生理酸性肥料。长期施用硫酸钾会增加土壤酸性。在石灰性土壤中，残留的硫酸根与土壤中钙离子作用生成石膏（$CaSO_4$），会填塞土壤孔隙，可能造成土壤板结。硫酸钾除含有钾外，还含有植物生长需要的中量元素硫，一般含硫在18%左右。它与氯化钾的最大差别在于硫酸钾残留的是硫酸根离子，而氯化钾残留的是氯离子。果树大多是忌氯作物，为了提高品质都选用硫酸钾作钾肥。

2. 硫酸钾的安全施用　硫酸钾适用于各种果树，可作基肥，也可作追肥，但以作基肥为好。作基肥一般每667米^{2}施用10～25千克，应深施覆土，最好是与有机肥混合施用。硫酸钾作追肥时应早施，一般每667米^{2}施用5～12千克，应集中条施或穴施到果树根系较密集的土层，以减少钾的固定，促进吸收和利用。施后立即覆土，适时浇水。作根外追肥时，喷施浓度为1%～1.5%的水溶液。硫酸钾水溶液也可用于灌溉施肥。

硫酸钾是生理酸性肥料，长期连续施用有可能造成土壤板结。在酸性土壤上施用时，应与碱性肥料石灰配合施用，以中和酸性。施用硫酸钾应配合增施有机肥料，以改善土壤结构。沙性土壤常缺钾，宜作追肥以免淋失。

硫酸钾价格比较贵，在一般情况下，除对氯敏感的作物外，能用氯化钾的就不要用硫酸钾。

（二）氯 化 钾

1. 氯化钾的性质　氯化钾是高浓度速效钾肥，也是用量最

多、使用范围较广的钾肥品种。含氧化钾 54%～60%。

氯化钾的分子式为 KCl。外观为白色或浅黄色结晶或颗粒。加拿大、俄罗斯生产的氯化钾呈浅砖红色，是由于含有约 0.05% 的铁和其他金属氧化物，其含钾量和白色氯化钾是一样的。氯化钾易溶于水，水溶液呈现化学中性，吸湿性不太强，但贮存时间长和空气湿度大时也会结块。

氯化钾施入土中后，钾离子被作物根系吸收，或被土壤吸附，而氯离子则残留在土壤中，与氢离子相互作用会形成盐酸，所以氯化钾是一种生理酸性肥料。

2. 氯化钾的安全施用　氯化钾含氯量可达 45%～47%，作物吸入过多的氯会降低产品品质，所以对氯敏感的作物一般不宜施用。作基肥施用通常在播种或栽培前 10～15 天施入土壤。作追肥时一般要求在苗长大后再追肥。

氯化钾可作基肥或早期追肥，施用时应深施，一般每 667 米^2 施用 7.5～10 千克，应与氮肥、磷肥配合施用，不宜作种肥和叶面喷肥。氯化钾在忌氯作物上要慎用，如葡萄、苹果等忌氯果树，应控制施用量，不宜多施，尤其是幼龄果树不要施用。但氯也是作物不可缺少的必需营养元素，在雨水多、土壤缺氯的地方，据试验，适量配合施用氯化钾（如占施钾总量的 1/4 以下）不仅对忌氯作物的品质没有影响，而且具有一定的增产和改善品质的作用。

氯化钾与氮肥、磷肥配合施用，可以更好地发挥其肥效。酸性土壤一般不施用氯化钾，如要施用应配合施用石灰和有机肥。盐碱地不宜施用氯化钾。

氯化钾无论用作基肥还是用作追肥，都应提早施用，以利于通过雨水或利用灌溉水，将氯离子淋洗至土壤下层，清除或减轻氯离子对作物的危害。

第三节　中量元素肥料

中量元素肥料：是指钙、镁、硫、硅肥，中量元素是作物生长过程中需要量次于氮、磷、钾而高于微量元素的营养元素，占作物体的0.1%～0.5%。这些元素在土壤中存量较多，同时，在施用大量元素时能够得到补充，一般情况下可满足作物的需求。但随着氮、磷、钾高浓度而不含中量元素的化肥的大量施用以及有机肥投入的减少，近年来在一些土壤和作物上中量元素缺乏的现象逐渐增加。应根据作物种类和土壤条件和环境等因素的不同合理施用不同中量元素肥料。

一、钙　肥

（一）含钙肥料的种类及性质

作物吸收钙的数量小于钾大于镁，钙的主要营养功能是能够稳定细胞膜结构，保持细胞的完整性，有助于生物膜有选择性地吸收离子，稳固细胞壁，促进细胞伸长，增强植物对环境胁迫的抗逆能力，防止植物早衰，提高作物品质，促进根系生长。植物缺钙生长受阻，节间较短，较一般正常生长的植株矮小，而且组织柔软。缺钙植株的顶芽、侧芽、根尖等分生组织首先出现缺素症，易腐烂死亡，幼叶卷曲畸形，叶缘开始变黄并逐渐坏死。施用钙肥可以补充土壤中的钙，调节土壤理化性质，改良土壤，防治作物的缺钙症状。

钙肥的主要品种有石灰、石膏、普通过磷酸钙、重过磷酸钙、钙镁磷肥等，见表2-3。

（二）石灰的性质与安全施用

1. 石灰的性能　石灰是主要的钙肥，为强碱性，除能补充作物钙营养外，对酸性土壤能调节土壤酸碱程度，改善土壤结

表 2-3　果树常用含钙肥料及性质

名　称	主要成分	氧化钙（CaO）含量（%）	其他主要成分（%）	主要性质
石灰石粉	$CaCO_3$	44.8～56.0	—	中性，不溶于水
生石灰（石灰岩烧制）	CaO	84.0～96.0	—	碱性，难溶于水
生石灰（牡蛎蚌壳烧制）	CaO	50.0～53.0	—	碱性，难溶于水
生石灰（白云岩烧制）	CaO、MgO	26.0～58.0	氧化镁（MgO）10～14	碱性，难溶于水
生石膏（普通石膏）	$CaSO_4 \cdot 2H_2O$	26.0～32.6	硫（S）15～18	微溶于水
磷石膏	$CaSO_4 \cdot Ca_3(PO_4)_2$	20.8	磷（P_2O_5）0.7～3.7 硫（S）10～13	微溶于水
过磷酸钙	$Ca(H_2PO_4)_2 \cdot H_2O$，$CaSO_4 \cdot 2H_2O$	16.5～28	磷（P_2O_5）12～20	酸性，溶于水
重过磷酸钙	$Ca(H_2PO_4)_2 \cdot H_2O$	19.6～20	磷（P_2O_5）40～54	酸性，溶于水
钙镁磷肥	α-$Ca_3(PO_4)_2 \cdot CaSiO_3 \cdot MgSiO_3$	25.0～30.0	磷（P_2O_5）14～20 镁（MgO）15～18	微碱性，弱酸溶性
氯化钙	$CaCl_2 \cdot 2H_2O$	47.3	—	中性，溶于水
硝酸钙	$Ca(NO_3)_2$	26.6～34.2	氮（N）12～17	中性，溶于水
粉煤灰	$SiO_2 \cdot Al_2O_3 \cdot Fe_2O_3 \cdot CaO \cdot MgO$	2.5～46.0	磷（P_2O_5）0.1 钾（K_2O）1.2	难溶于水
草木灰	$K_2CO_3 \cdot K_2SO_4 \cdot CaSiO_3 \cdot KCl$	0.89～25.2	磷（P_2O_5）1.57 钾（K_2O）6～9	难溶于水
石灰氮	$CaCN_2$	53.9～54.0	氮（N）20～21	强碱性，不溶于水
骨粉	—	26.0～27.0	磷（P_2O_5）20～35	难溶于水

注：CaO（%）=Ca（%）× 1.4。

构，促进土壤有益微生物活动，加速有机质分解和养分释放；能减轻土壤中铁、铝离子对磷的固定，提高磷的有效性；能杀死土壤中病菌和虫卵以及消灭杂草。

生石灰又称烧石灰，主要成分为氧化钙。通常用石灰石烧制而成，含氧化钙90%～96%。如果是用白云石烧制的，则称镁石灰，除含氧化钙55%～85%外，尚有氧化镁10%～40%，兼有镁肥的效果，贝壳类含有大量碳酸钙，也是制石灰的原料，沿海地区所称的壳灰，就是用贝壳类烧制而成的。其氧化钙的含量螺壳灰为85%～95%，蚌壳灰为47%左右。生石灰中和土壤酸度的能力很强，可以迅速矫正土壤酸度，此外还有杀虫、灭草和消毒的功效。

2. 石灰的安全施用 在设施果树栽培下的酸化土壤施用石灰能起到治酸增钙的双重效果，主要作基肥，每667米^{2}用量为25～150千克，具体用量可参考表2-4。

表2-4 不同质地酸性土壤第一年石灰施用量参考值

（千克/667米^2）

土壤酸度类型	黏　土	壤　土	沙　土
pH值4.5～5	150	100	50～75
pH值5～6	75～125	50～75	25～50
pH值6	50	25～50	25

一般每667米^{2}施用40～80千克石灰较适宜，酸性强的土壤施用石灰效果较好，用量多一些，酸性小的土壤石灰用量宜适当减少。质地黏的酸性土应适当多施石灰，沙质土应少施。此外，随着土壤熟化程度的提高，土壤酸性减小，石灰用量亦应减少，基本熟化的土壤每667米^{2}施石灰50千克即可，初步熟化的土壤每667米^{2}施75～100千克。

基施一般结合整地，将石灰与农家肥一起施入。基施每667米^{2}施20～50千克，用于改土一般每667米^{2}施150～250千

克。追肥可以在作物生长期间依据需要进行。追施以条施或穴施为佳，每 667 米 ^{2} 施 15 千克较好。

石灰的施用不宜过量，否则会加速有机质大量分解，造成土壤肥力下降。施用时，应力求均匀施用，以防局部土壤碱性过大，影响作物生长。石灰残效期 2～3 年，一次施用量较多时，不必年年施用。果树应根据缺钙症状进行补钙，如苹果缺钙，新生小枝的嫩叶先褪色并出现坏死斑，叶尖、叶缘向下卷曲、老叶组织坏死，果实出现苦豆病等，即应进行补钙。

（三）石膏的性能与安全施用

设施果树栽培常用的是生石膏和磷石膏。石膏是改善土壤钙营养状况的另一种重要钙肥，它不但提供 26%～32.6% 的钙素，还可提供 15%～18% 的硫素。碱化土壤需用石膏来中和碱性，以改善土壤物理结构。设施果园土壤在 pH 值 9 以上时，需要施石膏中和碱性，一般每 667 米 ^{2} 施用量为 100～200 千克。石膏应深翻入土，后效长，不必年年都施。施用的石膏要尽可能研细，才能提高效果。石膏的溶解度小，后效长，除当年见效外，第二年、第三年也有较好效果，不必年年施用。如果碱土呈斑状分布，其碱斑面积不足 15% 时，石膏最好撒在碱斑面上。为了提高改土效果，应与种植绿肥或与农家肥和磷肥配合施用。

磷石膏是生产磷酸铵的副产品，含氧化钙略少于石膏，但价格便宜，并含有少量磷素，也是较好的钙肥及碱土的改良剂。用量以比石膏多施 1 倍为宜。

二、镁　肥

（一）含镁肥料的种类及性质

含镁硫酸盐、氯化物和碳酸盐都可作镁肥。常用含镁肥料的品种、成分和性质见表 2–5。

表 2-5　常见镁肥的品种、成分和主要性质

品　　种	含氧化镁（MgO）（%）	含其他成分（%）	主要性质
氯化镁	19.70～20.00	—	酸性，易溶于水
硫酸镁（泻盐）	15.10～16.90	—	酸性，易溶于水
硫酸镁（水镁矾）	27.00～30.30	—	酸性，易溶于水
硫酸钾镁（钾泻盐）	10.00～18.00	钾（K_2O）22～30	酸性－中性，易溶于水
生石灰（白云岩烧制）	7.50～33.00	—	碱性，微溶于水
菱镁矿	45.00	—	中性，微溶于水
光卤石	14.60	—	中性，微溶于水
钙镁磷肥	10.00～15.00	磷（P_2O_5）14～20	碱性，微溶于水
钢渣磷肥（碱性炉渣）	2.10～10.00	磷（P_2O_5）5～20	碱性，微溶于水
钾镁肥	25.90～28.70	钾（K_2O）8～33	碱性，微溶于水
硅镁钾肥	10.00～20.00	钾（K_2O）6～9	碱性，微溶于水

（二）镁肥的安全施用

镁肥可用作基肥或追肥。基施一般每 667 米^2 施硫酸镁 12～15 千克。追施应根据果树缺镁症状表现，确定是否施用镁肥。如柑橘缺镁，老叶呈青铜色，随后周围组织绿色减退，叶基部形成绿色的楔形；香蕉缺镁，叶片失绿，叶柄上有紫红色斑点，即应补镁。应用于根外追肥纠正缺镁症状效果快，但肥效不持久，应连续喷施几次。例如，为克服苹果缺镁症，可在开始落花时，每隔 14 天左右喷洒 2% 硫酸镁溶液 1 次，连续喷施 3～5 次。一般每 667 米^2 每次喷施肥液 50～100 千克，其效果比土壤施肥快。

由于铵离子（NH_4^+）对镁离子（Mg^{2+}）有拮抗作用，而硝酸盐能促进作物对 Mg^{2+} 的吸收，不同的氮肥类型对镁肥不良影响程度为：硫酸铵 > 尿素 > 硝酸铵 > 硝酸钙。配合有机肥料、磷肥或硝态氮肥施用镁肥，有利于发挥镁肥的效果。

应注意的是，酸性土壤应选用钙镁磷肥、钾镁肥、白云石粉等含镁肥料。

三、硫　肥

（一）常用硫肥的种类和性质

含硫肥料种类较多，大多是氮、磷、钾及其他肥料的副成分，如硫酸铵、普钙、硫酸钾、硫酸钾镁、硫酸镁等，但只有硫磺、石膏被作为硫肥施用。

1. **硫磺**　硫磺一般含硫 95%～99%，难溶于水，后效长，施入土壤后经微生物氧化为硫酸盐后，才能被作物吸收利用，因此应早施。

2. **石膏**　石膏是碱土的化学改良剂，也是重要的硫肥。农用石膏分生石膏、熟石膏及和磷石膏。生石膏由石膏矿石直接粉碎过筛而成，呈粉末状，微溶于水。熟石膏由生石膏加热脱水而成，易吸湿，吸水后变为生石膏。含磷石膏是用硫酸法制磷酸的残渣，含硫酸钙约 64%，并含有 2% 左右的磷。

3. **其他含硫肥料**　见表 2–6。

表 2–6　部分含硫肥料的含硫量及水溶性

名　称	分 子 式	硫	性　质
石　膏	$CaSO_4 \cdot 2H_2O$	18.6	微溶于水，缓效
硫　磺	S	95～99	难溶于水，迟效
硫酸铵	$(NH_4)_2SO_4$	24.2	溶于水，速效
过磷酸钙	$Ca(H_2PO_4)_2 \cdot H_2O \cdot CaSO_4$	12	部分溶于水
硫酸钾	K_2SO_4	17.6	溶于水，速效
硫酸钾镁	$K_2SO_4 \cdot 2MgSO_4$	12	溶于水，速效
硫酸镁	$MgSO_4 \cdot 7H_2O$	13	溶于水，速效
硫酸亚铁	$FeSO_4 \cdot 7H_2O$	11.5	溶于水，速效

（二）硫肥的安全施用

因为果园在常规施肥中已施用了含硫（S）肥料，在土壤有效硫大于 20 毫克 / 千克时，一般不需要增施硫肥，否则施多了

反而会使土壤酸化并造成减产。果树可根据缺硫的症状确定是否施用硫肥。如柑橘缺硫时，新叶失绿，严重时枯梢、果小畸形、色淡、皮厚、汁少，有时囊汁胶质化，形成微粒状。

硫肥作基肥时，每 667 米^2 施用硫磺粉 1～1.5 千克，应与有机肥等混合后施用。也可每 667 米^2 施用石膏 10～15 千克。当果树发生缺硫症状时，喷施硫酸铵或硫酸钾等可溶性含硫肥料溶液可矫正缺硫症。

第四节　微量元素肥料

微量元素肥料在设施果树安全施用的主要原则是应根据果树对微量元素的反应和土壤中有效微量元素的含量施用，土壤中有效微量元素的丰缺见表 2–7。

表 2–7　土壤中有效微量元素丰缺参考值（毫克 / 千克）

元　素	测定方法	低	适　量	丰　富	备　注
硼（B）	有效硼（用热水提取）	0.25～0.50	0.5～1.0	1.0～20	—
锰（Mn）	有效锰（用含对苯二酚的 1 摩 / 升的醋酸钠提取）	50～100	100～200	200～300	—
锌（Zn）	有效锌（DTPA 提取）有效锌（0.1 摩 / 升盐酸提取）	0.5～1.0 1.0～1.5	1～2 1.5～3.0	2.4～4.0 3.0～5.0	中碱性土壤 酸性土壤
铜（Cu）	有效铜（0.1 摩 / 升盐酸提取）	0.1～0.2	0.2～1.0	1.0～1.8	—
钼（Mo）	有效钼（草酸 – 草酸铵提取）	0.10～0.15	0.16～0.20	0.2～0.3	—
铁（Fe）	有效铁（DTPA 提取）	<4.5	4.5	>4.5	—

一、铁　肥

（一）铁肥的主要品种与性质

我国市场上销售的铁肥仍以价格低廉的无机铁肥为主，其中以硫酸亚铁盐为主。有机铁肥主要制成含铁制剂销售，如氨基酸螯合铁、EDDHA 类等螯合铁、柠檬酸铁、葡萄糖酸铁等，这类铁肥主要用于含铁叶面肥。常见的铁肥及主要特性见表 2–8。

表 2–8　常见的铁肥及主要特性

名　称	主 要 成 分	含 Fe 量（%）	主要特性	适宜施肥方式
硫酸亚铁	$FeSO_4 \cdot 7H_2O$	19	绿色或蓝绿色结晶，性质不稳定，易溶于水	基肥、种肥、叶面追肥
硫酸亚铁铵	$FeSO_4 \cdot (NH_4)_2SO_4 \cdot 6H_2O$	14	易溶于水	基肥、种肥、叶面追肥
尿素铁	$Fe[(H_2NCONH_2)_6] \cdot (NO_3)_3$	9.3	易溶于水	种肥、叶面追肥
螯合铁	EDTA–Fe，HEDHA–Fe DTPA–Fe，EDDHA–Fe	5～12	易溶于水	叶面追肥
氨基酸螯合铁	$Fe \cdot H_2N \cdot R \cdot COOH$	10～16	易溶于水	种肥、叶面喷施

（二）铁肥的安全施用技术

铁肥可作基肥和叶面喷施，基施是将硫酸亚铁与 20～50 倍的优质有机肥混均，集中施于树冠下，挖放射沟 5～8 条，沟深 20～30 厘米，施后覆土。一般每 667 米^2 施用 80～180 千克。

果树缺铁引起叶片失绿甚至顶端坏死，不容易矫治，因为铁在作物体内移动性较差，应采用叶面喷施硫酸亚铁的方法进行补救。果树缺铁可用 0.2%～1% 有机螯合铁或硫酸亚铁溶液叶面喷施，每隔 7～10 天喷 1 次，直至复绿为止。硫酸亚铁应在喷

洒时配制，不能存放。如果配制硫酸亚铁溶液的水偏碱或钙含量偏高，形成沉淀和氧化的速度会加快。为了减缓沉淀生成，减缓氧化速度，在配制硫酸亚铁溶液时，在每100升水中先加入10毫升无机酸（如盐酸、硝酸、硫酸），也可加入食醋100～200毫升（100～200克）使水酸化后再用已经酸化的水溶解硫酸亚铁。

目前，我国已试生产了一些有机螯合铁肥，如氨基酸螯合铁肥、黄腐酸铁、铁代聚黄酮类化合物。施用氨基酸螯合铁肥或黄腐酸铁时，可喷施0.1%浓度的溶液，肥效较长，效果优于硫酸亚铁。果树缺铁时还可用其他方法。例如，用灌注法，硫酸亚铁施用浓度为0.3%～1%；灌根法，在树冠下挖沟或穴，每株灌2%硫酸亚铁溶液5～7千克，灌后覆土。

果树发生缺铁症状：果树的叶片，尤其是新梢顶端叶片，初期叶色变黄，叶脉仍保持绿色，使叶片呈绿化网纹状，旺盛生长期症状尤为明显；严重时，叶片完全失绿，变黄，新梢顶端枯死，影响果树正常发育，导致树势衰弱，易受冻害及其他病害的侵染。

二、锌　肥

（一）常用锌肥的种类与性质

农业生产上常用的锌肥为硫酸锌、氯化锌、碳酸锌、螯合态锌、硝酸锌、尿素锌等，果树施用硫酸锌较普遍。常见锌肥主要成分及性质见表2-9。

（二）锌肥安全施用技术

锌肥可用作基肥或追肥。作基肥时每667米^{2}施用1～2千克，可与生理酸性肥料混合施用。轻度缺锌地块隔1～2年再行施用，中度缺锌地块隔年或于翌年减量施用，一般2～3年施一次即可；作追肥时，常用作根外追肥。果树可在萌芽前1个月喷

表 2-9　常见含锌肥料成分及性质

名　称	主要成分	含锌（Zn）量（%）	主要性质	适宜施肥方式
七水硫酸锌	$ZnSO_4 \cdot 7H_2O$	20～30	无色晶体，易溶于水	基肥、种肥、追肥、喷施、浸种、蘸秧根等
一水硫酸锌	$ZnSO_4 \cdot H_2O$	35	白色粉末，易溶于水	基肥、种肥、追肥、喷施、浸种、蘸秧根等
氧化锌	ZnO	78～80	白色晶体或粉末，不溶水	基肥、种肥、追肥等
氯化锌	$ZnCl_2$	46～48	白色粉末或块状棒状，易溶于水	基肥、种肥、追肥等
硝酸锌	$Zn(NO_3)_2 \cdot 6H_2O$	21.5	无色四方晶体，易溶于水	基肥、种肥、追肥、喷施等
尿素锌	$Zn \cdot CO(NH_2)_2$	11.5～12	白色晶体或粉状微晶粉末，易溶于水	基肥、追肥和喷施
螯合锌	$Na_2ZnEDTA$	9～14	白色晶体或粉状，易溶于水	喷　施
氨基酸螯合锌	$Zn \cdot H_2N \cdot R \cdot COOH$	10	棕色，粉状物，易溶于水	喷施、蘸秧根、拌种等

施 3%～4% 溶液，萌芽后用 1%～1.5% 溶液喷施或用 2%～3% 溶液涂刷枝条，或在初夏时喷施 0.2% 硫酸锌溶液。对锌敏感的果树有：桃、樱桃、油桃、苹果、梨、李、杏、柑橘、葡萄、胡桃、番石榴等。果树施用锌肥还应根据是否缺锌来确定。例如，果树叶片失绿，叶小簇生，节间缩短，叶脉间发生黄色斑点等是缺锌的症状表现，应及时喷施 0.2% 硫酸锌溶液即可矫正缺锌症。

锌肥施用应注意的是：作基肥时，每 667 米 ^{2} 施用量不要超过 2 千克，喷施浓度不要过高，否则会引起毒害。锌肥在土壤中移动性差，且容易被土壤固定，因此土施一定要均匀，喷施也要均匀喷在叶片上，否则效果欠佳。锌肥不要和碱性肥料、碱性农药混合，否则会降低肥效。锌肥有后效，不需要连年施用，一般隔年施用效果好。

三、硼　肥

（一）常见硼肥的种类与性质

硼是应用较广泛的微量营养元素之一，目前果树生产上常用的硼肥有硼酸和硼砂。常见含硼肥料品种见表 2–10。

表 2–10　常见硼肥的种类和性质

品　名	化学分子式	含硼量（%）	主要性质
硼　酸	H_3BO_3	16.1～16.6	白色晶体粉末，易溶于热水，水溶液呈弱酸性
十水硼酸二钠（硼砂）	$Na_2B_4O_7 \cdot 10H_2O$	10.3～10.8	白色结晶粉末，易溶于 40℃以上热水
五水四硼酸钠	$Na_2B_4O_7 \cdot 5H_2O$	约 14	微溶于水
四硼酸钠（无水硼砂）	$Na_2B_4O_7$	约 20	溶于水
十硼酸钠（五硼酸钠）	$Na_2B_{10}O_{16} \cdot 10H_2O$（$Na_2B_5O_8 \cdot 5H_2O$）	约 18	溶于水

（二）硼肥安全施用技术

1. 土施　苹果每株土施硼砂 100～150 克（视树体大小而异）于树的周围。缺硼板栗，以树冠大小计算，每平方米施硼砂 10～20 克较为合适，要施在树冠外围须根分布很多的区域。例如，幼龄树冠 10 米 ^{2}，可施硼砂 150 克，大树根系分布广，要按比例多施些。但施硼量过多，如每平方米树冠施硼量超过 40 克，就会发生药害。其他果树也可采用同样方法施硼。

2. 喷施　果树施硼以喷施为主，喷施浓度略高于一般大田作物，硼砂可用 0.2%～0.3% 水溶液，硼酸可用 0.1%～0.2% 水溶液。柑橘在春芽萌发展叶前及盛花期各喷 1 次；苹果在花蕾期和盛花期各喷 1 次；桃、杏和葡萄在花蕾期和初花期各喷 1 次。肥料溶液用量以布满树体或叶面为宜。

果树在发生缺硼症时应及时进行喷施。例如，草莓缺硼时

表现为叶片缩短，呈杯状，畸形，有皱纹，叶缘褐色，根量很少，果实变扁。苹果表现为早春或夏季，顶部小枝回缩干枯，产生丛状枝，节间变短，叶片缩短、变厚、易碎，叶缘平滑而无锯齿。果实易裂果，出现坏死斑块，或全果木栓化。成熟果实呈褐色，有明显的苦味。梨表现为小枝顶端枯死，叶片稀疏，小枝的叶片变黑而不脱落。新梢从顶端枯死，顶梢形成簇状。开花不良，坐果差。果实表面裂果并有疙瘩，果肉坚而硬，果实香味差，常未成熟即变黄。树皮出现溃烂。葡萄表现为叶色淡而黄斑，幼叶畸形，叶肉皱缩，叶边缘和叶脉开始失绿和坏死。新梢生长不良，茎秆节间粗，节间特别短，枝条变脆。生长点坏死，顶端附近发出许多小的侧枝，果穗大小不一，形成大小果。桃表现为小枝顶枯，随之落叶，出现许多侧枝，叶片小而厚，畸形且脆。柑橘表现为叶片水渍状并发展为斑点，叶脉呈裂开状，叶尖向内卷曲，带黄褐色，老叶变厚变脆，叶脉变粗木栓化，皮爆裂，叶片自枝梢顶部向下脱落，幼叶小。坐果稀，果实有褐色或暗色斑点，或果皮有白色条斑，形成胶状物。果实内汁囊萎缩，渣多汁少，果心出现棕褐色胶斑，严重时果皮增厚、皱缩，果小坚硬如石。

四、锰　肥

（一）常见锰肥的种类与性质

目前，果树常用的锰肥是硫酸锰，其次是氯化锰、氧化锰、碳酸锰等，硝酸锰也逐渐被采用。常见锰肥的成分及性质见表2–11。

（二）锰肥安全施用技术

果树安全施用硫酸锰以基施和喷施为主，基施硫酸锰一般每667米^{2}用2～4千克，掺和适量农家肥或细干土10～15千克，沟施或穴施，施后盖土。

表 2-11 常见锰肥的成分与性质

名 称	分 子 式	含锰（%）	水溶性	适宜施肥方式
硫酸锰	$MnSO_4 \cdot H_2O$	31	易 溶	基肥、追肥、种肥
氧化锰	MnO	62	难 溶	基 肥
碳酸锰	$MnCO_3$	43	难 溶	基 肥
氯化锰	$MnCl_2 \cdot 4H_2O$	27	易 溶	基肥、追肥
硫酸铵锰	$3MnSO_4 \cdot (NH_4)_2SO_4$	26～28	易 溶	基肥、追肥、种肥
螯合态锰	$Na_2MnEDTA$	12	易 溶	喷 施
氨基酸螯合锰	$Mn \cdot H_2N \cdot R \cdot COOH$	10～16	易 溶	喷 施

喷施一般用 0.2%～0.3% 硫酸锰溶液。柑橘在春芽萌发展叶前及盛花后各喷 1 次；苹果在花蕾期和盛花后各喷 1 次。土壤追肥在早春进行，每株用硫酸锰 200～300 克（视树体大小而异）于树干周围施用，施后盖土。

在果树出现缺锰症状时，应及时喷施补救，果树缺锰素主要表现为，叶肉失绿，叶脉呈绿色网状，叶脉间失绿，叶片边缘起皱，严重时褪绿现象从主脉处向叶缘发展，叶脉间和叶脉发生焦枯的斑点，叶片由绿变黄，出现灰色或褐色斑点，最后导致焦枯，早期脱落。

五、铜 肥

（一）铜肥的主要品种与性质

主要含铜肥料见表 2-12。

（二）铜肥的安全施用技术

1. 基施 一般每 667 米^2 施用硫酸铜 1～2 千克，视不同作物而定。一般将硫酸铜混在 10～15 千克细干土内，也可与农家肥或氮、磷、钾肥混合基施。在沙性土壤上最好与农家肥混施，以提高保肥能力。一般铜肥后效较长，每隔 3～5 年施 1 次。沟施或穴施，施后覆土。

表 2-12　主要含铜肥料的成分及性质

品　种	分子式	含铜量（%）	溶解性	适宜施肥方式
硫酸铜	$CuSO_4 \cdot 5H_2O$	25～35	易　溶	基肥、叶面施肥
碱式硫酸铜	$CuSO_4 \cdot 3Cu(OH)_2$	15～53	难　溶	基肥、追肥
氧化亚铜	Cu_2O	89	难　溶	基　施
氧化铜	CuO	75	难　溶	基　施
含铜矿渣		0.3～1	难　溶	基　施
螯合状铜	$Na_2CuEDTA$	18	易　溶	喷　施
氨基酸螯合铜	$Cu \cdot H_2N \cdot R \cdot COOH$	10～16	易　溶	喷　施

2. **喷施**　用于喷施时配成 0.1%～0.2% 浓度的水溶液，开花前或生育期喷施，也可与防治病虫害结合喷施波尔多液（1 千克硫酸铜、1 千克生石灰各加水 50 升，制成溶液后混合），最适宜喷施时期是在每年的早春，既可防治病害，又可提供铜素营养。

在果树出现缺铜症状时，应及时进行喷施补救。果树缺铜症状表现为，叶片失绿畸形，枝条弯曲，出现长瘤状物或斑块，甚至会出现顶梢枯并逐渐向下发展，侧芽增多，树皮出现裂纹，并分泌出胶状物，果实变硬。铜过剩可使植物主根的伸长受阻，分枝根短小，生育不良，叶片失绿，还可引起缺镁。果树中的柑橘对铜极为敏感；草莓、桃、梨、苹果对铜中度敏感。

六、钼　肥

（一）常见钼肥的种类与性质

常用的含钼肥料种类与性质见表 2-13。

（二）钼肥的安全施用技术

1. **基肥**　果园一般每 667 米^2 用 10～50 克钼酸铵（或相当数量的其他钼肥）与常量元素肥料混合施用，或者喷涂在一些固体物料的表面，条施或穴施。施钼肥的优点是肥效可以持续

表 2-13　常用钼肥的种类和性质

钼肥品种	主要成分	含钼量（%）	主要性状	适宜施肥方式
钼酸铵	$(NH_4)_6Mo_7O_{24}\cdot 4H_2O$	50～54	黄白色结晶，溶于水，水溶液呈弱酸性	基肥、根外追肥
钼酸钠	$Na_2MoO_4\cdot 2H_2O$	35～39	青白色结晶，溶于水	基肥、根外追肥
三氧化钼	MoO_3	66	难　溶	基　肥
含钼玻璃肥料	—	2～3	难溶，粉末状	基　肥
含钼废渣	—	10	含有效钼 1%～3%，难溶	基　肥
氨基酸螯合钼	$Mo\cdot H_2N\cdot R\cdot COOH$	10	棕色粉末状，溶于水	根外追肥

3～4 年。但由于钼肥价格昂贵，一般不采用基施方法，多用喷施方法。

2. **叶面喷施**　叶面喷施是果树施用钼肥最常用的方法。根据不同果树的生长特点，在营养关键期喷施，可取得良好效果，并能在果树出现缺钼症状时及时有效矫治作物缺钼症状。果树缺钼症状表现首先出现在老叶上，叶片失绿，叶脉间组织形成黄绿色或橘红色叶斑，叶缘卷曲、叶凋萎以至坏死，叶片向上弯曲和枯萎，叶片常呈鞭尾状，花的发育受抑制，果实不饱满。当这种缺钼症状发生时，应及时进行喷施补救。喷施肥液浓度为 0.05%～0.1%。喷施应在无风晴天下午 4 时后进行，每隔 7～10 天喷 1 次，一般需喷 2～3 次，喷至树叶湿润而不滴流为宜。

第五节　复混（合）肥料

复混肥料是复合肥料和复混肥料的统称，是由化学方法和物理方法生产而成，产品要符合国家有关标准。

一、二元复合肥料

（一）硝酸磷肥

1.成分 硝酸磷肥［$CaHPO_4 \cdot NH_4H_2PO_4 \cdot NH_4NO_3 \cdot Ca(NO_3)_2$，含氮（N）13%～26%，磷（$P_2O_5$）12%～20%］是由硝酸或硝酸－硫酸（或硝酸－磷酸）混合酸分解磷矿粉，去除部分可溶于水的硝酸钙后的产物。产品组分复杂，氮主要来自 NH_4NO_3 和 $Ca(NO_3)_2$，磷来自 $CaHPO_4$ 和 $NH_4H_2PO_4$，N∶P_2O_5 比例为 1∶1 或 2∶1。硝酸磷肥大部分为灰白色颗粒，有一定吸湿性，部分溶于水，水溶液呈酸性反应。硝酸磷肥中含氮成分主要是硝酸铵和硝酸钙，都可溶于水；含磷成分主要是磷酸铵和磷酸二钙，前者可溶，后者部分可溶。溶液 pH 值较低时，可能存在 $Ca(H_2PO_4)_2$，水溶性增加；在 pH 值较高时，可能存在难溶的 $Ca_3(PO_4)_2$ 而水溶性降低。

2.性质 硝酸磷肥是含有氮、磷养分的复合肥料，主要成分是硝酸盐和磷酸盐等。硝酸盐的主要成分是硝酸铵，还有少量硝酸钙，都溶于水。磷酸盐有 3 种形态，即水溶性的磷酸盐包括磷酸一钙、磷酸一铵、磷酸二铵等；枸溶性的磷酸盐包括溶解于中性柠檬酸铵或碱性柠檬酸铵溶液的磷酸二钙和磷酸铁铝盐、磷酸二镁等；未分解的磷矿和碱性磷酸盐，都属于难溶性的磷酸盐。硝酸磷肥临界相对湿度为 57%。

硝酸磷肥中的枸溶性磷主要是由磷酸二钙提供的。在酸性土壤中，就直接肥效而言，这种含大量磷酸二钙的肥料至少和含水溶性磷的磷肥相当；就残留肥效而言，硝酸磷肥要优良得多。因为磷酸二钙接近中性，在一定程度上避免了磷酸铁、磷酸铝的生成，防止了磷的固定。在碱性土壤中，磷酸二钙的直接肥效不如水溶性磷，但残留肥效较高，因为它转化为磷酸三钙的机会较小。但以含枸溶性磷为主的硝酸磷肥比起含水溶性磷的磷肥来，在肥效上总有一种滞后现象，而且大颗粒（直径 5 毫米）比小颗

粒（直径2毫米）和粉末的滞后现象更为严重。

3. 安全施用技术 硝酸磷肥是一种既含氮又含磷的复合肥料，既含有硝态氮，又有铵态氮；既有水溶性磷，又有枸溶性磷。适用于酸性和中性土壤，对多种果树都有较好的效果。集中深施效果好，宜作基肥或早期追肥，一般每667米^{2}施用量为20～35千克，应与有机肥和钾肥混合施用。硝酸磷肥浸出液可用于灌溉施肥或根外追肥。

（二）磷 酸 铵

1. 磷酸二氢铵

（1）性质 磷酸二氢铵（$NH_4H_2PO_4$）为二元氮磷复合肥料，别名磷酸一铵、一铵。料浆法生产的产品含氮（N）9%～10%，含磷（P_2O_5）41%～46%。

磷酸一铵产品是白色或浅色颗粒或粉末、吸湿性很小的稳定性盐类，氨不宜挥发。加热至100℃左右不会引起氨损失。在0℃～100℃范围内，不会生成水合物，19℃时相对密度1 803千克/米^3，正方晶形，0.1摩溶液pH值为4.4，呈酸性。能溶于水，在10℃～25℃时100毫升水中溶解度为9～40克。

磷酸一铵在土壤中的NH_4^+比其他铵盐容易被土壤吸附，因为在中性条件下容易离解，形成的NH_4^+被土壤胶体（负电荷）吸收，同时形成的$H_2PO_4^-$也是作物可吸收利用的形态。与铵离子共存的磷酸根离子特别容易被作物根系吸收，在作物生长期间施用磷酸一铵是最适宜的。另外，磷酸一铵中的磷比过磷酸钙中的磷不容易被固定，即使被固定的磷也容易再溶解。在酸性土壤中比普钙、硫酸铵好，在碱性土壤中也比其他肥料优良。

（2）安全施用技术 磷酸一铵是一种以磷为主的氮磷复合肥料，适用于各种土壤和各种果树，可作基肥或追肥。可沟施或穴施，施后覆土，也可用于灌溉施肥用。一般每667米^{2}用量10～15千克，施用时只要注意与氮肥配合，其效果优于等磷量

普钙和等氮量硫酸铵的综合肥效，可采用开沟条施。磷酸一铵是以磷为主的肥料，施用时应优先用在需磷较多的果园和缺磷的土壤中，按作物需磷情况考虑用量，氮素不足由单质氮肥来补充。

磷酸一铵是配制多元复混肥料理想的基础肥料，但不要与草木灰、石灰等碱性肥料混合使用，以免降低肥效。如南方酸性土壤要施用石灰时，应相隔几天后再施用。

2. 磷酸氢二铵

（1）性质　磷酸氢二铵［$(NH_4)_2HPO_4$］是二元氮磷复合肥料，别名磷酸二铵。料浆法生产的产品含氮（N）12%～14%，含磷（P_2O_5）51%～57%。

磷酸二铵为白色或浅色颗粒，产品呈微碱性，0.1 摩溶液 pH 值为 7.8，在常压下有足够的稳定性，在 70℃条件下易分解失去 1 个铵分子而成为磷酸一铵。磷酸二铵 19℃时相对密度 1 619 千克 / 米^3，单斜晶形，吸湿性比磷酸一铵大，在 25℃时 100 克水中的溶解度为 72.1 克，是水溶性速效肥料。

磷酸二铵在土壤中的 NH_4^+ 比其他铵盐容易被土壤吸附。因为在中性条件下容易离解，形成的 NH_4^+ 被土壤胶体（负电）吸收，同时形成的 $H_2PO_4^-$ 也是作物可吸收利用的形态。与铵离子共存的磷酸根离子特别容易被作物根系吸收。在果树作物生长期间施用磷酸二铵是最适宜的。另外，磷酸二铵中的磷比过磷酸钙中的磷不容易被固定，即使被固定的磷也容易再溶解。磷酸二铵在土壤中呈酸性，与种子过于接近，可能会有不良影响。在酸性土壤中比普钙、硫酸铵好，在碱性土壤中也比其他肥料优良。磷酸二铵中的磷和重钙中的磷等效，所含氮则和硫酸一铵中的氮等效。

（2）安全施用技术　磷酸二铵基本适合所有的土壤和各种果树。可用作基肥或追肥，一般每 667 米^2 用量 8～10 千克，较为经济。在树冠下开沟施入，施后覆土。作叶面喷施用时需用水

溶解后过滤，兑水配成 0.5%～1% 溶液进行叶面喷施。

磷酸二铵不能与草木灰、石灰等碱性肥料直接混合施用，以免引起氨的挥发和降磷的有效性。当季如果已经施用足够的磷酸二铵，后期一般不需再施磷肥，后期多以补充氮素为主。磷酸二铵是配制多元复混肥料的理想基础肥料，也是用于灌溉施肥的良好磷、氮肥源。

（三）磷酸二氢钾

1. 性质 作为肥料用的磷酸二氢钾（KH_2PO_4）一般含磷（P_2O_5）52%，含钾（K_2O）34%。白色或白色晶体粉末，易溶于水，水溶液 pH 为 4～5，物理性状良好，吸湿性小，不易结块。

2. 安全施用技术 磷酸二氢钾适用于任何土地和各种果树上施用。尤其适用于磷、钾养分缺乏地区的果树土壤。可作基肥、追肥、种肥和根外追肥，但因价格较贵，常用作根外追肥施用。根外追肥的浓度一般为 0.2%～0.5%，在果实膨大期每 7～10 天喷施 1 次，连续喷施 2～3 次，对提高水果产量和改善水果品质有较好的效果。如加适量尿素和微量元素配成复合叶面肥进行喷施效果更佳。

二、三元复混肥料

（一）性　质

这类产品是用尿素、磷酸铵、硫酸钾为主要原料生产的复混肥系列产品，属无氯型氮磷钾三元复混肥，可根据需要调配氮磷钾比例，常用氮磷钾含量为 45% 左右，水溶性五氧化二磷大于 80%，施用方便。

粉状复混肥料外观为灰白色或灰褐色均匀粉状物，不易结块，除了部分填充料外，其他成分均能在水中溶解。粒状复混肥料外观为灰白色或黄褐色粒状，pH 值为 5～7，不起尘、不结块，便于装运和施肥，在水中会发生崩解。

（二）安全施用技术

本产品可作基肥、追肥（如冲施、灌溉施肥、根外追肥），适用于各种果树作物，可作为果树等忌氯作物的专用肥料。作基肥用，应与有机肥配合施用，一般每667米^{2}施本品30～50千克，可条施、穴施，施后覆土，并浇水。作追肥可用水溶化后随浇水冲施或用于灌溉施肥，一般每667米^{2}施20～25千克。如用于根外追肥，可将产品加100倍水溶解，过滤后用滤液喷于作物叶面至湿润而不滴流为宜。

三、掺混肥料（BB肥）

（一）性能特点

掺混肥料是将几种颗粒大小相近的单质化肥或二元复合肥料为基础肥料，按当地土壤和作物要求确定的配方，经计量配料和简单的机械混合而成的。其特点是针对性强，氮、磷、钾及中、微量元素的比例容易调整。可以根据用户要求生产各种规格的专用配方肥料，适合果树等作物的测土配方施肥的需要，其主要特点是工艺简单、加工成本低、配方灵活、配比多样。

（二）安全施用技术

掺混肥料可作基肥和追肥，一般每667米^{2}用量为50～120千克。

四、有机－无机复混肥料

（一）性能特点

有机－无机复混肥料是近年来才兴起的一种新型肥料，是利用生化处理后的粪便、动植物残体和草炭、风化煤、褐煤、腐殖酸、氨基酸等富含有机质的资源为原料与化肥（含中、微量元素等）相配合生产制造的既含有机质又含无机肥料的产品。在生产时还可选择添加植物生长调节剂、杀虫剂、杀菌剂制成多功能药肥。有机－无机复混肥料既具有化肥的速效性，又具有有机肥的长效性，还有相互增效作用，同时增加了功能性，是一种重要的新型肥料。产品外观为棕褐色至黑色颗粒剂，氮磷钾含量为 15%～30%，有机质含量为 8%～20%，pH 值 3～8，水分为 8%～12%，性能稳定，养分平衡，具有改土培肥、活化土壤养分、调节作物生长等功能。

（二）安全施用技术

有机－无机复混肥料与复混肥料一样，在施肥时应考虑土壤、作物和气候等因素。必须指出的是，虽然有机－无机复混肥料含有相当数量的有机质，具有一定的改土培肥作用和养分控释作用，但其作用有限，与大量施用有机肥作基肥不同，由于施用有机－无机复混肥料时单位面积实际投入的有机质相当少，因此对某些土壤要注意有机肥的投入和后期补施化肥等。

有机－无机复混肥料适用于各种土壤、各种果树。一般可作基肥，也可作追肥。一般作基肥每 667 米^2 施用 60～80 千克，作追肥应早施（沟施或穴施），一般施用量为 30～50 千克，施肥深度以 6～16 厘米为宜。

第六节　水溶肥料

水溶肥料是指经水溶解或稀释，适合作追肥，用于灌溉施肥、叶面施肥、无土栽培、浸种蘸根等用途的液体或固体肥料。水溶肥料具有针对性强、吸收快、效果好、用量省、生产成本低、施用方便等特点。

一、水溶肥料主要类型

水溶肥料主要有大量元素水溶肥料、微量元素水溶肥料、

含氨基酸水溶肥料、含腐殖酸水溶肥料等。

（一）大量元素水溶肥料

大量元素水溶肥料是指以大量元素氮、磷、钾为主要成分的，添加适量微量元素的液体或固体水溶肥料。

（二）微量元素水溶肥料

微量元素水溶肥料是指由铜、铁、锰、锌、硼、钼等微量元素按适合植物生长所需比例制成的液体或固体水溶肥料。

（三）含氨基酸水溶肥料

含氨基酸水溶肥料是指以氨基酸为主体添加适量铜、铁、锰、锌、硼、钼微量元素或钙元素而制成的液体或固体水溶肥料。

（四）含腐殖酸水溶肥料

含腐殖酸水溶肥料是指以适合植物生长所需比例的腐殖酸，添加适量氮、磷、钾大量元素或铜、铁、锰、锌、硼、钼微量元素而制成的液体或固体水溶肥料。

二、果树喷施无机营养型叶面肥的适宜浓度

果树喷施无机营养型叶面肥的适宜浓度见表 2–14。

表 2–14　果树喷施无机营养型叶面肥的适宜浓度

元　素	化合物形态	有效成分（%）	常用浓度（%）
硼（B）	硼酸（H_3BO_3） 硼砂（$Na_2B_4O_7 \cdot 10H_2O$）	17 11	0.05～0.20 0.10～0.30
锰（Mn）	硫酸锰（$MnSO_4 \cdot 7H_2O$）	24～28	0.10～0.20
铜（Cu）	硫酸铜（$CuSO_4 \cdot 5H_2O$）	25	0.04～0.06
锌（Zn）	硫酸锌（$ZnSO_4 \cdot 7H_2O$）	23	0.12～0.30
钼（Mo）	钼酸铵（NH_4）$_6Mo_7O_{24} \cdot 4H_2O$	50～54	0.02～0.05
铁（Fe）	硫酸亚铁（$FeSO_4 \cdot 7H_2O$）	19～20	0.20～0.50
氮（N）	尿素［$CO(NH_2)_2$］	46	0.50～2.00
磷（P）	过磷酸钙［$Ca(H_2PO_4)_2 \cdot H_2O$］	12～18	1.50～2.00

续表 2–14

元　素	化合物形态	有效成分（%）	常用浓度（%）
钾（K）	硫酸钾（K_2SO_4）	50	1.00～1.50
氮、钾（N、K）	农用硝酸钾（KNO_3）	N13.5，K_2O44～46	1.00～1.50
磷、钾（P、K）	磷酸二氢钾（KH_2PO_4）	P_2O_5 24，K_2O27	0.50～1.00
镁（Mg）	硫酸镁（$MgSO_4 \cdot 7H_2O$）	16	1.50～2.50
钙（Ca）	硝酸钙［$Ca(NO_3)_2$］	N12～17，CaO26～34	0.50～1.00

三、水溶肥料叶面喷施安全施用技术

（一）果树叶面喷施水溶肥料注意事项

果树叶面喷施水溶肥料时，应对商品水溶肥料的施用范围、施用浓度、施用量等需要特别注意。叶面肥料一般都是含微量元素的肥料，微量元素对作物的影响范围较小，过量喷施易造成作物毒害。果树在花期不宜喷施，因花朵娇嫩，易受肥害。在高温季节，不可在中午喷施，因气温高雾滴蒸发降低肥效。果树叶面喷施水溶肥重点在发生缺素症时的补救和果实膨大期，施用时应注意。

（二）果树叶面安全施用水溶肥料技术和措施

1. 选择适宜的水溶肥料　在果树营养缺乏时需补充营养，作物生长后期根系吸收能力减退，应选用营养型水溶肥料，尤其是果树发生缺素症时，应选择对症的水溶肥及时进行补救。

2. 掌握适宜的喷施浓度　在一定浓度范围内，养分进入叶片的速度和数量随溶液浓度的增加而增加，但浓度过高容易造成肥害，尤其是微量元素型水溶肥料，作物营养从缺乏到过量之间的临界范围很窄，必须严格控制。含有植物生长调节剂的叶面肥

料亦应严格按浓度要求进行喷施，以防调控不当造成危害。不同果树对不同肥料也有不同的浓度要求。一般大量元素和中量元素（氮、磷、钾、钙、镁、硫）喷施浓度为500～800倍液，微量元素铁、锰、锌为500～1000倍液，硼为3000倍液以上，铜、钼为6000倍液以上。尿素喷施浓度一般为0.5%～1%，微量元素喷施浓度通常为0.2%～0.5%，钼、铜的施用浓度应适当降低。施用商品叶面肥应按说明书施用。

3. **喷施时间及次数**　叶面施肥最好在傍晚无风的天气进行；在有露水的早晨喷肥，会降低溶液的浓度，影响肥效。雨天或雨前也不能进行叶面喷施，若喷后3小时以内遇雨，待晴天时补喷1次，但浓度要适当降低。叶面肥料的喷施次数一般不少于2～3次，间隔时间一般为7～12天，含植物生长调节剂的叶面肥料间隔时间至少应在7天以上。

4. **喷施要均匀、细致、周到**　喷施叶面肥料要对准有效部位。要求雾滴细小，喷施均匀，使整个叶片湿润，尤其要注意喷洒在生长旺盛的上部叶片和叶的背面，将肥液着重喷施在果树的幼叶、功能叶片背面上，因为幼叶、功能叶片新陈代谢旺盛，叶片背面的气孔比上面多，能较快吸收肥液中的养分，提高养分利用率。只喷叶面不喷叶背、只喷老叶而忽略幼叶均会大大降低肥效。

5. **合理混用**　将2种或2种以上叶面肥合理混用，可节省喷洒时间和用工，其增产效果也会更加显著。但肥料混合后不能有不良反应，也不能降低肥效，否则达不到混用目的。试验结果表明，氨基酸复合微肥与尿素、磷酸二氢钾等多种化肥混合施用，效果很好。另外，肥料混合时要注意溶液的浓度和酸碱度，一般情况下，溶液pH值7左右（即中性条件）不利于叶部吸收。

6. **选购商品叶面肥注意事项**　目前市面上出售的叶面肥料

种类繁多，但是良莠不齐。在选购叶面肥料时，应注意首先看包装和说明书，正规的产品符合国家质量要求，同时标明产品名称、生产企业名称和地址；肥料登记证号、产品标准号、有效成分名称和含量、净重、生产日期；产品适用作物、适用区域、施用方法和注意事项；外观物理性状：固体叶面肥不结块，液体产品不浑浊，沉淀物应小于5%。

第七节　生物肥料

一、生物肥料的种类与作用

生物肥料的农用微生物菌剂按照内含的微生物种类或功能特性可分为根瘤菌菌剂、固氮菌菌剂、解磷类微生物菌剂、硅酸盐微生物菌剂、光合细菌菌剂、有机物料腐熟剂、促生菌剂、菌根菌剂、生物修复菌剂等。生物肥料具有直接或间接改良土壤、恢复地力、维持根际微生物区系平衡、降解有毒有害物质等作用；应用于农业生产，通过其中所含微生物的生命活动，增加植物养分的供应量或促进植物生长、改善农产品品质及农业生态环境。

目前我国生物肥料（农用微生物菌剂）的主要种类与性能见表2–15。

表2–15　生物肥料的主要种类与作用

名　称	性　能　特　点
根瘤菌肥	含有大量根瘤菌的肥料能同化空气中的氮气，在豆科植物上形成根瘤（或茎瘤），供应豆科植物氮素营养。产品是由根瘤菌或慢生根瘤菌属的菌株制造。根瘤菌一般可分为大豆根瘤菌、花生根瘤菌、紫云英根瘤菌等，其形状一般为短杆状，两端钝圆，会随生活环境和发育阶段而变化

续表 2-15

名　称	性　能　特　点
固氮菌肥	能在土壤和多种作物根际中同化空气中的氮气，供应作物营养，并能分泌激素，刺激作物生长。在生产中应用的菌种可以是固氮菌属、氮单胞菌属、固氮根瘤菌属或根际联合固氮菌等，这些菌的主要特征是在含一种有机碳源的无氮培养基中能固定分子态氮。应用的作物主要有果树、小麦、水稻、高粱、蔬菜等
磷细菌肥	能把土壤中的难溶性磷转化成有效磷供作物利用。可用于生产磷细菌肥料的菌种分为两大类：一是分解有机磷化合物的细菌，其中包括解磷巨大芽孢杆菌、解磷珊瑚红赛氏杆菌和节杆菌属中的一些变种。二是转化无机磷化合物的细菌，如假单胞菌属中的一些变种。有机磷细菌在含磷矿粉或卵磷脂的合成培养基上有一定解磷作用，在麦麸发酵液中含刺激植物生长的生长素。无机磷细菌具有溶解难溶性磷酸盐的作用
硅酸盐细菌肥料	能分解土壤中云母、长石等含钾的硅铝酸盐及磷灰石，释放出可被作物吸收利用的有效磷、钾及其他营养元素。生产硅酸盐细菌肥料的菌种为胶质芽孢杆菌等的菌株。该菌种在含钾长石粉的无氮培养基上有一定解钾作用，菌体内和发酵液中存在刺激植物生长的生长素。主要用于缺钾地区的作物或对钾需要量较大的作物
复合微生物肥料	含有解磷、解钾和固氮微生物中 2 种以上互不拮抗的菌株，也有在此基础上加营养物质复合，如化肥、微量元素稀土等。通过生命活动，提供作物生长的营养物质

二、复合微生物肥料

复合微生物肥料是指 2 种或 2 种以上的有益微生物或一种有益微生物与其他营养物质复配而成，能提供、保持或改善植物的营养，提高农产品产量和改善农产品品质的活体微生物制品。

（一）产品主要类型

1. 由 2 种或多种有益微生物复合的微生物肥料　可以是同一个微生物菌种的复合，也可以是不同微生物菌种分别发酵，吸附时混合在一起，从而增强微生物肥料的效果。选用 2 种或 2 种以上微生物复合时，微生物之间必须无拮抗作用。

2. 由微生物与各种营养元素、添加物等复合的微生物肥料 采用复配的方式，将微生物与一定量的氮、磷、钾或其中1～2种复合；菌剂加一定量的微量元素或菌剂加一定量的植物生长调节剂等。

（二）安全施用技术

复合微生物肥料适用于果树经济作物、大田作物和蔬菜类等作物。幼龄树采取环状沟施，每棵用200克，成年树采取放射状沟施，每棵用0.5～1千克，可拌有机肥施用，也可拌10～20倍细土施用。

三、生物有机肥料

（一）产品特点

生物有机肥料是特定功能微生物与经无害化处理、腐熟的有机物料复合而成的一类兼具微生物肥料和有机肥效应的肥料。

生物有机肥料的有机原料主要是畜禽粪便、作物秸秆等，经接种农用微生物复合菌剂，对有机原料进行分解，同时杀灭病原菌、寄生虫卵、清除腐臭，制成生物有机肥料。

（二）安全施用技术

生物有机肥料具有养分完全、肥效稳而长、含有机质较多、能改善土壤理化性状、提高土壤保肥供肥和保水能力等特点。生物有机肥适用于各种作物，宜作基肥施用，一般每667米^{2}施50～120千克，要与农家肥等有机肥混合施用；果树应在秋季或早春施入生物有机肥和有机肥的混合肥料，夏季再适当补施果树专用复混肥。

施用生物有机肥应注意的问题：一是在高温、低温、干旱条件下的农作物田块不宜施用。二是生物有机肥料中的微生物在25℃～37℃时活力最佳，低于5℃或高于45℃活力较差。三

是生物有机肥料中的微生物适宜土壤相对含水量为60%～70%。四是生物有机肥料不能与杀虫剂、杀菌剂、除草剂、含硫化肥、碱性化肥等混合使用，否则易杀灭有益微生物。还应注意不要让阳光直射到菌肥上。五是生物有机肥在有机质含量较高的土壤上施用效果较好，在有机质含量少的瘦地上施用则效果不佳。六是生物有机肥料不能取代化肥，它是与化肥相辅相成的；与化肥混合施用时应特别注意其混配性。

第八节　氨基酸肥料

一、氨基酸叶面肥料

（一）性质和功能

叶面肥料是将作物所需的养分喷洒到作物叶面供作物吸收利用的一类肥料。以氨基酸复合微肥为例，介绍叶面肥料的特点。氨基酸复合微肥是新型多功能肥料，其最直观的作用是为作物快速补充养分，有效调节作物生长发育，具有见效快、养分效率高等特点。

（二）安全施用技术

氨基酸复合微肥一般采用叶面喷施的方法，也可采用灌根、灌溉施肥、树体注入等方法施用。

喷施：喷施时期应在果实膨大期喷2次，着色期喷1次。在果树出现缺素症状时应及时进行喷施补救。喷施浓度一般为用水稀释600～1 000倍液，喷施于果树叶面以叶面湿润而不滴流为宜。果树叶面喷施，一般喷3～5次，每隔7～13天喷施1次，能快速补充养分。高温天气，上午8～9时和下午4时以后是一天中的最佳喷施时间。

蘸根：移栽时秧苗在稀释600倍液的肥液中蘸根，能使根系发达，促进作物生长。

灌根：将肥液稀释至1 300倍液，浇入作物根部。

滴灌：将肥液先稀释至300～600倍液，然后按不同作物调整滴流速度，一般每667米^{2}每次用75～150克。

无土栽培：将肥液稀释至1 300～1 800倍液，用于无土栽培。

二、氨基酸复混肥料

氨基酸复混肥料是一种新型高效肥料，其产品中所含的复合氨基酸是一种重要的生理活性物质，也是微量元素的螯合剂，对于提高作物对养分的吸收利用有良好的作用。

（一）性　质

产品为棕褐色颗粒，有效养分溶于水，pH值5.5～8，吸湿性较小，施入土壤后养分不易流失，肥效期较长。产品含有复合氨基酸4%～8%、氮磷钾25%～40%、钙镁硫10%～30%、微量元素0.5%～2%。

（二）安全施用技术

氨基酸复合肥可作基肥和追肥，适用于多种土壤和各种作物。氨基酸复混肥一般用作基肥，施肥深度应在不同作物的根系密集层，一般在8～16厘米，施后覆土。施肥量可根据土壤肥力情况和目标产量等因素确定，对普通肥力的土壤，一般每667米^{2}基施氮、磷、钾含量为35%的氨基酸复混肥30～50千克，配合有机肥和化肥施用，以使果树获得优质高产。

氨基酸复混肥忌撒施在土壤表面，避免养分损失，降低肥效，增产效果差。

三、氨基酸多功能肥料

氨基酸及其金属盐类和聚合物、衍生物、混合物具有广谱保护性杀虫、杀菌和促进作物生长的功能，用其制成的氨基酸多功能肥料是具有农药功能的新型多功能肥料。

（一）水剂或粉剂型产品

1. 性质　液体剂型为红褐色酱油状液体，pH 值 4～8。粉状剂型为深褐色粉末，易溶于水，水溶液 pH 值 4～8，易吸湿结块，但不影响施用效果，两种剂型均含复合氨基酸及氨基酸螯合物、聚合物、功能性物质、混合物等活性物质，具有杀虫、杀菌、促进作物健壮生长的作用。

2. 安全施用技术　系列氨基酸多功能肥产品分为具有防止虫害的多功能肥料、具有防止病害的多功能肥料和防止病虫害的多功能肥料。作为叶面肥施用时，同时起到杀虫、杀菌效果，当果树作物发生病害或虫害时可分别施用不同功能的产品，以降低施用成本。喷施时将液体或粉剂产品用清水稀释成 500～800 倍液，以喷至果树叶片湿润为宜。用于灌根时将产品用清水稀释至 800～1 000 倍液，每株灌 3～15 千克稀释液，可防治地下害虫。本系列产品对蚜虫、菜青虫、地下害虫等虫害及各种作物的生理病害效果显著。

（二）颗粒型产品

1. 性质　产品为深褐色颗粒剂，有效养分溶于水，pH 值 5.5～8。产品能改善土壤理化性状，有蓄肥、保肥和防止病虫害作用。对作物生长有调节作用，可促进根系生长，提高养分吸收利用，提高作物抗逆性，使果树作物健壮生长。氨基酸金属离子螯合物、氨基酸衍生物、聚合物等有防止作物病虫害的功能。产品含混合氨基酸螯合铜、锌、锰、铁、镁 13%～20%，氨基酸衍生物 3%～6%，甘氨酸盐酸盐 2%～6%，生物制剂 1%～5%，氮磷钾 20%～35%。

2. 安全施用技术　氨基酸多功能肥料主要用作基肥，可沟施或穴施，施后覆土，适时浇水。作基肥施用后，能预防土传病害和作物生理病害，对线虫和地下害虫也有明显的防治效果。一般每 667 米^2 施用 50～80 千克，可与有机肥和化肥混合施用。

当果树作物发生病害或地下害虫危害时，也可作为追肥施用，与 10～20 倍量的细土或有机肥混匀后，可穴施或条施，施后立即覆土、浇水。也可用水稀释后随水冲施，一般每 667 米^{2}每次施用量 30～50 千克。

第三章

设施苹果盆栽与安全施肥技术

苹果是水果之王，我国是世界第一苹果生产大国。苹果树适应性较强，早、中、晚熟品种众多，果实耐贮运性好，可以季产年销，周年供应市场。苹果设施栽培意义不大，而设施苹果盆栽作为观赏盆景受到了休闲农业、城市农业、观光旅游及园林绿化等行业的欢迎和重视。它的发展与流行，是我国社会经济与人民生活水平提高的标志，也是追求生活美、环境美的特写。农村庭院、房前屋后、城市阳台、会议室、宾馆等，可随处摆放，由于造型美观，挂果时间长，而且管理方便，还可以走进超市，摆上柜台，既装点门面又能提高经济效益。一般每667米^{2}可摆放直径26～33厘米的盆1 500～2 000盆，每盆结果2.5～4千克，667米^{2}产果5 000千克以上。直径40～60厘米的盆可摆放400～500盆，每盆结果10～15千克，每667米^{2}产量5 000千克左右。头一年栽树，第二年有一定的产量，第三年即可丰产。盆栽的苹果，由于容易人工控温控水，可创造较佳的栽培环境，使得果品含糖量增加，果色增艳，香味更浓，苹果售价高。盆栽苹果管理得当，可连续丰产10年以上，经济效益较高，再采用提早、延后方法生产，经济效益又能翻一番。盆栽苹果，实为

农民致富的好项目。摘果卖，比露地产量高，挂果带盆卖，效益倍增，一般 3 年生盆栽苹果每盆售价 200～300 元，多则数千元。

第一节　苹果的生物学特性

一、生长特性

（一）根　系

苹果树的根系常呈水平分布和垂直分布，但与所选砧木种类的不同而有差别。山丁子、林檎、崂山柰子、八棱海棠等乔砧的根系强大，主根和侧根粗壮较多，盆栽时便于做提根造型。矮化砧木的根系须根多，主根不明显，不宜作提根式盆栽的砧木。

根系是盆栽苹果的重要器官，它担负着固定树体、吸收养分、水分及合成蛋白质和多种激素的重要作用，在盆栽条件下，根系完全改变了大田苹果树地下根系分布深而广的状态。由于根系的离心生长，盆树根系生长前期（1～3 年）多沿盆边向下和侧方生长，使得盆底和盆边的根量显著增加，形成转盆根和根垫。随着树龄增加，盆内根系大量增加，密度很大，形成厚厚的根团，应在换盆时进行根系修剪。苹果根系有很强的再生能力，有利于促进根系的更新和增强根系的生理功能。

（二）枝

盆栽苹果的枝（包括干）是着生叶、花和果实的器官，也是构成苹果树形和储藏营养的重要器官。枝龄越大，储藏营养水平越高，越有利于结果。依苹果枝条性质不同可分为营养枝和结果枝。前者只着生叶片，后者开花结果。依苹果枝条的长短，可分为长枝（15 厘米以上）、中枝（5～15 厘米）和短枝（5 厘米以下）。盆栽苹果的枝干分生级次对生长结果和观赏价值影响很大。

盆栽苹果幼龄树枝条分生级次少，生长点也少，营养生长旺盛，较难形成花芽而结果，要想办法尽快增加枝干分生级次，缓和盆树生长势，使其尽早成花结果。但是树龄过大，分生级次过多则削弱树势，影响结果。因此，欲使盆栽苹果早结果、连续结果能力增强，应适当控制分生级次，一般应保持在五级左右，控制秋季新梢生长，减少营养消耗。

（三）叶

叶片是盆栽苹果重要的营养器官，树枝、芽、花和果实中绝大部分的干物质营养是生长期中由叶片光合作用合成的。由于盆栽苹果的体积较小，几乎所有叶片都是有效叶片。因此，盆树上叶片的正常生长就显得格外重要。叶片是仅次于根系的养分吸收器官，它可以吸收空气中的二氧化碳和叶片上溶液中的各种养分。在供水正常时，肥料的供应很大程度影响着叶片的大小和厚度，尤其是在叶面喷施氮肥，可明显使叶片增厚、叶色浓绿，提高光合效率。盆栽苹果体积小，受光条件好，叶片质量高，这是盆栽苹果单位体积内能多结果、结好果的根本原因。

（四）芽

盆栽苹果的枝、叶、花和果实都是由芽萌发后发育而成的，一般条件下，当年形成的芽当年不萌发。依据芽的性质把芽分为花芽和叶芽 2 种，叶芽抽生枝条长叶，花芽开花结果。苹果的花芽分化时期多集中在 6 月份，花芽分化的早晚与其花芽发育的质量有直接关系，并且直接影响翌年的坐果率。因此，盆栽时应注意适当的肥水和光照，尽量保护叶片完好，增加营养积累，以形成高质量的花芽。

二、结果习性

（一）开　花

盆栽苹果树形成足够数量的花芽，是每年都能开花结果的

基本条件，而顺利通过开花期则是决定盆栽苹果能否结果或结果多少的关键。由于早春盆内土壤温度上升快于大田苹果树，花期通常也早于大田苹果树，尤其是放置于背风向阳处，如阳台、庭院等表现更为明显。但是花期过早易受晚霜危害，应加以防备。大面积栽培时，可通过降低土温、增加盆土和大气湿度来延迟花期。

（二）坐果与果实发育

盆栽苹果树中许多品种自花授粉不能结实或很少结实，必须通过异花授粉，即同一品种花的柱头上落上不同品种的花粉才能够结实。因此，在花期或品种单一时，应及时放蜜蜂或人工辅助授粉，以保证完成授粉坐果的全过程。花后 5 周以内，会出现明显的落花落果现象，这种生理落果是由于授粉受精不良和盆树营养条件较差造成的。因此，欲提高坐果率，应采取人工授粉、花前追肥、花期喷硼及摘心等有效措施以减少生理落果。

苹果的果实发育大致分 2 个阶段，前期为细胞分裂期，多数品种需 30～60 天；后期为细胞间隙膨大期，主要是细胞体积增大和碳水化合物等营养物质的积累。盆栽苹果果实发育期较长，挂果期长，观赏价值很高，采取适宜的栽培技术，促进树体健壮，注意防治病虫害，使用植物生长调节剂，以延迟果实的脱落时间，大大提高观赏价值。

三、对环境条件的要求

（一）温　度

苹果树的耐寒力很强，但不同器官对低温的耐受力不同。根系可耐 –12℃的低温；花蕾能经受短时间的 –2.5℃的低温；而花朵开放后如果遇到 –1.5℃～1.7℃的低温时就会有不同程度的冻害；到幼果期 0℃～1℃若持续时间稍长就会导致寒害而发生落果现象。苹果树休眠所需的温度为 3℃～5℃，开花适宜温度

为 15℃～18℃。温度过高也不利于生长，35℃以上的高温若时间过长会使盆栽苹果根系死亡，还会在果实发育期降低果实的色泽和品质。因此，盆栽养植时应注意回避不良温度影响，从而减少损失。

（二）光 照

苹果为喜光树种，在花芽形成期（6～7 月份）的需光量为最大光量的 1/3 以上。光照强度与日照时间对苹果着色有非常明显的影响。如果光照时间和光照强度不足，果实品质明显下降。因此，盆栽苹果栽培时不宜摆放过密，更不能置于背阴处，有条件时，应经常转盆，以提高叶片质量和果实品质。

（三）水 分

苹果的需水量较大，盆栽苹果在不同生长发育期需水量差异甚大，年周期中的需水规律是：春季随着气温升高及叶片的大量形成，新梢加速生长，以及开花坐果，需水量急剧增加。5～6 月份是盆栽苹果需水的关键时期：夏季高温或连续降雨天气易造成枝条徒长；如遇暴晒，易使抵抗高温、强光和干旱能力差的苹果品种的幼枝和嫩叶失水焦枯，此期应加强盆树管理。生长后期随气温的逐渐降低、温差的加大，枝条生长量和叶片蒸腾量的减少，需水量也逐渐减少，应适当控制水分的供应，以便更好地促进果实着色和枝条成熟。入冬前应浇足封冻水，以减少抽条现象。因此，盆栽时应调节好土壤水分和空气湿度，合理浇水，防止盆土过度干旱和长时间积水。

（四）盆 土

苹果对土壤的适应范围较广，盆栽苹果栽培用土要求 pH 值在 5～8 范围内，只要对盆土选择得当，均能正常生长发育。但在有机质含量高、富含腐殖质、疏松通气性好的沙质壤土中生长结果最好。

第二节　设施苹果盆栽品种选择

一、品种选择原则

选择好适宜的品种，是进行盆栽苹果生产的前提。如果以观赏为主要目的，盆栽苹果应该选择不仅与当地气候、土壤条件相适应还要与其应用环境相适应的品种。通常将品种的以下特点作为选择的指标：果个大、色泽鲜艳、坐果率高、自花授粉结实率高、成花结果早、观果期长、品质优；根壮、枝短或垂枝、叶小、树体矮化；抗病能力和适应能力强。另外，在生产中还要安排早熟、中熟、晚熟品种。

目前，进行设施苹果盆栽的优良品种不是很多，促早栽培适宜的早熟品种有七月鲜，延迟栽培适宜的晚熟品种有寒富、寒香。

二、适栽品种介绍

（一）寒　富

寒富苹果是1978年由沈阳农业大学以抗寒、耐贮藏的酸味大苹果“东光”为母本，以优质、耐贮藏、抗寒性较差的“富士”苹果为父本，通过有性杂交、进行基因互补，育成的综合双亲优良性状的抗寒、耐贮藏的短枝型优质大苹果。该品种1997年通过辽宁省种子管理局审定，又于1999年被国家科技部确定为重点推广项目。

果台副梢和腋花芽连续结果能力强，以短果枝结果为主。花序坐果率达82.5%。果实发育期160天左右。比富士早熟20天以上。平均单果重250克，最大果重510克。果形端正、美观，果面可全面着鲜红色。果肉淡黄色，有香气，酥脆多汁，甜酸味

浓，可溶性固形物含量 15.2%，pH 值为 3.6，糖酸比为 36.8。耐贮藏性超过国光和红富士。

丰产稳产，栽后第二年开花，第三年结果，第四至第五年进入丰产期。盆栽每 667 米^2 产量 2 000～2 500 千克，最高产量可达 5 000 千克。

适应性强，抗寒能力强，抗轮纹病。盆栽如不采摘，永不落果，延后栽培一冬果树上挂有鲜果，不变质，不褪色。

该品种经过区域性试栽以来，经历过 3 次历史性极度低温冻害。2001 年 1 月沈阳地区月平均温度达 -14.8℃，极端最低气温 -33.1℃，当年除顶花芽部分受冻，腋花芽大量结果。建议在 1 月份平均温度 -12℃以南地区栽培。

（二）寒　香

寒香是在引进的众多苹果品种中筛选出的适宜盆栽移动控温的新品系。果形美观，大小均匀，平均单果重 200 克，最大果重 400 克。果皮红色鲜艳，近熟期条红，完熟期深红色，光亮，肉质细嫩，酸甜适口，香味极浓，又因抗寒，暂定名“寒（含）香”。该品系树体健壮，叶色浓绿，枝条细软，宜于圈、拉、扭，有利于造型。不仅在早春温室、大棚温度不稳定、湿度大的环境下能正常结果，而且可在夏季高温多雨季节花满枝、果满树，是盆栽苹果促早、延后生产的首选品种。抗寒能力强，与寒富同栽可相互授粉，坐果率明显提高。

（三）K　9

辽宁省果树科学研究所用大苹果与铃铛果杂交育成，别名七月鲜、早红。在黑龙江省栽培面积达 700 万米^2，主要分布在牡丹江地区。属早熟品种，果实 8 月上中旬成熟，平均单果重 65 克，果实底绿黄色覆鲜艳红色，果肉黄白色，肉质细脆、多汁，酸甜适口，香味浓，品质上等，不耐贮藏。树势强健，树姿半开张，幼龄树的长果枝结果为主，自花结实率低，授粉树可用金红、大秋。抗寒力强，一般年份无冻害，抗苹果黑星病。早期落叶病，抗蚜虫。盆栽促早栽比主栽品种早熟 20 天左右。

第三节　苹果盆栽种苗的培育及上盆定植

所谓果树盆栽种苗，区别于果树常规苗木，指将用于盆栽的果树从常规苗木培养成枝、干具备一定造型，并且上盆后第二年能够挂果的盆栽用幼龄树或成年树。苹果盆栽种苗的培育在此指将常规苹果苗（芽苗或 1 年生苗），栽植于露地，加强肥水管理、病虫害防治、杂草清除及断根和矮化处理，保证腋芽、花芽饱满，针对不同造型目的采用不同的整形修剪措施，完成果树盆栽种苗的培育。根据上盆时的树龄或树体大小大致划分为 4 个规格：小型种苗（树高 35～60 厘米，冠径 20～40 厘米）、中型种苗（树高 60～80 厘米，冠径 40～50 厘米）、大型种苗（树高 80～100 厘米，冠径 50～70 厘米）和特大型种苗（树高 100～130 厘米，冠径 70～90 厘米）（注：树高和树冠均为冬剪后的数值）。

一、砧木选择

苹果盆栽宜选用矮化砧木，如 M_9、M_{26}、M_{27}、崂山柰子等，其中 M_{27} 的矮化性最强；M_9、M_{26} 嫁接后砧木加粗生长较快而接穗较慢，形成“大脚”现象，易获得美观、紧凑的树形，有一定观赏价值；崂山柰子骨干根加粗明显，可进行提根造形。另外，也可选用 M_2、M_4、M_7、MM_{106} 等半矮化砧作砧木，但其上应嫁接生长势较弱的品种、各种短枝型品种。利用乔化砧作盆栽砧木时，一方面宜与短枝型品种组配或在乔砧与接穗之间嫁接一段矮化中间砧，长度在 12 厘米左右，太短矮化效果不理想，太长树体过高，影响造型及观赏；另一方面要采用矮化技术。无论采用何种类型的砧木均要求与所选的品种有较强的亲和力。

二、嫁　接

嫁接一般在春季顶芽刚刚萌动而新梢尚未长出时进行，这时枝条内的树液已开始流动，接口易愈合，嫁接成活率高。嫁接前首先对选好的盆景用砧木进行修整，根据盆栽造型创意需要选好骨干枝、营养枝，确定好嫁接部位。所用接穗可选择 1 年生枝、花芽枝、大型接穗，接穗质量直接影响盆栽的艺术造型及快速开花结果，要使盆栽快速成形一般采用 2～3 年生、具有 2～6 个分枝的大型接穗，可在短期内形成优美的盆栽姿态。

三、上　盆

（一）花盆的选择及处理

宜用素烧盆，盆底钻手指粗细的孔 6～7 个，以利通气，用 50% 多菌灵 800 倍液浸泡 24 小时后装营养土、栽苗。根据种苗规格选用盆的规格：盆高 18 厘米，内径 16～18 厘米适于小型种苗；盆高 18～20 厘米，内径 18～25 厘米适于中型种苗；盆高 20～25 厘米，内径 25～30 厘米适于大型种苗；盆高 25～50 厘米，内径 30～50 厘米适于特大型种苗。结果 1～2 年后换大盆，换土时注意修根，隔年修根 1 次。

（二）营养土的配制

苹果适应能力较强，用土较为广泛，但由于盆树是生长在有限的土壤中，要使其生长发育正常，开花结果正常，就需科学地配制营养土。除应考虑到取材容易、来源方便外，营养土还要具有良好的理化性质和营养成分，保证在栽培中土壤不干裂、保水性能好。

配制营养土的原料主要有：

壤土类：一般为菜园土或花圃、苗圃等熟土。此类土壤团

粒结构好，有一定肥力，取材较容易。

肥料类：主要有腐叶土、草炭土、厩肥土、动物粪肥、饼肥等。此类原料腐殖质含量高，养分丰富，肥效期长，使用前必须充分发酵腐熟。

沙性土：主要有沙土、工业炉渣、生活炉渣、蛭石和珍珠岩等。此类原料疏松透气，并含有丰富的矿物质，主要用来改善土壤的物理性状，使营养土通透性增强。

盆栽苹果常用营养土的配比是：园土∶肥料土∶沙土为4∶4∶2，不同地区也可以根据原料不同，配比有所变化。几个常用的配方如下：

配方1：沙、黑土、马粪各1份，加少量腐熟鸡粪。

配方2：大田表土2份，腐熟后碎柴草1份，珍珠岩1份，牛马粪1份。

配方3：陈稻壳2份，园土1份，厩肥1份。

配方4：果园表层土∶草炭土∶有机肥∶炉渣＝4∶4∶1∶1。

营养土配制后应及时消毒，主要目的是消灭土壤中的病菌和虫卵，有利于以后盆栽苹果的管理。具体消毒方法：一是高温消毒，即将配制好的营养土放在太阳直射处进行暴晒，不断搅动；最后用塑料布全部覆盖，使内部温度达到50℃以上，以达到杀死菌、卵以及杂草种子的目的。二是利用药剂消毒，用0.7%甲醛溶液均匀地喷洒营养土。不断搅拌，成堆后用塑料布盖严进行熏蒸消毒，24小时后翻动1次。然后晾3～4天后即可使用。

（三）上盆时期

在春季芽萌动前或秋季落叶后上盆。

（四）上盆方法

上盆前先对植株的根系进行修剪，即对过长根、伤残根短截。栽植时根系要舒展并与土壤密接，栽植深度以刚没过苗木原土为好。土面以上必须留出沿口（5 厘米以上），以利于浇水、施肥。上盆后及时浇透水，使盆壁与盆土吸足水分。若 1 遍水没有浇透（底孔没流水），要再浇 1 遍水。浇水后若发现有土壤表面塌陷处，应及时补足营养土并再浇足水。上盆后应先将盆树放在荫棚下或背阴处，放置 1 周后再移入光照充足处进行管理。

（五）盆树摆放

一般根据种苗规格、品种特点分类摆放。通常 2 排为一组，株距为 50～100 厘米，留出走道，便于栽培管理操作。

（六）倒　盆

倒盆又叫换盆、翻盆。盆栽苹果生长数年后，营养土肥力已经耗尽，根系代谢物和其他有害物质长期积累过多，土壤出现板结，根系逐年老化，应及时倒盆进行处理，方能使盆树逐年茁壮生长。盆栽苹果倒盆的时限因树龄大小不同而定，一般小盆树 1～2 年倒 1 次盆，中盆树 2～3 年倒 1 次盆，大盆树 3～5 年倒 1 次盆。

倒盆应在苹果休眠期进行，即在春季树体萌芽前，也可在秋季落叶后进行。倒盆前先短期停水，使盆土略干，以便使盆树脱出盆外。脱盆宜在阴天或荫棚下进行，脱盆后去掉网状根垫和烂根，用土铲去掉边缘土、底土和上部表土，保留护心土，然后重新上盆。

第四节　设施苹果盆栽管理技术

一、肥水管理

（一）适宜肥水的判断

盆栽苹果，肥水管理至关重要，是决定产量、质量的主要因素，是取得效益高低的关键。大量生产，必须专人负责，认真管理，经常观察，发现叶片萎蔫，已是严重缺水。但也不能天天浇水，视天气的变化给水，见干见湿，浇透即止。不要大水浇、重复浇，以免冲淡盆中营养，浪费粪肥或沤根。

叶片肥大浓绿，说明肥水适度；心叶有发黄现象，说明水浇得过勤，应及时调整。水多、水少都不适宜盆栽果树的生长，一定要正确掌握。

（二）浇　水

盆内浇水应掌握“见干见湿、浇则浇透”的原则，保持盆土上下湿润一致，浇水以盆底有少量水渗出为宜。

要视土壤墒情适时灌水，浇水次数因季节而变化。春季可 1 周浇水 1 次；夏季可 1～2 天浇水 1 次，高温季节还要进行叶面喷雾；秋季要控制浇水，以防徒长；冬季一般不浇水，以盆土不过干为度。不论在什么季节浇水，一般都避免在烈日下用冷凉自来水（或井水）浇盆，6 月下旬至 8 月下旬浇水宜在上午 10 时以前或下午 4 时以后，早春和秋末浇水宜在中午温度较高时。盆栽苹果的土壤要干透浇透，萌芽期、花期、果实膨大期要及时补充水分，6 月份为促进花芽分化，要适当控水。

（三）施　肥

苹果盆栽施肥要掌握“薄肥勤施，营养搭配”的原则。萌芽前后，施 0.2% 速效性氮肥 1 次，促萌芽开花整齐；花芽分化期，可施稀薄肥水（如沤好的豆饼肥水，麻酱渣水或人粪尿等），每隔 10 天左右施 1 次，连施 2～3 次；盛花末期后，每 10～15 天追施液肥 1 次，以有机饼肥 200 倍液为主，并进行根外追肥，利用 0.2% 尿素、磷酸二氢钾等无机液肥，连喷 2～3 次；果实膨大期，每隔 15 天叶喷磷酸二氢钾溶液 1 500 倍液 1 次，促进果实膨大和果实着色；果实接近成熟期，每 15 天追施 1 次有机肥 200 倍液，配合使用 0.2% 的无机氮肥；落叶后施腐熟厩肥为基肥。

要看果、看叶施肥，叶小果多应多施，反之少施。本着少施勤施的原则，选用优质腐熟的农家肥，如鸡粪、猪粪、羊粪等。施肥量由盆大小决定，26～33 厘米的盆，每盆施尿素 4～5 克为宜，施复合肥略增；农家肥 150～250 克，大盆倍增。施肥后及时浇水。每年追肥 5～6 次，花前、花后各 1 次，果实发育期 2～3 次，摘果后 1 次。前期应以氮肥为主，后期磷、钾肥应多一些。生长季喷施叶面肥，前期喷 0.2%～0.3% 尿素，后期果实着色时喷 0.2%～0.3% 磷酸二氢钾溶液 3～4 次，间隔 10 天喷 1 次。喷肥最好选阴天或傍晚。

二、整形修剪

盆栽苹果的整形修剪，是盆栽苹果栽培管理工作中一项很重要的、独特的、非常细致的技术工作，是盆栽苹果早期成形、提早结果，实现壮树、稳产和优质所不可缺少的措施。盆栽苹果整形修剪的目的在于控制树体大小、平衡营养、培育造型枝干、促使花芽饱满且位置均匀合理，做到以果成形。需要明确的是整形修剪作用的充分发挥，只有在品种的生物学特性与外界环境条件相适应的前提下，充足的肥水供应和适时有效的病虫防治，以及细致的花果管理等诸多措施与之相适应，才能最大限度地发挥其作用。这就要求盆栽苹果的整形修剪，在遵守整形修剪原则的基础上，灵活使用各种整形修剪方法，实现不同的造型目的。在盆栽苹果生产中，进行整形修剪重点注意以下两点：一是不同规格的盆栽种苗上盆后，其整形修剪目的不同，需要因树造型；二是盆栽苹果造型丰富，要灵活运用苹果的整形修剪技术，并保持技术的连续性。

（一）整　形

根据苗木的具体情况可培养成自然圆头形、塔形、小纺锤形、折叠扇形、开心形、“Y”形等。盆栽树形的培养，可通过提根、塑干和整冠修剪等措施完成。提根一般在栽植或每次换盆时进行，把最上层的基部宿土去除并剪除该部位的须根，栽时适当提根，露出树干基部粗根。经过2～3次提根就可以使植株具有高脚和饱经沧桑的神态。树干的塑造，可采用扭曲、盘扎、拉弯、刻伤和锯枝造节等方法完成。

（二）修　剪

苹果盆栽一般采用短枝形修剪方法，冬剪时，对需培养枝组的枝条，留基部1～2个或2～3个瘪芽短剪。夏剪时，对萌发的新梢留基部2～3个或3～4个叶片短剪，促使形成短副梢，如形成长枝，可继续留基部3～4个叶片短剪。如此反复进行，可获得短枝形枝组，使树体矮化、早果。此外，苹果盆栽根据品种和造型的不同可采用拉枝、摘心、扭梢、环剥、疏枝、回缩，以及施用植物生长调节剂等多种措施创造盆景的基本形态、早花早果。

三、花果管理

（一）花果数量的调控

1. 提高坐果率　花期放蜂或进行人工授粉可有效提高坐果率，蜜蜂、壁蜂均可。若花期天气不好，传粉昆虫不活跃，必须进行人工辅助授粉。

2. 人工辅助授粉　苹果花期遇到阴雨、低温、干热风等不良天气，会严重影响授粉受精。采取人工辅助授粉是提高坐果率和提高果实品质的最佳措施。苹果花开放当天授粉坐果率最高，因此要在初花期，即全树约有25%的花开放时就抓紧开始授粉，授粉要在上午9时至下午4时之间进行。同时，要注意分期授粉，一般于初花期和盛花期授粉2次效果比较好。

3. 疏花疏果　采用人工疏花疏果。冬季修剪时疏除过多花芽，盛花期疏除过多花序。花后10天左右疏果，每花序留1个

发育良好的幼果，其余剪掉，保留果柄。疏花宜早不宜晚，花芽萌动前，剪掉过多的腋花芽，超量的枝条，也可在花期疏掉枝上多余的花。疏花时每花序应留中间花和第一边花。尽量保护短枝上的顶花芽。果实黄豆粒大时应进行第一次疏果；第二次疏果应在果实山楂大时进行，此时为定果期。定果后立即套袋。套袋能改善果品外观，使果皮光滑美观、色艳，减少施用农药的次数，以防止污染，增加优质果比例。

（二）果实管理

加强土肥水管理，合理整形、修剪，合理负载是优质果品生产的根本。生产上提倡套袋、摘叶、转果，尤其是套袋，是实现优质果生产的重要技术措施。套袋前喷 70% 甲基硫菌灵可湿性粉剂 800 倍液 ＋ 25% 吡虫啉可湿性粉剂 4 000 倍液 ＋ 钙肥，防止病虫危害袋内果实。

四、温度管理

（一）早熟品种的温度管理

1 月上旬，沈阳地区盆栽苹果已度过自然休眠期，将已休眠好的早熟盆栽苹果搬到温室中，温室温度白天最高 10℃，夜间 0℃左右，每天温度可增加 1℃～2℃。花前最高温度不超 20℃，花期温度最好控制在 17℃～18℃。花期一般 10 天左右，坐果后温度逐渐提高，白天 25℃～28℃为宜，最高不超过 30℃。高温 35℃对多种植物都有害，应避免高温发生。昼夜温差以 10℃～15℃为宜。当露地苹果树有大量新叶时，温室盆栽苹果可通风锻炼，白天将塑料膜卷起 1/4 或 1/3，5～7 天后揭去塑料膜，温度管理与露地苹果相同。

（二）晚熟品种延后驯化（延叶生长）

晚熟的大果型寒富苹果，第二年通过延后开花，果实的成熟期只能延迟至 11 月中旬或 12 月上旬，如需再晚熟就要做延后驯化处理。方法是：摘果前尽量保持花盆土壤湿润，保持10℃以上的温度，不让叶片脱落，即使摘掉果，也让叶片继续生长，直至叶片脱落方可让其休眠。每年至少延叶生长15天以上，这样连续2～3年，晚熟品种的成熟期就可延迟到元旦以后了。晚熟品种越晚熟，越受人们欢迎，经济效益越高。

五、病虫害防治

盆栽苹果的病虫害防治应遵守“预防为主、综合防治、及时控制”的原则，科学使用化学防治技术，有效控制病虫鸟危害。发生病虫害时，要及时摘除病虫枝、清除枯枝落叶，刮除树干翘裂皮，人工捕捉害虫。病虫害发生严重时，在落花后喷洒多菌灵、甲基硫菌灵、百菌清等杀菌剂1～2次，防治果实和叶片病害。4～5月份喷洒2次以菊酯类为主的杀虫剂，防治蚜虫、卷叶虫等害虫，6～7月份喷甲氰菊酯、联苯菊酯等杀虫、杀螨剂1～2次防治红蜘蛛、桃小食心虫，7～8月份喷洒多菌灵、硫菌灵、波尔多液等杀菌剂防治斑点落叶病、轮纹病、炭疽病。喷药时要把药液喷在叶背面上，要求全树叶片均着药。

在盆栽苹果越冬期间至少要喷2次5波美度石硫合剂或45%石硫合剂20倍液，以预防苹果腐烂病、褐腐病、球坚蚧、越冬螨类等。

如遇其他病虫害，可按照露地苹果病虫害防治方法进行。

第四章
设施梨高效栽培与安全施肥技术

梨树设施栽培较露地栽培一般可提前1个月左右成熟，在生产中具有广阔的发展前景。梨树设施栽培要求技术较高，只有采用配套的栽培管理措施，才能达到早熟丰产和优质高效的栽培目的。

第一节　梨的生物学特性

梨为世界五大水果、中国三大水果之一。截至2009年中国梨的生产面积和产量占到世界的60%以上，是世界第一产梨大国。梨树在我国已有2000多年的栽培历史。我国幅员辽阔，南北横跨几个气候带，在复杂多样的气候条件下，经世世代代繁衍，形成了适合于不同自然条件的多样化品种类群，产生了不少珍贵的梨树品种。梨属于蔷薇科梨属，世界上梨属植物约有30多种，中国有13种。中国梨种植范围较广，除海南省、港澳地区外其余各省（自治区、直辖市）均有种植。在长期的自然选择和生产发展过程中，逐渐形成了四大产区：即环渤海（辽、冀、京、津、鲁）秋子梨、白梨产区，西部地区（新、甘、陕、滇）白梨产区，黄河故道（豫、皖、苏）白梨、砂梨产区，长江流域

（川、渝、鄂、浙）砂梨产区。作经济栽培的梨在国内有5个种，分别为秋子梨、白梨、砂梨、洋梨和新疆梨。

一、形态特征

梨树的器官包括根系、枝干、叶片、芽、花和果实。

梨树的根系须根较少，骨干根粗大，分布较深。梨树有明显的主根，主根上分生侧根，垂直或水平伸展，侧根上分生须根。细根的先端为吸收根。

梨树的枝条有短枝、中枝和长枝之分。短枝只有1个充实的顶芽，长度5厘米左右，节间很短，生长季叶片呈莲座状，叶腋内无侧芽或只有芽体很小的侧芽。中枝长度10～25厘米，最长不超过30厘米，有充实的顶芽，除基部3～5节叶腋间无侧芽为盲节外，以上各叶腋间均有充实的侧芽。长枝长度30～50厘米，最长可在100厘米以上，顶端也有顶芽，但充实程度不如短枝和中枝。

梨树的芽有叶芽和花芽之分。叶芽是展叶、抽梢、形成枝条以至长成大树的基础。根据它在枝条上的位置分为顶芽和侧芽，一般顶芽较大而圆，侧芽较小而尖。当年形成的叶芽，无论是顶芽还是侧芽，第二年绝大部分能萌发长成枝条，只有基部几节上的芽不萌发而成为隐芽，这类芽对于以后树冠更新有重要作用。叶芽的外部有十几个草质的鳞片，内部有3～6个长在芽轴上的叶原基，中间的芽轴就是未来新梢的雏形。

梨树的花芽是混合芽，芽内除有花器之外还有一段雏梢，其顶端着生花序，雏梢发育成果台，果台上还能抽生1～2个枝条，称为果台枝。梨的花芽多数由顶芽组成，称为顶花芽，侧芽形成花芽时称腋花芽。

梨树的叶片是进行光合作用、制造树体营养物质的器官，叶片大小、叶片形成的早晚及质量与光合作用强弱、树体养分多

少有直接关系。梨的叶片在发芽前就已经在芽轴上形成了叶原始体（叶原基），发芽以后随着枝条的伸长，展叶迅速而整齐。

梨树的花序为伞房花序，每花序有花 5～10 朵，通常可分为少花、中花与多花 3 种类型，5 朵以下的为少花类型，5～8 朵为中花类型，8 朵以上的为多花类型。梨花序外围的花先开，中心花后开，外围先开的花坐果好，果实大。

梨树的果实是由下位子房和花托共同发育成的，称为仁果。

二、生长结果习性

（一）根系的生长发育

梨树的根系发达，有明显的主根。须根较稀少，但骨干根分布较深，一般垂直分布在 1 米左右的土层内，水平分布为冠径的 2～4 倍。

在年生长周期中，梨的根系有 2 次生长高峰。早春，根系在萌芽前即开始活动，以后随着温度的升高而逐渐转旺，到新梢进入缓慢生长期时，根系生长旺盛，开始第一个迅速生长期，到新梢停长后达到高峰。以后根系活动逐渐减缓，到采收后再次转入旺盛生长，形成第二个生长高峰，然后随着气温的逐渐下降而减慢，直至落叶进入冬季休眠后基本停止。

影响根系生长活动的主要外界因素是土壤养分、温度、水分和空气。梨树根系有明显的趋肥性，土壤施肥可以有效地诱导根系向纵深和水平方向扩展，促进根系的生长发育。根系生长最适宜的土壤温度为 13℃～27℃；超过 30℃时生长不良甚至死亡。为保持土壤温度的相对稳定，可以采取果园间作、种草、覆草等措施。

（二）枝芽的生长

1. 芽的生长特点　梨树的叶芽大多在春末夏初季节形成。除西洋梨外，中国梨大多数品种当年不能萌发副梢，到第二年，

无论顶芽还是侧芽，绝大部分都能萌发长成枝条，只有基部几节上的芽不能萌发而成为隐芽。萌发芽的基部也有1对很小的副芽不能萌发。梨树的隐芽寿命很长，是树体更新复壮的基础。

梨树的花芽形成比较早，在新梢停止生长、芽鳞片分化后的1个月即开始分化。多数为着生在中、短枝顶端的顶花芽，但大多数品种都能够形成腋花芽。梨树花芽为混合花芽，萌发后先抽生一段结果新梢（果台），其顶端着生花序，并抽生1～2个果台副梢。

2.枝条的生长特点 尽管梨的萌芽率较高，但成枝率比较低。顶端优势强，顶芽以下1～2个侧芽抽枝粗壮较长，而中、下部的侧芽多萌发成中、短枝或叶丛枝。

梨树的短梢生长期只有5～20天，长5厘米左右，叶片3～7片，有充实饱满的顶芽，无侧芽或仅有不充实的侧芽。短梢停止生长早，叶片大，光合产物积累充足，容易形成花芽，连续结果能力强，可形成短果枝群，是梨的主要结果部位。中梢生长期一般在20～40天，长10～25厘米，叶片6～16片，有充实的顶芽，自基部3～5节均有充实的侧芽。缓放后可抽生健壮短枝，是培养中、小结果枝组的基础。长梢生长期在60天以上，基本没有秋梢，顶端也可形成比较完整的顶芽。主要作用是培养树体骨架、扩充树冠及培养大、中型结果枝组。

（三）叶片的生长

梨树的叶片在发芽前就已经形成了叶原基，发芽后随着新梢的生长，叶片迅速长成。单叶从展开到成熟需16～28天。长梢叶面积形成历期较长，一般在60多天，生长消耗营养物质较多，但长成后叶面积较大，光合生产率高，因而光合生产量高，后期积累营养物质多，对梨果膨大、根系的秋季生长和树体营养积累有重要的作用。中、短梢叶片的形成历期较短，需40天左右，生长消耗营养物质少，光合产物积累早，对开花、坐果、花

芽分化有重要作用。

由于梨树的中、短梢比例较大，因而整个叶幕形成快，积累早；梨的叶柄较长，叶片多呈下垂生长，所以叶面积系数相对较高。这两个特点奠定了梨树丰产的物质基础。

（四）结果习性

梨以短果枝和短果枝群结果为主，秋子梨系统的品种有一定比例的腋花芽结果，白梨系统的茌梨、雪花梨、金花梨等也有较强的腋花芽结果能力。

由于梨的萌芽率高、成枝率低，因而1年生枝中、下部的芽大多可以发育成短枝。某些生长势强旺的品种，通过采用拉枝、环剥等措施，也可以促发较多的短枝。这些短枝停长早，叶片大，一般一类短枝有6～7片大叶，当年都可以形成花芽；二类短枝有4～5片大叶，成花率也较高。这两类短枝不仅容易成花，而且坐果率高，果个大，果实品质好。只有3片左右小叶的三类短枝成花率较低，并且坐果少，品质差。

一般来说，砂梨系统的品种在定植后3年即开始结果，白梨和西洋梨需要3～4年，秋子梨要在5年以上。

（五）果实的生长发育

开花适温为15℃以上，授粉受精适宜温度为24℃左右。花期因地域、种类的不同而有差异，一般秋子梨系统的品种开花最早，白梨次之，砂梨再次之，西洋梨最晚。

梨的果实是由下位子房和花托共同发育而成的，整个生长发育期分为3个阶段，即第一迅速生长期、缓慢生长期和第二迅速生长期。第一迅速生长期在花后30～40天以内，主要是果肉细胞旺盛分裂，幼果体积迅速膨大；到6月上旬至7月中旬，果实体积增长减慢，果肉组织进行分化；从7月中下旬开始，果肉细胞开始迅速膨大，果实体积和重量迅速增加，进入第二迅速生长期，此时是影响产量的重要时期。在花后7～10天，未受精的幼果会逐渐枯萎、脱落。花后30～40天，如果营养不良，也会使果实停止发育，造成落果。

三、对环境条件的要求

（一）对温度的要求

温度是决定梨品种地理分布，制约梨树生长发育好坏的首要因子。由于各种梨原产地带不同，在长期适应原产地条件下而形成了对温度的不同要求（表4–1）。

表4–1 梨不同品种类群对温度的适应范围

品种类群	年均温（℃）	生长季均温（℃）	休眠期均温（℃）	绝对最低温（℃）
秋子梨	4.5～12	14.7～18.0	–4.9～–13.3	–19.3～–30.3
砂　梨	14.0～20	15.5～26.9	5.0～17.2	–5.9～–13.8
白梨和西洋梨	7.0～15	18.1～22.2	–2.0～3.5	–16.4～–24.2

1. 开花温度　气温稳定在10℃以上，梨花即开放；14℃时，开花增快；15℃以上连续3～5天，即完成开花。

梨树开花较苹果为早，梨是先开花后展叶，所以易发生花期晚霜冻害。已开放的花朵，遇0℃低温即受冻害。不同品种类群开花温度有别，其由低至高的开花顺序，依次为秋子梨、白梨、砂梨、西洋梨。越是开花早的品种，越易受冻。

不同纬度不同年份花期不同。由北向南，温度渐高，花期渐次提早，南北花期可相差2个月。花期低温寡照年份较高温晴朗年份，开花可推迟1～2周。

2. 花粉发芽温度　在10℃～16℃时，44小时完成授粉受精过程；气温升高，相应加速。晴天20℃左右，9～22小时即完成受精。温度过高过低，对授粉受精都不利，气温高于35℃或低于5℃，都有伤害。这往往是花开满树、结果无几的原因。

3. 花芽分化和果实发育温度　要求20℃以上。6～8月间，一般年份都能满足这个温度。但在北部积温不足的地区或年份，常出现花芽形成困难和果实偏小、色味欠佳现象。如辽宁的鸭梨其成花、产量、品质和果个远不及河北、山东产区。

4. 根系生长、吸收的温度　梨的根系在地温达到0.5℃～2℃及以上，即开始活动，6℃～7℃即发新根。地温要求略低，活动早；豆梨、砂梨要求略高，活动较晚。

（二）对光照的要求

梨是喜光的树种，年需日照1600～1700小时。有两个特征足可说明梨的喜光特性：一是在野生混交林群落中，梨总是比其他林木高出一头，以争夺更多的光；二是大多数梨品种，分生长枝少，萌发短枝，树冠稀疏，使冠内可以接受更多的阳光。

光是梨的生存因子之一。梨树根、芽、枝、叶、花、果实一切器官的生长，所需的有机养分，都是靠叶片的叶绿素吸收光能制造的。所以，当光照不足时，光合产物减少，导致生长变弱，特别是根系生长显著不良，花芽难以形成，落花落果严重，果实小，颜色差，糖度低，维生素C少，品质明显下降。

大多数梨主产区总日照是够用的，长江和黄河附近的省份年日照在2340～3000小时。对个别年份生长季日照不足的地区，要选择适宜的栽植地势坡向，栽植密度、行向及整枝方式，以便充分利用光能。

原产地不同的品种，对光的要求是有差异的。原产地多雨寡照的南方砂梨，有较好耐阴性；而原产地多晴少雨的北方秋子梨、白梨品种，则要求较多光照；西洋梨介于二者之间。

（三）对水分的要求

梨喜水耐湿，需水量较多。梨果实含水量80%～90%，枝叶、根含水50%左右。梨形成1克干物质需水量为353～564毫升，但树种和品种间有区别，砂梨需水量最多，白梨、西洋梨次之，秋子梨最耐旱。例如，砂梨形成1克干物质需水量约为468毫升，在年降水量1000～1800毫米地区仍生长良好。抗旱的西洋梨仅为284～354毫升。白梨、西洋梨主要产在降水量500～900毫米的地区，秋子梨最耐旱，对水分不敏感。从日出到中午，叶片蒸腾速率超过水分吸收速率，尤其是在雨季的晴天。从午后到夜间吸收速率超过蒸腾速率时，则水分逆境程度减轻，水分吸收率和蒸腾率的比值8月下旬比7月上旬和8月上旬要大些。午间的吸收停滞，巴梨表现最大。在干旱状况下，白天梨果收缩发生皱皮，如夜间能吸水补足，则可恢复或增长，否则果小或始终皱皮。如久旱遇雨，可恢复肥大直至发生角质明显龟裂。

一年中梨的各物候期对水分的要求也不相同。一般而言，早春树液开始流动，根系即需要一定的水分供应，此期水分供应不足常造成延迟萌芽和开花。花期水分供应不足会引起落花落果。新梢旺盛生长期缺水，新梢和叶片生长衰弱，过早停长，并影响果实发育和花芽分化，此期常被称为“需水临界期”。6月份至7月上旬梨进入花芽分化期，需水量相对减少，如果水分过多，则推迟花芽分化，亦引起新梢旺长。果实采收前要控制浇水，以免影响梨果品质和贮藏性。

梨比较耐涝，但土壤水分过多，会抑制根系正常的呼吸和呼吸功能，在高温静水中浸泡1～2天即死树；在低氧水中，9天发生凋萎；在较高氧水中11天凋萎；在浅流水中20天亦不凋萎。在地下水位高、排水不良、孔隙率小的黏土壤中，根系生长不良。久雨、久旱都对梨生长不利，要及时灌水和排涝。

（四）对土壤的要求

梨对土壤要求不太严格，无论是壤土、黏土、沙土，或是一定程度的盐碱、沙性土壤，梨都有较强的耐适力，这也是梨树能广泛栽种的原因之一。但仍以土壤疏松、土层深厚、地下水位较低、排水良好的沙质壤土结果质量为好。

梨对酸碱度的适应范围 pH 值为 5.4～8.5，最适范围为 5.6～7.2。土壤含盐量 0.14%～0.2% 可正常生长，0.3% 以上易受害。栽培品种的砂梨宜偏酸，其他品种可稍偏碱。根据当地土性选用适宜的砧木和品种，可大大减少改土费用。

第二节　设施梨栽培品种选择

一、品种选择与授粉树配置

（一）品种选择

梨树设施栽培主要目的是提前梨果成熟期，提早上市，从而延长鲜果供应期。因此，选择品种时，应选择适合当地生态环境的最早熟的优良品种，如七月酥、早生幸水、长寿、翠冠、早美酥和中梨 1 号等。同时，由于设施栽培梨树是在一个密闭的有限空间内完成其生长发育的过程，所以应选择生长势相对较弱、节间短、树冠紧凑、结果早的品种，如爱甘水、喜水、黄金梨、新世纪、金二十世纪等。另外，为了丰富早熟梨的市场，也可采用大果型的优良中熟梨品种，如黄冠、西子绿等。

（二）授粉树配置

设施栽培处于一个密闭的环境中，没有外来花粉，梨树多数品种自花结实率低或自花不结实，甚至根本无花粉，为了保证梨树的正常结果，必须严格配置授粉树。授粉品种要求与主栽品种的花期相遇或略早 1～2 天，花粉量大，亲和力好。授粉品种种植的多少，根据其优良状况而定，如果授粉品种也是优良品种，授粉品种与主栽品种的比例可采用 1∶1，如果授粉品种为一般品种，可采用 1∶4 或 1∶5，为了便于管理两者可分行按比例种植。常见设施栽培品种和授粉树品种的配置见表 4-2。

表 4–2　常见设施栽培品种和授粉树品种的配置

主栽品种	授　粉　品　种
七月酥	早酥、中梨一号、早美酥
中梨一号	黄冠、中梨一号、新世纪
早美酥	早酥、新世纪
华　酥	中梨一号、早美酥、早酥、锦丰、鸭梨、华金梨等
红太阳	中梨一号、华酥、早酥
幸　水	丰水、西子绿
翠　冠	黄花梨、清香和西子绿

二、适栽品种介绍

（一）早 美 酥

早美酥是中国农业科学院郑州果树研究所于 1982 年用日本梨新世纪作母本、中国梨早酥为父本杂交培育而成。

7 月中旬果实成熟。果实属大型果，平均单果重 250 克，最大果重 540 克。果实纵径 8.3 厘米，横径 7.5 厘米，近圆形或卵圆形。果面光滑，蜡质厚，果点小而密，黄绿色，无果锈。果肉白色，肉质脆，采后 15 天肉质松软。果肉细，石细胞较少，汁液多，可溶性固形物含量 11%～12.5%，总糖 9.77%，风味酸甜适度，无香味，品质上等。常温下可存放 20 天，冷藏条件下可贮藏 1～2 个月。

结果较早，一般栽后 3 年即可开花结果。以短果枝结果为主，中、长果枝亦可结果。果台连续结果能力较强，连续 2 年结果果台占 68%，平均每果台坐果数 1.5 个，无采前落果现象，极丰产稳产。抗逆性很强，抗风、抗旱、耐涝、耐盐碱，抗寒力中等，可耐 –23℃的低温。对黑星病、腐烂病、褐斑病、轮纹病均有较高的抗性，抗梨蚜和红蜘蛛能力亦强，但易遭受梨木虱危害。

（二）华　酥

华酥是中国农业科学院果树研究所以早酥为母本、八云为父本杂交育成。果实近圆形或扁圆形。平均单果重220～260克，最大果重430克。果皮黄绿色，果面光洁，平滑有光泽，无果锈，果点小而中多，套袋后黄白色，外观十分漂亮。果心小，果肉淡黄白色，肉质细，酥脆，石细胞少，汁液多。风味酸甜适度，较为浓厚，并略具芳香气味。可溶性固形物含量10.3%～11.5%，品质上等。在陕西关中地区7月上中旬成熟，室温下可贮藏30天左右，最佳食用期25天左右。树势中等偏强，萌芽率高，成枝力中等。以短枝结果为主，中、长果枝及腋花芽亦能结果，采前落果程度轻，丰产稳产。抗风力强，较抗旱、抗寒，对黑星病、腐烂病抵抗能力强。适合在华北、西北、华东等梨区推广，可作为早熟品种露地栽培或设施栽培。

（三）中梨1号（绿宝石）

中梨1号是中国农业科学院郑州果树研究所用日本梨新世纪作母本，早酥梨作父本杂交育成。果实近圆形，平均单果重260～342克，最大果重480克。果皮淡绿色，套袋后白色，晶莹剔透，很美观。果心较小，肉质细脆，汁液多，味甜。可溶性固形物含量11.2%～12.5%，品质优良。在陕西关中地区7月底至8月初成熟，在河南省郑州市于7月中旬成熟，在四川省和重庆市于6月下旬成熟。室温下可贮藏20天左右，最佳食用期15天左右。生长势强，萌芽率高，成枝力中等，抗病性强。该品种是早熟梨的配套品种，可以补充市场空缺，经济效益高。适宜全国梨区种植。

（四）幸　水

幸水为日本主栽梨早熟品种。在我国上海、江西、江苏、四川和贵州等地都有一定的栽培面积，山东、山西、辽宁、北京

和河南等地有少量栽培。果实中等大小，平均单果重165克，最大果重330克。扁圆形，黄褐色。果面稍粗糙，有的有棱起。果点中等大，较多。果梗长3.44厘米，梗洼中等深。萼片脱落，萼洼深而广。果心小或中大，5～8个室。果肉白色，肉质细嫩，稍软，汁液特别多，石细胞少，可溶性固形物含量11%～14%，味浓甜，有香气，品质上等。花芽4月上中旬萌动，5月上旬初花，5月中旬盛花，8月中旬采收，10月下旬至11月上旬落叶。果实主要供鲜食，不耐贮，常温下可贮存1个月左右。

植株生长势中庸，萌芽力中等，成枝力弱，一般剪口下发1条长枝，枝条短，稍细。一般定植后2～3年便可结果，以短果枝结果为主。果台副梢抽生能力中等，较丰产、稳产。但若管理不当，易出现大小年结果。授粉品种可用长十郎、晚三吉和菊水等。适应性较强，抗黑星病、黑斑病能力强，抗旱、抗风力中等，抗寒性中等，对肥水条件要求较高。

（五）脆　绿

脆绿是浙江省农业科学院用杭青与新世纪杂交育成。果实圆形，纵径7.4厘米，横径8.3厘米。平均单果重220克，最大果重450克。果形端正，梗洼和萼洼中等深广，萼片脱落，果皮绿黄色。果肉细脆，汁多，味甜，清香，可溶性固形物含量12%以上。在浙江省于7月28日左右成熟，在四川省及重庆市于7月上旬成熟，属特早熟品种。

树势强，树姿开张。栽培时注意多施有机肥，增施磷、钾肥，以利于产量和品质的提高。授粉树宜选用黄花梨、西子绿等品种，数量占全部梨树的20%左右。

（六）翠　冠

翠冠是浙江省农业科学院用幸水与中梨6号杂交育成的南方早熟品种。果实圆形，果皮黄绿色，属大果型，平均单果重为250克，最大果重500克左右。肉质香脆细嫩，基本上无石细胞，

可溶性固形物含量 11.7%～13.5%。有人认为风味超过中梨 1 号、黄花梨和丰水梨等品种。果面清洁，无锈斑。在四川省大多数地区栽培，均能在 6 月下旬至 7 月上旬成熟上市，比绿宝石、黄花梨、丰水梨等早熟 10～20 天，比其他中晚熟梨品种早熟 1 个月以上。在陕西关中地区 7 月下旬成熟，货架期约 10 天。

树势强，树姿较直立。早果高产，栽后第二年就可结果，株产 2.5 千克，第三年株产 10 千克左右，第四年株产 15 千克左右。采取矮化密植栽培技术，株行距为 1 米 × 2.5 米，每 667 米^2 栽植 267 株。授粉树宜选用黄花梨、清香和西子绿等品种。授粉树占全部梨树的 20% 左右。抗逆性、适应性强，抗旱、耐涝、抗黑星病，但果实在湿度大的地区果锈重。

（七）六月雪

六月雪是重庆南方果树研究所于 1996 年育成的。一般单果重 200～220 克，最大果重为 357 克。果实近圆形，果皮翠绿色，套袋后为淡黄色。果肉香甜细嫩，可溶性固形物含量 14.2%～14.4%，风味好。在四川省和重庆市于 6 月下旬至 7 月上旬成熟，为早熟品种。

栽后第二年即开始挂果，株产果 2 千克左右，第三年株产果可达 13 千克。适应性广，抗病力强。该品种选育于高温、高湿、弱光照及温差小的重庆地区，在北方和南方其他地区栽培表现更好。栽培时，要重视施农家肥和增施磷、钾肥。

（八）七月酥

七月酥是中国农业科学院郑州果树研究所于 1980 年以幸水梨为母本、早酥梨为父本杂交培育而成。果实卵圆形，平均单果重 220 克，最大果重 500 克。果皮黄绿色，细薄而光滑，稍经贮藏即变为金黄色。肉质细嫩松脆，汁液特别多，酸甜可口，可溶性固形物含量 12%～14%，品质上等，7 月中下旬成熟。树势强，结果早，容易丰产，抗病，抗旱。

（九）六 月 酥

六月酥是由西北农林科技大学园艺学院果树研究所从早酥梨芽变中选出。在陕西中部地区6月下旬成熟，正值气温高、水果淡季上市。果实阔卵圆形，果皮浅绿色、平滑、有光泽，果点小，套袋果洁白如玉，十分美观。一般单果重250～320克，最大果重568克。肉质白色，细嫩，酥脆多汁。风味甜，具清香味，可溶性固形物含量11.9%～13%，品质上等。六月酥梨采收期可延长20天左右，货架期较长。适应性广，抗旱、耐寒、耐瘠薄，抗黑星病和黑斑病，在我国南、北方都可栽植。该品种成熟期极早，管理时间短，投资低，效益高，若进行设施栽培可提早到5月下旬至6月初上市，经济效益更加显著。

（十）红 星 梨

红星梨是从美国引进的早熟红色西洋梨品种。果实短葫芦形，幼果皮为紫红色，随着果实的膨大和果实成熟，果皮逐渐变为鲜红色，十分漂亮。果实大，一般单果重235～252克，最大果重358克。果肉白色，果心小，采收时肉质硬，经7～10天后熟。肉质柔软多汁，风味香甜，香气浓，可溶性固形物含量14.5%～18%，品质极佳。在陕西中部地区7月下旬成熟，耐运输，冷藏条件下贮藏2个月，货架期10天左右。

树势强健，1年生枝直立粗壮，萌芽力高，成枝力强，剪口下可萌发5～8个新梢，幼树以腋花芽和长果枝结果，成年树以中短果枝结果为主。定植后4年开始结果，6年进入盛果期，较丰产、稳产。抗性强，抗旱、耐寒，耐瘠薄，抗黑星病、黑斑病。适应性较强，在西北、华北、渤海湾地区均可发展，在气候干燥冷凉地区栽植，品质更佳。我国西洋梨栽培面积很少，红色西洋梨在生产上目前尚是空白，如能在最佳适宜区建立安全、优质出口生产基地，具有广阔的发展前景。

第三节　设施梨高效栽培技术要点

一、定　植

（一）苗木选择

应选择苗木高度 170～180 厘米、地径粗度 1.2 厘米以上、根系发达、枝芽饱满、无病虫害的壮苗栽植。定植时苗木不定干。

（二）定植时间及方法

依气候条件而确定，可秋冬季定植，也可春栽。

（三）生根粉处理

采用 ABT 生根粉 6 号处理根系。梨树根系经过修剪后摆放整齐，用 50 毫克 / 千克生根粉溶液喷根。

（四）合理密植

为了提高设施的利用率，根据梨树的生长特点，采用密株宽行栽植，株距 100 厘米，行距 300 厘米。每 667 米^{2}定植 222 株。要按照主栽品种配置相应授粉树种。

（五）三株一穴

定植时施足基肥，每穴施入 20～30 千克腐熟厩肥或堆肥和 0.5 千克过磷酸钙，梨苗三株一穴（三株当一株），深度与苗木原土印相平即可，在树两边离树 50 厘米处修好条畦，立即浇透水，待水渗后，逐棵检查，将苗扶正，并将裂缝填平。

（六）地膜覆盖

为了提高地温及保墒，地表干后，及时松土耙平，顺行向树盘内覆盖地膜，地膜宽度 100 厘米。

（七）接枝定型

在距离地面 60 厘米处用麻绳将 3 株苗木捆绑在一起，选 3

株苗木中相对细弱的1株为中干，让其直立生长。其余2株拉向行间，拉枝角度以60° ～70° 为宜。这2株苗木作为永久性主枝。

二、设施环境调控

（一）人工控制休眠

设施梨树品种休眠期多在1200小时左右，大约需要50天的休眠期，比桃树休眠期要长，因此人工控制休眠非常重要。天津地区一般10月下旬夜间温度已降到7.2℃以下，此期应扣上棚膜，加盖草苫。白天盖草苫阻光，夜间打开通风口和通风孔降温，当温室内昼夜气温稳定在7.2℃以下时开始记录休眠时间。正常情况下，1月上旬即可安全通过休眠期，开始揭草苫升温。

（二）人工授粉

梨树多数品种白花不实或白花结实率很低，加之棚内温湿度高、通风条件较差，与外界隔绝，花期辅助授粉十分重要。通常采用人工授粉方式效果较好。

（三）温度调控

当设施内气温达到6℃～8℃时，梨花芽开始萌动，开花始期要求温度在12℃以上，14℃～15℃及以上的气温连续3～5日，梨花盛开。花粉发芽最适温度为25℃～27℃，花粉管伸长的最适温度为27℃～30℃。35℃以上的高温和15℃以下的低温，不利于花粉的发芽和花粉管的伸长。如花粉发芽时棚内温度15℃以上保持3小时以后，则黏附在柱头上的花粉都能发芽伸入柱头组织中。在15℃～30℃的范围内，温度越高，花粉管伸长越早，完成受精的时间越短，种子的形成率就越高，从而为优质大果打下良好基础。梨树果实生长发育的适宜温度为20℃～30℃（幼果期温度控制在24℃左右，果实膨大期温度控制在28℃左右，果实成熟期温度控制在30℃左右），同时又要求

10℃以上的昼夜温差，以利于果实中糖分的积累，达到充分膨大。这样应保持棚内温度白天20℃～30℃，夜间10℃～15℃。日光温室在外界温度低于-10℃时，在日出后30分钟揭草苫，日落30分钟放苫；外界温度在0℃左右时日出揭苫，日落放苫；外界温度5℃～10℃时，日出前30分钟揭苫，日落后30分钟放苫；外界温度达10℃以上时，即停止盖草苫。仔细观察棚内的温度记录，根据花果发育所需最适温度条件，及时加温、扣棚、盖草苫、通风等。

（四）光照调控

由于梨果的生育期较长，需要的光合产物较多，因此提高叶片的光合效率尤其重要。除温室结构影响采光效果外，棚膜的透光度直接影响光合效率，生产上一定要选择高透光棚膜。设施栽培因薄膜水滴凝结、尘埃污染等影响，棚内光照强度明显小于棚外。应经常打扫、清洗覆盖材料，增加透光率，树冠下铺设反光地膜，在日光温室的后墙涂白或挂反光幕等。

三、土肥水管理

设施梨树的肥水管理与露地栽培基本相同。

（一）设施梨树的肥水需求

设施梨树对肥水要求比较严格，一般需要5～6次肥水。第一次在幼果期，以氮肥为主浇小水；第二次在果实膨大期，以氮肥为主配合磷肥浇中水；第三次在果实速长前15天，以复合肥为主浇大水；第四次在果实速长期，以磷、钾肥为主浇大水。速长期内视土壤墒情再浇水1～2次。膨大期和速长期是提高设施梨果质量的关键时期，肥水管理一定要到位。

（二）安全施肥技术

1. 重施有机肥 提高土壤有机质含量是梨树高效栽培和提高品质的基础。有机肥的大量施用，可以减少化学肥料的施用，从而减轻土壤的盐渍化。秋施基肥，不仅会促进梨在第二次生长高峰长出大量新根，而且也有利于棚内二氧化碳含量的提高，从而为翌年梨的生长发育打下一个良好的基础。施用方法以沟施为主，并有计划地逐年变换沟施的位置。肥料种类有腐熟的堆肥、饼肥、畜禽粪便等，一般每 667 米^{2}施用 4 000～5 000 千克，适当加入磷肥施用。

2. 及时追肥 一般 2～3 次，并配合多次根外喷肥。追肥时期为萌芽前后、新梢大部停长和果实迅速膨大期。前期以氮肥为主，中后期以磷、钾肥为主。采后对结果过多、树势较弱者可补施少量氮肥。

3. 施肥标准 未结果幼树每 667 米^{2}施纯氮 5～10 千克。结果树按每结 100 千克梨果施纯氮 0.5 千克，全年施氮、磷、钾肥配比为 1∶0.4～0.5∶0.8～1。有条件的地方也可根据梨树叶片营养含量的实测，参照梨叶片三要素含量适宜指标指导施肥。叶三要素适宜指标为：氮 2%～2.5%，磷 0.12%～0.16%，钾 1.2%～1.8%。每年叶分析取样时间应为 7 月份最后 1 周到 8 月份前 2 周；取样部位为与肩同高的延长枝中部叶片，每个样本要求取 60 片叶。

4. 增施二氧化碳肥 二氧化碳固态肥的有效期可长达 90 天，所以一般在梨花后 10～15 天施用；液肥和气肥一般应在果实膨大和花芽分化期施用。具体要求是：晴天在日出后 30～60 分钟施用，有机肥施用比较充足的大棚，可在日出 1 小时后施用，在通风换气前 30 分钟应该停用。在春季外界气温高时施用二氧化碳，每天施用 2～3 小时已经足够。

（三）浇　水

梨树需水的关键时期是：萌芽到开花、新梢开始迅速生长、果实迅速膨大和采收后的养分积累 4 个时期，这几个时期是根系对水分敏感的时期，要及时补充土壤水分。

设施梨树应解决好棚内空气相对湿度容易偏大和土壤湿度容易偏低的矛盾。即棚室土壤因被隔绝了雨水，只有进行人工补水才能满足梨树对水分的需要，但是浇水又加大了本来就已经很大的棚内空气湿度，所以最好是配套渗灌和滴灌设施，同时进行地膜覆盖保湿，这是解决上述矛盾最好的方法。

（四）加强土壤管理

设施内实行生草栽培，及时对杂草割倒、翻压，促进土壤表面微生物的活动，为梨树生长发育创造一个疏松的土壤条件。

四、整形修剪

温室梨树修剪原则是：拉枝缓放、扭梢控长、副梢摘心、疏枝透光。

（一）1 年 生

两大主枝背上发出的新梢扭枝 90°，既可控制生长，又有利于翌年萌发短枝和叶丛枝。当背下侧和背斜侧新梢长到 50 厘米时摘心，促壮腋芽，使其第二年萌发叶丛枝。中干主梢长到 60 厘米时摘心，控其旺长。侧梢长到 40 厘米时扭梢，促其停长。

（二）2 年 生

萌芽前疏除中干上强壮的 1 年生侧枝，拉平缓放中庸枝。生长期对中干新梢及时扭梢，缓和中干强势，疏除过密新梢。主枝新梢长到 40 厘米时扭梢。

（三）3 年 生

开始进入盛果期，根据树体生长状况，及时调整果枝比例，使结果部位靠近主枝和中干。疏除过密大枝，使树体达到中庸健壮，通风透光。

五、多效唑调控

由于梨树属于高大乔木果树，在温室特殊的高温、高湿环

境条件下，梨树的生长速度很快。因此，人为调控树体生长速度在温室条件下显得尤其重要。除合理修剪外，多效唑控冠促花技术是树体调控的主要手段。

（一）施用时间

在正常管理情况下，多效唑使用时间为定植后第二年的秋天，可结合施基肥进行。如果树体生长较弱，可于定植后第三年的秋天进行。

（二）施用方法

可沟施、放射状施和撒施，最经济有效的方法是撒施。在树冠垂直投影内均匀撒施多效唑，然后深翻 10 厘米以上，充分浇透水。

（三）施用剂量

如果采用定植后第二年的秋天进行，施用剂量为 1 克 / 株多效唑纯量；如果采用定植后第三年的秋天进行，施用剂量为 1.2～1.5 克 / 株多效唑纯量。

六、花果管理

（一）花期管理

关键技术是通风降温、果台副梢摘心和授粉。

1. **通风降温**　花期温度应控制在 18℃～20℃，温度过高时严重影响坐果率，温度过低时，整个花期时间延长，成熟期延后。

2. **果台副梢摘心**　温室梨树在开花期果台副梢已经生长到 5～10 厘米（这一点与露地梨树显著不同），果台副梢生长与坐果争夺养分激烈，严重影响坐果率。生产上于开花期必须对所有果台副梢全部摘心。

3. **授粉**　由于温室的高湿环境，花粉不易弹飞，影响授粉效果。简易的方法是人工用鸡毛掸子弹扫，较科学省力的方法是

放养蜜蜂，每栋温室放养 1 箱蜜蜂，可较好地解决授粉问题。

（二）幼果期管理

主要工作是人工疏果、果实套袋。

1. **人工疏果**　人工疏果是果品质量和产量的保障。疏果的原则是以树定产，以枝定果。瘦弱下垂枝不留果，中庸健壮枝多留果。果间距 20 厘米，全部保留单果。

2. **果实套袋**　套袋是提升果品质量的有效途径。花谢后 10 天及时疏果、定果，细致喷布杀虫、杀菌剂后套袋，果袋材质为双层纸袋。

七、采　收

适时采收是提高梨果品质量的重要一环。应根据气候条件、立地环境、品种特性、市场需求来决定采收时间。黄皮梨（黄花、清香）应掌握果皮由暗褐色变为浅黄褐色，表皮梨（翠冠、西子绿、新世纪）果皮由暗绿色转为浅绿色或浅黄色，肉质由粗、硬变为细、脆，由酸转为甜味，种子由白转为浅褐色，可作为开始采收标准。切勿采收过早，影响果品质量，造成商品果率下降。

采收时须做到轻采、轻放，切勿重采、硬拉，将果柄与果实分离，失去商品性。采收时还需做好保叶、保大枝工作，采下果实避免日光暴晒，及时放在阴凉处。采收时要尽量避免刀剪果柄时刺破果皮，不宜装得太满，以免造成果品损失。

要做到分期分批采收，先采大果，待 7～10 天小果会逐步增大，再行采收，既可保证质量，又能增加产量。采下的梨果必须进行整修、分级、包装。

八、病虫害防治

（一）病害防治

由于温室的特殊环境，梨树病害发生较轻，主要病害有干

腐病、干枯病和鸡爪病。干腐病、干枯病防治比较简单，在梨树花序分离前期细致喷布3波美度石硫合剂即可。生长期发现病斑时及时涂抹2%腐殖酸铜水剂2～3次，间隔时间7～10天，视病害程度可以补喷杀菌剂。在3种病害中，鸡爪病属生理性病害，不易防治，多种因素如偏施氮肥、肥水不均衡、产量过高、套袋时期过早等因素都可诱发此病害的发生。因此，生产上要考虑多重因素，实行综合防治措施。

（二）虫害防治

主要虫害有蚜虫、红白蜘蛛和梨木虱。在3种虫害中，以红白蜘蛛危害较为严重，以主要成分是阿维菌素的杀虫剂在谢花后喷布效果最好，蚜虫和梨木虱在初发期喷吡虫啉即可。

大棚和温室内温度较高，喷药时应避开中午高温期，并严格掌握喷雾浓度，以防止发生药害。

九、采后管理与施肥

设施栽培梨园果实的采收期较早，从果实采收到落叶，梨树仍有4～5个月的生育期，而这个时期是树体中储藏养分的积累期，储藏养分的多少对翌年的萌芽、开花、幼果细胞分裂起着重要作用。果实采收后，应及时将棚膜揭掉，以改善梨树的光照、通风条件，提高叶片的光合能力，增加储藏养分的积累；同时，可以延长薄膜的使用寿命。秋季结合土壤深翻，在梨树定植穴（沟）两侧，离定植点1米处开沟施肥。一般沟深60厘米，沟宽40～50厘米。在沟中先施入优质有机肥，边施边混入表土，并用锄头将有机肥与表土掺和均匀。有机肥可用腐熟并经过无害化处理过的鸡、鸭、牛、羊等牲畜粪，一般每667米^{2}施2 000～4 000千克。施肥后切记浇水，以利肥料的分解。

第五章

设施葡萄高效栽培与安全施肥技术

葡萄是温带落叶果树，多年生藤本植物。葡萄原产于亚洲西部，我国在2000多年以前就自新疆引入内地栽培。葡萄古名蒲桃、蒲陶，属葡萄科藤木，葡萄藤长达30米。我国长江流域以北地区均可栽培，尤以新疆产的葡萄味甘品优而闻名遐迩。葡萄夏末秋初采收，鲜用或干燥备用。

第一节　葡萄的生物学特性

葡萄是多年生落叶藤本果树，其生物学特性是通过长期自然选择，在整个系统发育过程中适应森林环境条件而逐渐进化来的，因而它具有生长势旺盛、攀缘、喜光、根系发达、适应性强等一系列生物学特性。

一、主要器官及生长发育特性

葡萄的营养器官包括根、茎、叶，生殖器官包括花、果实、种子。

葡萄植株是由地下部根系和地上部枝蔓两大部分构成，如图5–1所示。

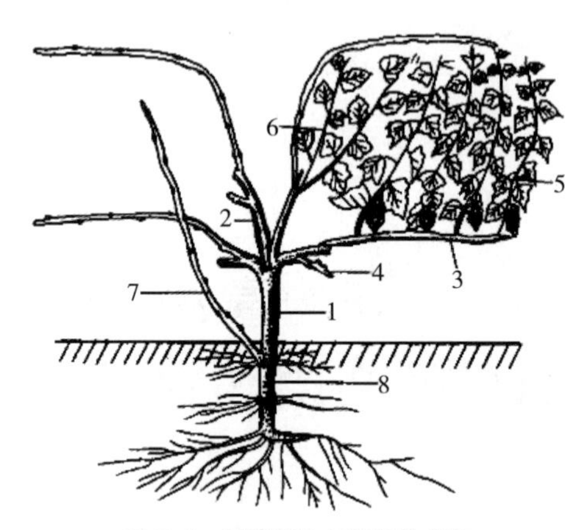

图 5–1　葡萄植株各器官的名称

1. 主干　2. 主蔓　3. 结果母枝　4. 预备枝
5. 结果枝　6. 生长枝　7. 萌蘖　8. 根干

（一）根的种类、作用及发育

葡萄的根系分 2 种，由于繁殖方法不同，种子播种长成的实生树，有主根、侧根和幼根。而生产上用扦插繁殖（嫁接、压条繁殖）而长成的植株为须根系，有根干（扦插枝段）、侧根和幼根。

葡萄幼根肉质，呈乳白色，逐渐变成褐色。幼根最先端为根冠，接着是 2～4 毫米长的生长区和 10～30 毫米的吸收区，再往后则逐渐木栓化而成为输导部分。吸收区内的表皮细胞延伸成为根毛，根毛是吸收水分和无机营养的主要器官。

葡萄的根系除了固定植株和具备吸收功能之外，因其呈肉质，髓射线发达，在越冬之前，成为大量营养物质储藏的地方，以保障植株顺利越冬及翌年的生长发育。还能合成多种氨基酸和激素类物质，对地上部分新梢与果实的生长、花芽分化和开花坐果等起着重要的调节作用。

葡萄是深根性果树，根系发达，分布深而广，主要根群分

布在30～60厘米深，少数根深达1～2米，在干旱地区可深达数米。根系向外扩展可达地上部2倍左右，主要根群分布在定植穴周围2～3米范围内。在生产中，葡萄的砧木、品种、气候、土壤质地、灌溉与耕作方式等都会影响根系的分布。

葡萄根不能长出不定芽，若1年生苗的地上部分因病害、冻害而全部死亡，即使根系完好也不能发芽成活。因此，在选择苗木时应选有3～5个饱满芽及根系良好的苗木定植。

葡萄的根系再生能力很强，在栽培上结合施用有机肥适当断小根，在断根伤口附近可长出大量新根，有利于根系更新和扩展。

葡萄是根系呼吸较强的树种，在通气良好的土壤中生长良好，土壤板结时生长受阻。

当10厘米地温上升到15℃左右，地上部萌芽1～2周之后，葡萄的根系开始生长。适于根系生长的最佳土温为25℃，土壤相对含水量为60%～80%。根系的年生长高峰一般有两次，第一次高峰出现于春末夏初，有大量新根发生，表现生长量大，持续时间长。夏季的高温干旱或多雨积水，是抑制根系生长、造成新根死亡的主要因素。根系第二次发根高峰出现于秋季，发根量小于春季，但此时正值植株储备越冬时期，加强土肥水管理能够增加储藏营养，有利于植株安全越冬。根系没有自然休眠，只要土壤温湿度适宜就可一直生长。

（二）茎的形态及生长特点

葡萄的茎称为枝蔓，主要包括主干、主蔓、侧蔓、结果母枝、结果枝、发育枝、主梢、副梢等，构成了葡萄植株的地上部分。

从地面发出的单一的树干称为主干，主干上的分枝称主蔓，主蔓上的多年生分枝称为侧蔓，侧蔓上的1年生枝称为结果母枝。带有叶片的当年生枝称为新梢，新梢上有果实的称为结果

枝，不着生果穗的新梢称为生长枝。新梢上再次着生的带有叶片的枝条称为一次副梢，一次副梢上着生的当年生枝称为二次副梢，二次副梢上再着生的当年生枝称为三次副梢。

目前，北方葡萄树由于需下架埋土防寒，多属于无主干、多主蔓、无侧蔓的树形，在主蔓上直接着生结果枝组。主蔓（一般 1～3 个）通常又称为龙干。

葡萄的枝细而长，髓部大，组织较疏松。

从地面隐芽发出的新枝称为萌蘖枝。葡萄新梢由节、节间、芽、叶、花序、卷须组成。节部膨大并着生叶片和芽眼，对面着生卷须和花序。卷须着生的方式，有连续的，也有间断的，可作识别品种的标志之一。新梢从春到秋的生长曲线呈单“S”形，即开始生长较慢，随着气温上升生长逐渐加快，至开花前或开花期达到高峰，以后逐渐降低，至浆果成熟开始后新梢生长停止。

新梢的生长：当昼夜平均温度稳定在 10℃以上时，葡萄茎上的冬芽开始萌发，长出新梢。开始时新梢生长缓慢，主要是靠树体储藏的养分生长。随着气温的升高，新根不断发生，叶片逐渐长大，其光合作用加强，新梢加长生长也逐渐加快。到萌芽后 3～4 周时，生长最快，此时 1 昼夜可加长 5 厘米以上，最多可加长 10 厘米。葡萄的新梢不形成顶芽，只要气温适宜，可一直生长到晚秋。一般需通过摘心、肥水管理等栽培措施控制新梢生长。

（三）芽的种类、形态与花芽分化

葡萄的芽是过渡性器官，位于叶腋内，是既可以抽枝发叶又可以开花结果的混合芽，分冬芽、夏芽和隐芽 3 种。

冬芽是着生在结果母枝各节上的芽，体型比夏芽大，外被鳞片，鳞片上着生茸毛。冬芽具有晚熟性，一般经过越冬后，翌年春萌发生长。冬芽内包含 3～8 个新梢原始芽，位于中心的一个最发达，称为“主芽”，其余四周的称预备芽。在一般情况下，

只有主芽萌发，当遇到不良的环境条件及害虫咬食主芽被破坏时，预备芽可以萌发形成新梢，这也是生产上利用冬芽进行二次结果的原理。有时候一个冬芽内，预备芽同时萌发，形成“双生枝”或“三生枝”，这种枝条给植株的营养造成了浪费。在生产上为调节储藏养分的需要，应及时将预备芽萌发的枝抹掉。葡萄冬芽的耐寒性很强，充分成熟的冬芽可耐 -18℃～-20℃的低温。

一些枝蔓基上的小芽常不萌发，随着枝蔓逐年增粗，潜伏于表皮组织之间，呈休眠状态，我们称为潜伏芽，又称隐芽。当枝蔓受伤，或内部营养物质突然增长时，潜伏芽便能随之萌发，成为新梢。主干或主蔓上的潜伏芽抽生成的新梢，徒长性很强，表现为徒长，节间长、直径粗，但髓心大、不饱满，在生产上可以用作更新树冠。葡萄隐芽的寿命一般都很长，因此葡萄恢复再生能力也很强。隐芽的存在有利于葡萄更新复壮，生产上可以用来防止结果部位的过度外移。

夏芽着生在新梢叶腋内冬芽的旁边，基部只有 1 个鳞片。夏芽具早熟性，不需休眠，当年形成，当年自然萌发。由夏芽抽生的枝梢称为夏芽副梢。夏芽抽生的副梢同主梢一样，每节都能形成冬芽和夏芽，副梢上的夏芽也同样能萌发成二次副梢，二次副梢上又能抽生三次副梢，这就是葡萄枝梢具有 1 年多次生长多次结果的原因。

花芽分化是葡萄开花结果的基础。花芽形成的多少及质量的好坏，与浆果的产量和质量有直接关系。花芽分化是芽的生长点分生细胞在发育过程中，由于营养物质的积累和转化，以及成花激素的作用，在一定外界条件下发生转化，形成生殖器官——花和花序的原基。

葡萄的花芽有 2 种：带有花原基的冬芽为冬花芽，带有花原基的夏芽为夏花芽。

葡萄的花芽属于混合花芽。葡萄的冬花芽一般是在花期前

后从新梢下部第三至第四节的芽开始分化，随着新梢的延长，新梢上各节的冬芽一般是从下而上逐渐开始分化。一般葡萄的花芽到秋季冬芽开始休眠时（通常在10月份），在3～8节的冬芽上可分化出1～4个花序原基，但只分化出花托原基。到翌年春季萌发展叶以后，再次开始芽外分化和发育，每个花蕾依次分化出花萼、花冠、雄蕊、雌蕊。一般是在萌芽后1周形成萼片，2周出现花冠，18～21天雄蕊出现，再过1周形成雌蕊。所以，葡萄的花芽分化持续时间很长（历时1年），且花的各器官主要是在春天萌芽以后分化形成的，依靠的是上年树体内储藏的营养物质。因此，如果树体储藏营养不足或春季气候条件不适宜，有可能使上年已分化出现花原基的芽不再继续分化而变成卷须。因此，为了促进花芽分化，第一年就应加强管理（如秋施肥、适时摘心、除副梢、控制结果等），以增加树体营养，保证花芽分化对营养的需求。

（四）叶的形态与生长特点

葡萄的叶为单叶互生、掌状，由叶柄和叶片组成。叶片的形状可分为肾形、心脏形和近圆形。一般有5个裂片，还有的是全缘无裂片。着生叶柄处的裂刻为叶柄洼。叶柄洼的形状有闭合形、拱形、开张形等。葡萄叶片边缘一般有锯齿，叶片正、反面有的着生有茸毛，有的无茸毛。叶片的大小、裂片多少、裂刻深浅、叶柄洼的形状、锯齿大小、茸毛多少可作为识别葡萄品种的依据。

叶的功能主要是进行光合作用，制造有机营养物质，还有呼吸、蒸腾等作用。光合作用最适温度为28℃～30℃。单个叶片的生长期15～40天。时间受气温和营养状况的影响，但比其所着生的节间的生长期要长约1倍。幼叶刚从梢尖分离出来的最初1周里生长很慢，当叶处于从上数6～8节的位置，正是长到一半大小的时候，生长最快。当处于13～15节位时，叶基本长成，此时叶的光合生产能力最强。随着叶龄的老化，光合能力逐渐下降。叶片的大小、颜色与土壤肥力、管理水平有关。土壤肥沃或肥水条件好，叶片大而厚，色泽浓绿；土壤瘠薄，管理条件差或结果量过多，则叶小、薄而色淡。

（五）卷须、花序和花

1. **卷须** 在葡萄的主梢上一般从3～6节起，副梢从2节起开始着生卷须。卷须与叶对生。葡萄属绝大多数种的新梢上连续2节着生卷须后，3节无卷须，为间歇型，只有美洲葡萄各节皆可有卷须，为连续型。葡萄的卷须和花序是同源器官。

在栽培状态下，卷须的互相缠绕会给枝蔓管理、果实采收等作业造成不便，同时缠坏叶片和果穗。另外，卷须的存在又会白白消耗营养，因此生产上要及时除掉卷须。

2. **花序** 花序在新梢上开始发生的位置与卷须相同，但通常只着生在下部数节。一结果枝上一般有1～3个花序，有时也有4～5个或更多个花序，不同的种或品种间有差异。花序上方的新梢节位则只着生卷须。结果枝上以基部第一花序较大，上部的花序较小。

3. **花朵** 葡萄的单花由花梗、花托、花萼、花冠、雄蕊、雌蕊组成。花萼小而不明显，5个萼片合生，包围在花的基部。5个绿色花瓣顶部合生在一起，形成帽状花冠。开花时花瓣自基部与子房分离，并向上和向外翻卷，花帽在雄蕊的作用下从上方脱落。这是葡萄与其他果树显著的不同的特点。雄蕊5枚，由花丝、花药组成。雌蕊位于中心，由子房、花柱、柱头组成。葡萄花有3种类型，即完全花、雌花、雄花。栽培品种大多数为完全花，具有正常的雌、雄蕊和可育花粉，能正常授粉结实。

葡萄大多数栽培品种是完全花（又叫两性花），自花授粉可以正常结果，但在异花授粉的情况下坐果率提高。

葡萄开花时，花蕾上花冠呈片状裂开，由下向上卷起而呈

现帽状脱落。有的品种在花冠脱落前就已完成授粉、受精过程；大多数品种仍是在花冠脱落后才进行授粉完成受精过程。

葡萄从萌芽到开花一般需要6～9周时间，开花的速度、早晚主要受温度的影响。一般在昼夜平均温度达到20℃开始开花，在15℃以下时开花很少，气温过高过低都不利于开花。一天中以上午8～10时开花最集中。开花期长短与品种及天气有关，一般为6～10天。盛花后2～3天没有受精的子房一般在花后1周左右就会脱落，不能形成果实。花后1～2周，如果花朵受精后种子发育不好，幼果也会自行脱落，这种现象称生理落果，即不是所有的花都能坐果。适宜的生理落果是葡萄的自我调节作用，如果自身脱落过少，坐果过多，还需人工疏除来调节，使其符合生产要求。

生产中，一般欧亚种葡萄自然坐果率较高，能满足产量要求；而一些四倍体欧美杂种葡萄，如巨峰、京亚等经常表现为自然坐果率较低，果穗小而散，落花落果严重。造成这种现象的主要原因有树体储藏营养不足，树势过旺，不良天气条件影响等。如开花期前后出现低温、阴雨、高温、干旱等不良天气条件，往往影响花器的正常发育和授粉受精过程的正常进行。所以，生产中应采取一些对策防止落花落果，如加强上年的综合管理，增加树体贮藏营养，控制结果量，喷布生长调节剂和微量元素，结果枝花前摘心，控制副梢生长，花前疏花序和花序整形等。

（六）果穗、果粒和种子

葡萄的果穗由穗梗、穗轴、分穗轴和浆果组成，有的品种还带有副穗。果穗的形状因品种而异，有圆锥形、圆柱形、分枝形等。果穗大小和紧密程度与品种和栽培管理技术有关。

葡萄的果实为浆果，由子房发育而成，包括果梗、果蒂（果梗与果粒相连处膨大部分）、果刷、外果皮、果肉和种子等部分。

果粒的形状、大小、颜色因品种而异。常见的果粒形状有圆形、长圆形、扁圆形、椭圆形、鸡心形，卵形、倒卵形等。果皮的颜色有黄、绿、红、紫、蓝、黑及各种中间色。

果实的生长，一般有两个生长高峰期。胚珠受精后进入幼果膨大期，从开花子房开始生长，至盛花后35天左右，气温在20℃时，胚珠及果肉细胞加速分裂达到高峰。到胚珠停止生长，标志本次高峰结束。接着果实生长极为缓慢，逐步进入种子生长发育时期，约在花后50天左右，种子硬化，称为硬核期。随着果粒增大、变软、开始着色，果粒进入第二个生长高峰。此时，果肉细胞数目一般不再增加，主要是果肉细胞继续膨大。幼果膨大期、种子形成期和浆果成熟期，要求日平均温度25℃～30℃，并有充足的光照，同时要有良好的营养条件。幼果膨大期和浆果成熟期这两个生长高峰时期，果粒增大均比较明显。大棚及温室中葡萄从开花至果实成熟一般需11～13周。

葡萄果粒中一般含有1～4粒种子。种子的发育直接影响果粒的生长发育，一般含种子多的果粒大，含种子少的果粒偏小。

二、对环境条件的要求

（一）光 照

葡萄是喜光树种，对光照要求较敏感。光照充足时，葡萄生长发育正常，可获得高产、优质，而且树体健壮；光照不足时，植株新梢细、节间长、叶片薄，严重时造成落果重、枝条不能充分成熟、降低越冬性及抗寒能力。光照不良还会严重影响果实品质，使浆果着生不良，含糖量降低，含酸量增加。因此，选择园地时应选择光照充足的地块，并确定合理的栽植方式，以保证最大限度地合理利用光能；整形修剪时应采取合理的架形，适量留枝，以保证架面透光。

（二）温　度

温度是影响葡萄生长发育的重要气候因素。葡萄一般在春季昼夜平均温度达10℃左右时开始萌发，而秋季气温降到10℃左右时营养生长即停止。葡萄不同物候期对温度要求不同：新梢生长、开花和花芽分化最适温度为20℃～30℃，低于15℃、大于40℃则不利。40℃以上时叶片变黄而脱落，果被日灼。果实成熟期最适温度为20℃～32℃，温度低则着色不良，成熟延迟，糖度低、酸度高。不同器官耐受低温能力不同：萌动芽-3℃开始受冻，-1℃时嫩梢和幼叶开始受冻；开花期0℃～3℃花器受冻，幼果脱落；果实成熟期-3℃以下浆果受冻或造成脱落。

（三）水　分

葡萄生长发育对水分的需要不太严格。土壤水分充足，植株萌芽整齐，新梢生长迅速，浆果粒大饱满，是葡萄丰产的前提条件之一，因此葡萄园必须有灌溉条件。土壤干旱缺水，枝叶生长量减少，引起落花落果，影响浆果膨大，品质下降。长期干旱后突然大量降雨或浇水，容易造成大量裂果。水分过多对葡萄也不利，会造成植株徒长，影响枝芽的正常成熟，因此低洼地区和地块雨季要注意排水。葡萄正常生长发育的需水量为182～502毫升，即是说其叶片每合成1克干物质需要200～500毫升水。葡萄营养生长期最适宜的空气相对湿度为70%～80%。

（四）土　壤

葡萄对土壤的适应性很强，除黏重土、重盐碱土、沼泽地不宜栽葡萄外，其他各类土壤均可栽培葡萄。不同土壤对葡萄的生长发育、产量、品质有不同的影响，葡萄最适宜在疏松肥沃的壤土或沙壤土上栽培。因为这样的土壤通透性和保水保肥性能良好，肥力较高，葡萄根系发达，丰产稳产，着色好，品质优。

葡萄对土壤的酸碱度适应范围较大（pH值5～8），在pH值6～7.5时生长发育最好。土壤pH值超过8.5时，葡萄生长就

会受到抑制，甚至死亡；在土壤 pH 值小于 4 的酸性土上，葡萄也不能正常生长。

栽培葡萄的土壤，一般要求地下水位在 1 米以下。

第二节　设施葡萄栽培品种选择

一、品种选择原则

第一，应选在散射光条件下容易着色且整齐一致、抗病力强的品种。

第二，选用需冷量低、自然休眠期短的品种。

第三，根据栽培目的来选择品种。如果是促成栽培要以早熟品种为主，使早熟、特早熟葡萄品种通过设施栽培成熟更早，以填补夏淡季果品市场。如果目的是延迟栽培就要以晚熟品种和极晚熟品种为主，尽量延长葡萄采收时间。

第四，要求所选用的品种果穗整齐、果粒大、着色好、酸甜适口、香味浓，葡萄优质耐贮，尤其是大粒色艳、味美、无籽的优良鲜食品种更受消费者欢迎。

除以上几个方面外，各地还应根据当地的市场要求选择适合不同消费对象、消费层次和消费目的的优良葡萄品种，以满足消费者的需要，从而达到理想的经济效益。

酿造品种不适宜进行设施栽培。

二、适栽品种介绍

（一）适于温室内促成栽培的有核品种

促成栽培的主要目的是早熟，因此适于促成栽培的品种多为在散射光下容易着色的早熟或中早熟品种。

1. 巨峰　巨峰为欧美杂交种，原产于日本。在山东、辽宁、河北等地设施中均有栽培。果穗大，平均单穗重 299 克，圆锥形，果粒着生极疏。果粒极大，平均单粒重 9.1 克，最大粒重可达 18 克，纵径 25.9 毫米，横径 23.9 毫米，椭圆形，黑紫色，果粉厚，皮中等厚。果肉软，有肉囊，黄绿色，汁多，味甜，有草莓香味，果皮与果肉，果肉与种子均易分离，可溶性固形物含量 15.8%。每果粒含种子 1～2 粒。

树势强，副芽、副梢结实能力均强，可利用作多次结实。从萌芽至完全成熟的生长日数为 125 天。巨峰为中熟品种，设施栽培 5 月中旬果实开始着色，6 月中旬果实方可采收上市。

2. 京亚　京亚为欧美杂交种。果穗圆锥形或圆柱形，一般单穗重 400～500 克，果穗整齐。果粒大，一般单粒重 11～12 克，最大粒重 18 克。果实着色早，着色均匀一致。果实蓝黑色，果粉多，果皮厚，易剥离。果肉软硬适中，风味甜酸或偏酸，可溶性固形物含量 17% 左右。

生长势较强，落花落果现象较巨峰轻，枝条成熟早，结果枝率占总芽眼数的 90% 左右。从萌芽至果实成熟需 95～100 天。设施栽培 2 月底左右开花，浆果 5 月上旬左右成熟。

3. 京秀　京秀为欧亚种。果穗圆锥形，平均单穗重 512.6 克，最大穗重 1 100 克。果粒着生紧密，椭圆形，平均单粒重 6.3 克，最大粒重 11 克，玫瑰红色或鲜紫红色。果皮中等厚，肉质脆，味甜酸，可溶性固形物含量 14%～17.6%，含酸量 0.3%～0.47%，品质上等。

设施栽培 2 月初萌芽，3 月中旬开花，5 月末至 6 月上旬成熟。植株生长势中等或较强，丰产，抗病力较强。是设施栽培的理想早熟品种。

4. 乍娜　乍娜为欧亚种。果穗大，圆锥形，平均单穗重 500 克。最大穗重可达 1 500 克。果粒圆形，较大，平均单粒重 8 克，最大粒重可达 12 克。果皮中等厚，粉红色，果粉多，肉质脆，果皮与果肉不易剥离。味酸甜，清爽可口，可溶性固形物含量 14%。

生长势强，芽眼萌发率较低，结果枝占芽眼总数的71%。结果早，产量高。副芽、副梢结实力差，枝条成熟慢。从萌芽至果实完全成熟需100天左右。设施栽培的乍娜葡萄在不加温情况下果实在5月中旬着色，6月上中旬成熟采收上市。

5. **凤凰51**　凤凰51为欧亚种。果穗大，圆锥形，平均穗重500克左右。果粒着生紧密，近圆形，紫红色，果粒上有明显的3～4条肋纹。果粒大，平均粒重8克。果肉肥厚，脆甜，风味酸甜适口，可溶性固形物含量16%，有明显的玫瑰香味。

植株生长中庸，芽眼萌发率高，枝梢成熟度好，结果枝率58.8%，每果枝平均着生1.99个果穗。结果早，产量高，从开花至成熟需61天左右，属早熟品种。果实5月上中旬着色，6月上中旬采收上市。

6. **玫瑰香**　玫瑰香为欧亚种。其栽培历史很长，遍布世界各地，曾是一个著名的设施栽培品种。果穗中大，平均单穗重410克。果穗圆锥形，稍松散。果粒中等大小，一般粒重4.5～5克，椭圆形或卵圆形。果皮黑紫色，稍厚而韧，果粉较厚。果肉黄绿色，果汁无色。可溶性固形物含量19%，有浓郁的玫瑰香味。

树势中等，结实力极强，副梢可连续2～3次结果。露地栽培8月下旬成熟，从发芽至成熟期需140～150天，在加温温室中果实成熟期为5月下旬至6月上旬。为中晚熟品种中品质最为优良的品种。

7. **葡萄园皇后**　果穗大，平均单穗重350克，最大穗重为960克。果穗圆锥形，果粒着生密度较紧。果粒大，单粒重5.1～5.39克，纵径21～23毫米，横径20～24毫米，椭圆形。金黄色，果粉中等厚，果皮中等厚。肉质致密，半透明，味甜，有香味，可溶性固形物含量13%～14%。

树势中等。结实力较强，每果枝多结2穗果，第一果穗着生于4～5节，第二果穗着生于5～6节。副梢结实力强，可利用2次结果。在北京地区4月中旬萌芽，5月底至6月初开花，8月上旬成熟。

8. 藤稔　藤稔为欧美杂种，1986年从日本引入我国。为早熟品种。其植株外形与巨峰相似。树势强，枝条粗壮。枝条嫩梢淡红色，有稀疏茸毛；1年生成熟枝蔓为暗褐色。幼叶微红，有中等厚度茸毛，上表面有皱纹；成熟的叶片大、心脏形，叶面上有网状皱纹，叶背有中等厚度茸毛。叶缘锯齿钝，叶5裂，极少数为3裂，裂刻深。叶柄黄绿色，冬芽鳞片为绿色。

果穗为圆锥形、紧密，长20厘米、宽17厘米，一般单穗重600克以上。果粒椭圆形，着生均匀，粒大，平均单粒重16克，果穗整形者单果粒重可达20克左右，最大达36克。果粒紫黑色、果粉厚、果皮薄。果肉软，皮肉分离，果汁多，味甜，可溶性固形物含量17.0%，品质上等。每果粒含种子3～4粒，果肉与种子分离。

藤稔品种结果枝率在70%左右，每个果枝着生1～2个果穗，双穗率为40%。果实成熟一致，且不落粒。丰产，抗病力较强。

（二）适于温室内促成栽培的无核品种

鲜食品种无核化是国际鲜食葡萄的发展方向，同时也是今后设施栽培的发展趋势。

1. 世纪无核　世纪无核又名森田尼无核、无核白鸡心。欧亚种，为早中熟无核品种。果穗大，一般单穗重500克左右，果穗圆锥形。果粒鸡心形，平均粒重5.2克，果皮淡黄绿色，薄而脆。果肉较硬，紧密，可溶性固形物含量18%，果味香甜爽口。

生长势强，极性明显，两性花，每果枝平均着生1.9个果穗，丰产性强，适应性强。在设施中萌芽期2月上旬，3月末开花，6月上旬即可成熟。

2. 京早晶　京早晶为极早熟无核品种。果穗大，平均单穗重420克，最大穗重625克；圆锥形，少数有副穗。果粒中等大，平均单粒重2.9克，最大粒重3.3克，纵径19.7毫米，横径16毫米。

卵圆形或长椭圆形，绿黄色，透明。果皮薄，无涩味。果肉脆，汁液少，酸甜适口，味浓，可溶性固形物含量20.5%，品质上等。

树势强，结实性较弱，每果枝多着生1～2穗果。过熟时易脱离，应适时采收。在北京地区4月上中旬萌芽，5月下旬开花，7月下旬果实成熟。

3. 8611　8611是河北省果树研究所以郑州早红与巨峰杂交选育出的三倍体无核品种。果穗中等大小，圆锥形，一般穗重220～250克。果粒中等大小，平均单粒重4.5克，经赤霉素处理后可增大至9.7克。果粒椭圆形，果皮深紫红色。果实可溶性固形物含量14.3%，果实成熟后不易落果。

生长势强，枝条增粗快，副梢结实力强，易形成二次果。根系发达，直根性强，抗旱、抗病力均强于一般欧亚种品种，容易形成花芽，果实早熟，从开花至成熟仅需55天左右，丰产性显著。

近年来又相继选出其姊妹系品种8612，其果粒色泽为紫黑色，坐果率高，丰产性好，适于在设施中引种栽培。8611和8612在温室中着色较早，但着色并不意味着成熟，不能盲目早采收，以免影响果实品质。

（三）适于设施延后栽培的品种

延后栽培的主要目的是推迟成熟、延迟采收，生产上主要选用大粒、大穗、耐贮藏的晚熟和特晚熟品种。

1. 牛奶　牛奶为欧亚种，我国特有的中晚熟葡萄品种，也是当前河北省怀来地区延后栽培的主要品种。

果穗大，一般重300～800克，果粒着生松散。果粒大，一般单粒重4.5～6.5克，圆柱形，黄绿色或黄白色。皮薄，肉脆，可溶性固形物含量15%，味甜。

树势强，由萌芽至成熟需130～140天，9月中下旬成熟，在覆盖情况下可延迟到11月上旬采收。

牛奶为优良的中晚熟鲜食品种，穗大、粒大、皮薄、肉细、甜

脆。在大棚中延迟采收穗形、色泽更加美丽，可溶性固形物含量可高达 20%。

2. **红地球** 红地球俗称美国红提，为欧亚种，是世界有名的晚熟品种。果穗长圆锥形，平均单穗重 800 克。果粒圆形或卵圆形，果粒大，平均单粒重 12.2 克。果穗松紧适度，果皮中厚，果粒红色或暗紫红色，果肉硬脆，可切片鲜食，味甜，品质优良，可溶性固形物含量 17%。

红地球树势强壮，丰产性好，果刷长，耐拉力强，不脱粒。耐贮藏性好，果实着色整齐，不裂果，从萌芽至成熟生长期 160～165 天。

3. **奥山红宝石** 奥山红宝石又名红意大利，为欧亚种。果穗长圆锥形，一般单穗重 600 克左右。果粒椭圆形，平均单粒重 10 克，果皮为宝石红色，皮薄肉脆，可溶性固形物含量 15%～16%，具有清香味，品质上等。在辽宁省露地栽培时浆果于 9 月下旬果实成熟，日光温室栽培该品种可延后 1 个月采收，含糖量增加，品质更优。

4. **红脸无核** 红脸无核为欧亚种，二倍体无核品种。果穗长圆锥形，平均单穗重 650 克，最大穗重可达 1 500 克以上。果粒椭圆形，平均粒重 4 克，果皮鲜红色，果肉硬脆，味甜，可溶性固形物含量 15%～16%，无籽。在辽宁省沈阳地区露地栽培时浆果 9 月中旬成熟，日光温室栽培该品种可延后 1 个月采收。

5. **美人指** 美人指是最新引入的葡萄晚熟珍品。果穗中大，平均单穗重 480 克，果粒大，单粒重 10～12 克，果粒细长形，先端鲜红色，基部稍淡，外观极漂亮，肉脆可切片，可溶性固形物含量 16%～19%，品质优。

6. **秋黑** 秋黑为欧亚种。果穗长圆锥形，平均穗重 600 克。果粒卵圆形，一般单粒重 9～10 克，着生紧密。果皮厚，蓝黑色，果肉硬脆，可切片鲜食，味酸甜，含酸量稍高，可溶性固形

物含量17%。

生长势强，花芽容易形成，极丰产，果粒着生牢固，不落粒，耐贮运，抗病性强。11月中旬成熟，从开花至成熟生长期为155天，可延迟到12月中旬采收。秋黑果实含酸量稍高，延迟采收有利于含酸量降低，品质风味变佳。

7. 秋红 秋红又名圣诞玫瑰，为欧亚种。果穗长圆锥形，平均穗重880克。果粒长椭圆形，平均粒重7.5克，着生紧密。果皮中等厚，深紫红色。果肉硬脆，不裂果，肉质韧，味甜，可溶性固形物含量17%。

树势强，枝条粗壮，结果后树势容易转弱，适宜采用小棚架栽培。抗霜霉病、白腐病力强，抗黑痘病力较差。着色整齐，不裂果、不脱粒，从萌芽至成熟生长期160天左右。

第三节 设施葡萄栽培的主要类型

一、栽培方式

设施葡萄栽培因栽培目的的不同，可分为促成栽培、延迟栽培、避雨栽培和防雹栽培等栽培方式。

葡萄促成栽培以提早上市为目的，即通过设施栽培提早葡萄的成熟采收时期。延迟栽培目的主要是打时间差，晚熟品种一般均在9月下旬，甚至10月初成熟，在成熟前进行设施覆盖，防止急剧降温对葡萄的伤害，这种设施的骨架与塑料大棚类似，主要覆膜时间在采前，使这些晚熟品种品质更好，待葡萄上市高峰过后鲜果上市，以优异的品质提高其效益。另外，采用避雨措施主要是在我国南方，因在葡萄生长期降雨量过多，尤其是在7、8、9这3个月，雨量大造成病害严重，品质下降。为防止雨水直接落于葡萄枝叶与果实上，在葡萄支架上建与长行走向一致的伞形塑料拱棚。在地面上除高垄栽培外，还要铺设地膜以防止根部多吸水，以减少雨水的影响，使南方地区的葡萄生产取得较好的效果。此外，要有防雹、防沙尘、防鸟害设施。冰雹在我国北方是一种常见的自然灾害，多发生在葡萄生长发育期，严重时使葡萄果、叶、新梢全部被打落在地上，主蔓遍体鳞伤，造成巨大损失，设立防雹网可有效防止冰雹的危害，一般是在支架上铺设网眼为 0.75 厘米的尼龙网，既轻又方便架设。

二、设施类型

设施葡萄栽培在生产上应用最广的是促成栽培，根据设施类型的不同，主要分为日光温室和塑料大棚两大类。

三、栽植制度

葡萄设施栽植制度分为一年一栽制和多年一栽制。实践经验证明一般巨峰系葡萄品种温室栽培时，采用 1 年生苗，第二年结果。果实采收后更新，重新定植培育好的 1 年生新苗，即一年一栽制。这种栽植制度具有果实质量好、丰产、适于密植等优点，但育苗成本大。随着巨峰葡萄设施栽培面积的减少，这种制度的应用也在减少。

多年一栽制，即在苗木定植后，采用修剪方法更新植株，保持当年结果和产量。现生产上多采用这种制度。

第四节　设施葡萄高效栽培技术要点

一、建园与定植

（一）设施选型

葡萄促成栽培适用的设施主要有高效日光温室、简易日光

温室、塑料大棚等。

（二）栽植模式

①一年一栽制。每年采用培育良好花芽分化完全的2年生壮苗建园。②多年一栽制。即栽植1次，连续生产多年。③成龄葡萄园直接扣棚生产。④预备苗栽植。设施葡萄栽植前，可将葡萄苗栽植在营养袋中培育大苗，培育结果壮梢，待棚内作物收获后及早向棚内带袋移栽，能够实现当年栽植、当年结果，提高设施的利用率。预备苗培育方法：一是配制营养土　按腐熟粪肥、炭化稻壳、表土按3∶3∶4混合。二是袋内栽植　将发育充实的壮苗修剪后，浸泡1天再栽植到营养袋内。三是袋苗假植　挖深40厘米的假植沟，将栽入苗的营养袋排入沟内，袋间用土填实浇水后覆一薄层土后盖地膜，以利保墒提温、促根早发，培育结果壮梢。

（三）定植技术

1. 定植时间　在萌芽前15天定植，或生长季遮阴，带土定植营养钵或袋栽大苗。

一年一栽制在4月中旬至5月上旬进行定植；对已经进行生产的温室，在5月下旬至6月中旬浆果全部采收后，立即拔除所有葡萄植株，清园后进行定植。将4月上旬至5月上旬预先栽植在大型营养袋中、生长健壮的苗木移栽到温室内进行定植，最迟不得晚于6月底。多年一栽制在4月上旬至5月上旬进行定植。

2. 定植密度　栽植密度要依据品种特性、立地条件、架式和整形方式而定。棚架以小棚架为好，应采用0.5～1米的株距、2.5～3米的行距；立架株距0.5～1米、行距为1.5～2米，立架栽培还可采用宽窄行栽植。总之，葡萄设施栽培的密度目前尚无统一的标准，支架的形式也灵活多样，栽植应因地制宜进行选择。

3. 定植方法

（1）定植前准备　拉线定点，篱架以南北行为宜，棚架以东西行为好。每667米^{2}施入腐熟有机肥5 000千克，采取起垄定植方式，垄台上宽80～100厘米，下宽100～120厘米，高40～60厘米，也可用砖砌同规格的槽，填入人工配制的基质后定植。

（2）定植　在定植点挖浅坑，将苗放入坑内，做到纵横成行，根系舒展，根颈与畦面齐平，盖土压实，高过根颈约3厘米，一次性浇透定植水。沿株距方向整畦，宽约1米，最后畦面盖黑色地膜。

二、架式与整形修剪

整形的目的是使葡萄新梢摆布合理，以创造良好的通风透光条件，达到快速整形及优质丰产的目的。葡萄设施生产中，栽植方式、架式、树形和修剪方式常配套形成一定组合。栽植方式有单行栽植和双行栽植，以采用双行带状栽植为主。在日光温室内既有篱架，也有棚架，在大棚内多为篱架。

（一）双篱架水平式整形

采用南北行向，双行带状栽植。株行距为1～1.5米×2～2.5米，壁间距0.8米，有2条0.5～0.6米长主干。也可计划密植，株行距为0.5～0.75米×2～2.5米，留1条主干，翌年结果后隔株去株。2行葡萄新梢向外倾斜搭架生长，下宽即小行距0.5米，上宽1.5～2米，双篱架结果。整形过程是：苗木定植后，当年先培养2个直立壮梢，梢长达1米时摘心并水平引缚于第一道铁线上，再发副梢垂直引缚于第二至第四道铁线上，每隔15～20厘米保留1个，培养成结果母蔓。翌年春萌芽后，在母枝基部拐弯处各选留1个直立强壮新梢，疏去

全部花序作预备母枝，水平部分萌发的结果枝向上引缚。秋季结果后从预备母枝以上1厘米处剪除老蔓，再将预备母枝压倒引缚于第一道铁线上代替原来的母蔓，如此重复更新，如图5–2所示。

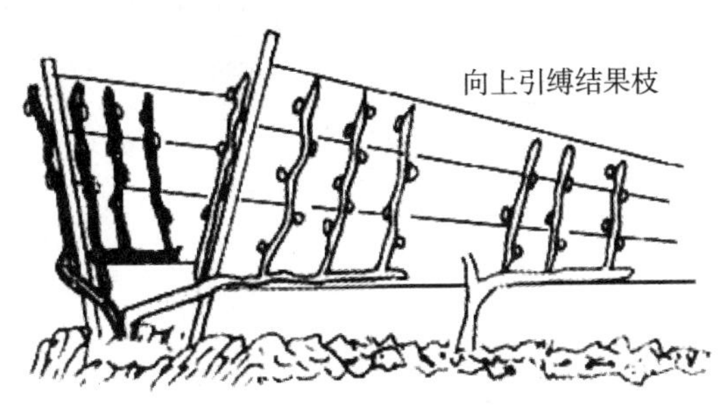

图5–2 双篱架水平式整形

（二）单壁直立式整形

株行距1米×1米，定植当年每株留2条新稍，直立引缚于架面上，梢长2米时摘心，留顶端1～2个副梢继续生长，达0.5米时摘心，其余副梢及顶端再发副梢留1～2片叶反复摘心。冬剪时母枝剪留2米左右，其上副梢全部剪除。翌年萌芽后，按一定蔓距均匀分布于立架面上。当年在第一道铁线下留壮芽，培养预备蔓，翌年更新老蔓，如图5–3所示。

（三）单壁水平式整形

行距2米左右，株距1～1.5米，当年先培养一直立新梢，当梢高超过1米时摘心，同时水平引缚于第一道铁线上，加强肥水，促夏芽萌发。利用夏芽副梢培养结果母枝，每隔15～20厘米保留1个，并引缚立架面上使其直立生长，达到高度时摘心，当年成形，如图5–4所示。但要加强管理，否则蔓粗不够，结果不良。

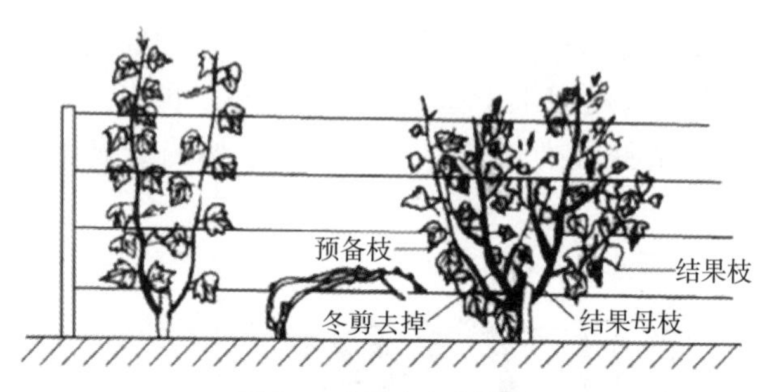

图 5-3　单壁直立式整形

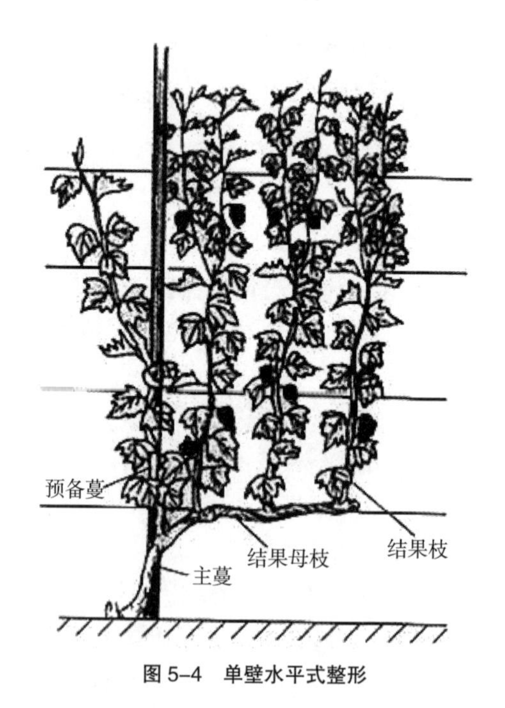

图 5-4　单壁水平式整形

（四）小棚架单蔓整形长梢修剪

采用南北行向，双行带状栽植，株距 0.5 米，小行距 0.5 米，大行距 2.5 米．每株葡萄培养 1 个单蔓，当 2 行葡萄的主蔓生长到

1.5～1.8米时，分别水平向两侧生长，大行距间的主蔓相接成棚架。在水平架面的主蔓上每隔20厘米左右留1个结果枝，结果新梢均匀布满架面。同时，在主蔓棚篱架部分的转折处选留1个预备枝用于更新棚架部分的老蔓。篱架部分不留结果枝，保持良好的通风透光条件（即篱架部分保持多年生不动）；棚架部分每年更新1次。该种整形方式具有结果新梢生长势缓和、光照条件好的优点。

（五）新梢管理

这一时期新梢生长迅速，花器继续分化。因此，可采取低温管理办法，以控制新梢徒长，保证花器充分分化，白天保持25℃～28℃，夜间15℃。在新梢管理时，除对温湿度和氮肥用量要严格控制外，对树势弱的植株和品种要及早抹芽和定枝，以节约树体储藏养分。对生长势强旺的品种和植株要适当晚抹芽和晚定枝，以缓和树势，最后达到篱架平均20厘米左右留一新梢，棚架每平方米架面留10～16个新梢。

1. 抹芽　设施内萌芽期长，为减少储藏营养的消耗，抹芽需分几次及时进行。保留早芽、饱满芽，抹去晚芽、瘦弱芽，留主芽去副芽。

2. 抹梢、定枝　棚内温度高，湿度大，通风差，光照不足，易造成枝梢徒长，当能确认有无果穗时，抹去强梢、弱梢，留生长整齐的新梢。并根据产量，早定枝。每平方米架面留6～8个枝梢，每667米^{2}留梢2500～3300个，其中营养枝应占1/3左右。

3. 引缚，除卷须，摘老叶　当新梢长到30～50厘米时，及时均匀地引绑新梢到架面，弱枝一般不引绑。新梢上发生的卷须要及时摘除，便于管理和节省营养。果实转色初期可摘除部分老叶、黄叶，改善通透性。

4. 摘心与副梢处理　一般在花前7天至初花期进行。强梢在花序上留5～6叶摘心，中梢留6～7叶摘心，弱梢可不摘心。坐果好的品种，主梢摘心可晚些。副梢处理，原则上花序以下不

留，花序以上根据叶片大小留 0～1 叶后摘心，顶端留 1～2 个副梢、3～5 叶反复摘心。预备枝和营养枝在其中部须保留 2～3 个副梢，留 6～9 叶摘心。

三、设施环境调控

（一）温度管理

1. 催芽期 扣棚后应缓慢升温。自扣棚升温开始，第一周白天温度要保持在 15℃左右，最高不超过 20℃，夜温 8℃～10℃，最低不低于 5℃。第二周白天温度要保持在 20℃左右，最高不超过 25℃，夜间不得低于 10℃。第二周后，白天温度保持在 28℃左右，夜温不低于 15℃。这种阶段性逐步升温的好处，可防止因温度急剧升高引起地上、地下生长不协调，防止因温度过高而造成枝蔓节间伸长过长、花序伸长过快、分化不良，以及落花落果等。

2. 开花期 葡萄花期对极限温度敏感，应特别注意调控。此期白天温度应控制在 26℃～29℃，白天最高温度不要超过 30℃，夜间温度保持在 15℃～18℃较适宜。

3. 浆果膨大期 葡萄落花后，幼果进入迅速膨大期。此期需要较高的温度，特别是夜间，适当提高温度对果粒增大有利。此期白天应控制在 25℃～28℃，夜间温度保持在 18℃～20℃，注意这一时期外界温度和气候变化剧烈。当棚室内的温度超过 30℃时，应进行通风换气和降温。

4. 浆果着色至成熟期 浆果着色需要较高的温度，且保持较高的昼夜温差，有利于果实糖分的积累和着色。此期白天温度应控制在 28℃～30℃，夜间保持在 15℃～20℃。

（二）土壤水分和空气湿度管理

设施内土壤水分状况与露地有显著的不同，在温室中土壤水分全靠人为补给，同时由于土壤溶液浓度向表层积聚，常使葡萄根系吸收水分困难增加。因此，在温室大棚内土壤水分管理应与葡萄不同生育期相适应，可根据葡萄生长发育不同时期的需水特点进行灌溉。另外，在设施内温度较高的条件下，湿度过大易发生徒长，应注意及时通风；湿度过低易落花落果，甚至灼伤叶片。因此，在葡萄生长发育的不同时期，湿度要与温度管理相配合。不同生育期室内空气相对湿度和土壤灌水量见表 5-1。

果实成熟期要控制灌水，特别是要避免浇大水，以利于提高糖分、加速着色，避免裂果。落叶修剪后，为防止冻害和早春干旱，要浇 1 次越冬水。

表 5-1　设施内土壤浇水量及空气湿度管理

时　　期	相对湿度（%）	浇　水　量
扣膜后	>70	15～20 毫米，每 5 天 1 次
萌芽后	约 60	20 毫米，每 10 天 1 次
结果枝 20 厘米	<60	20 毫米，每 10 天 1 次
花　期	<60	控制灌水
散穗期	<60	20 毫米，每 10 天 1 次
硬核期前后	<60	30 毫米，每 10 天 1 次

四、安全施肥

（一）秋施基肥

设施葡萄栽培由于栽植密度大，第二年就大量结果。因此，营养条件要求较高，施肥应以有机肥为主，一般每 667 米 ^{2} 施肥 3 000～5 000 千克，于每年采收后的秋冬时期施入，但应控制氮肥用量。

（二）追　肥

追肥在苗长到 30～40 厘米高时开始，萌芽期追施 1 次催芽肥，果实黄豆粒大小时追施 1 次催果肥。浆果开始着色时，再施 1 次催熟肥。在萌芽前以氮肥为主，果实膨大期以磷、钾肥为主。根部追肥在距根茎 40 厘米处，挖深 15 厘米的沟或穴，施肥后覆土浇水。也可在地面撒施，再用铁锹翻入地下，然后浇水耙平。

1. **催芽肥** 葡萄萌芽后，结合深翻畦面在植株周围进行土壤追肥，以促进芽眼萌发整齐。一般每 667 米^2 施尿素 15 千克，或磷酸氢二铵 20 千克，可明显改善发芽后枝叶和花穗的发育。

2. **催果肥** 浆果黄豆粒大小时，植株营养生长和果实生长都很迅速，营养物质消耗较多，需及时追 1 次速效肥，促使果粒膨大。可每 667 米^2 追施磷酸氢二铵 15 千克或施尿素 10 千克、过磷酸钙 20 千克。

3. **催熟肥** 于浆果开始着色时进行追肥，以钾肥为主，能提高果实含糖量，促进着色和枝蔓成熟，一般每 667 米^2 追施硫酸钾 15 千克左右、过磷酸钙 15 千克。

（三）根外追肥

根外追肥就是把水溶性肥料喷洒在叶片上，通过叶片和其他幼嫩器官吸收，起到追肥作用。

早春葡萄萌芽展叶后，叶面喷 0.3% 尿素补肥，可以明显改善植株的生长状况。

花期前后叶面喷 0.3% 尿素补肥，加强叶片的同化作用，利于开花坐果，提高坐果率。

幼果期至果实成熟期喷 0.3% 磷酸二氢钾溶液 2～3 次，补充磷、钾肥，有利于果实的发育，促进果着色，提高果实含糖量。

采果后至落叶前，叶面喷 0.5% 尿素和 0.3% 磷酸二氢钾溶液各 1～2 次，可延长落叶期，多积累储藏养分，促进成熟，并有利于新梢木质化。

葡萄设施栽培条件下易发生缺镁症，先表现为老叶的叶脉

间明显失绿，可喷施 0.5%～2% 硫酸镁溶液进行调整。当出现其他缺素症时，应及时给予补充调整。

（四）增施二氧化碳气肥

在密闭的设施里，空气中二氧化碳的浓度明显低于自然环境，不能满足葡萄光合作用的需要。可在温室中葡萄新梢长 15 厘米时开始，每天日出后 1 小时到中午利用二氧化碳发生器释放二氧化碳，一般温室每日补充 800～1 500 微升 / 升浓度的二氧化碳，连续 30 天，能显著增加果实产量，果实的可溶性固形物含量提高，成熟期一致。

五、花果管理

（一）疏花、疏果、疏粒

每平方米架面留花序 6～8 个，每 667 米 ^{2} 留花序数 2 000～2 800 个；花前 7 天内进行花穗整形，除去副穗和基部若干支穗。落花后 7～10 天疏穗，并进行疏粒整形，疏去过密、内生、异形小粒等。巨峰系欧美杂种，一般每穗保留果粒 30～50 粒，大穗型欧亚种保留 60～80 粒。大穗型品种留果穗数 1 500～1 800 穗，中小穗型 1 800～2 500 穗，每平方米架面平均留果 4～6 穗。做到以产定果、定向栽培。

（二）化学调控

1. 喷施微肥

（1）硼肥　花前对叶片、花序喷施 1 次 0.2%～0.3% 硼酸或 0.2% 硼砂溶液，每隔 5 天左右喷 1 次，连续喷施共喷 2～3 次。可以提高坐果率。

（2）稀土元素肥　在葡萄开花前、盛花期及浆果膨大期，各喷 1 次 500～1 000 毫克 / 千克的稀土元素，产量可增加 10%～30%，含糖量可增加 1 个百分点，成熟期提早 5～7 天。

2. 喷施植物生长调节剂

（1）无核化处理　于盛花期和盛花后 11～14 天，采用 30～50 毫克 / 千克赤霉素溶液浸蘸花序和果穗各 1 次。浆果膨大处理在有核葡萄于谢花后 15～20 天，无核葡萄于谢花后 12～15 天，用 30～50 毫克 / 千克赤霉素溶液浸蘸或喷果穗。

（2）促进果实着色和成熟　于盛花期以 25～40 毫克 / 千克赤霉素溶液浸蘸花序或喷花，不仅可以提高坐果率，而且可以提早 15 天左右成熟。乙烯利是一种植物生长激素，能有效促进果实成熟。如巨峰在浆果始熟期，果穗上喷施或浸蘸 250～300 毫克 / 千克的乙烯利，能促进果实着色，并能提早成熟 1 周左右，喷药后 5 天即可食用。脱落酸（ABA）也是一种植物生长调节剂，对促进浆果着色，效果非常明显。使用浓度为 100～200 毫克 / 千克，处理时间和方法同乙烯利。

（三）套　袋

果穗套袋可有效防止果实病虫害，减少农药污染，增加果面光洁度，提高商品价值。

套袋时期，疏果定梢后，果实在黄豆粒大小时进行套袋，套袋前果实必须喷洒杀菌剂或保护剂，以防果实带菌入袋。

套袋材料宜用专用白纸袋。纸袋大小，视果穗大小而定，袋底要有漏水口。

纸袋套在果穗梗上用 22 号细铅丝封扎袋口。在采收前 7 天除袋或把纸袋沿两条缝线向上折开呈伞状，这样有利果实着色。巨峰、藤稔等靠散射光着色的品种宜用纯白色聚乙烯纸袋，红瑞宝等靠直射光着色的品种宜用下部带孔的玻璃纸或无纺布袋。对散射光着色品种用深色袋、直射光着色品种用白色袋或深色袋时，需在采收前 1～2 周除袋，以促进着色。白色品种如无核白鸡心等可采用深色纸袋。紫黑色的品种，可连袋采收装箱。

六、病虫害防治

（一）病虫害特点

设施栽培条件下，因隔绝雨水，原有多种真菌病害流行途径受到抑制，病害发生的时期和种类与露地有较大差异。据调查，一般黑痘病、霜霉病、炭疽病比露地轻，而灰霉病、白粉病比露地重。透翅蛾比露地轻，介壳虫、红蜘蛛比露地重。

（二）防 治

1. **农业防治** 秋冬季和初春，及时清理果园设施中病僵果、病虫枝条、病叶等病组织，减少果园设施中初侵染菌源和虫源。采用滴灌、树下铺膜等技术。适当稀植，加强新梢管理，避免树冠郁闭。有条件时大棚罩防虫网，杜绝虫、鸟危害。

2. **化学防治** 萌芽前喷3～5波美度石硫合剂，铲除植株上病菌；发芽至花序分离期喷10%氯氰菊酯乳油1500倍液混加0.5%磷酸二氢钾防治蓟马及增加植株营养；花前喷70%代森锰锌可湿性粉剂防黑痘病；果实生长期2次喷1∶0.5∶200波尔多液；采收前15天喷12.5%烯唑醇乳油2500倍液混加0.5%磷酸二氢钾溶液。

七、采 收

当果实糖度达到品种优质标准，呈现应有的色泽、风味和香气时适时采收。采收宜在上午进行，同一树体果实成熟期并不一致，应分批采收。采收后直接装入果箱，果实规格以2.5～5千克放一层为宜，箱内应有分隔。长途运输宜采用保鲜果箱，生产中以冷藏运输为好。

第六章

设施桃高效栽培与安全施肥技术

桃原产于我国陕西、甘肃及西藏高原，是我国最古老的果树之一，已有3000余年的栽培历史。桃的适应性强，分布广、结果早、早丰产，种质资源丰富，易获得高产，是人们非常喜爱的果品之一。但由于果实不耐贮运，影响了鲜果的供应期。不同品种的桃成熟期差异很大，早熟的桃6月上旬成熟，晚熟的冬桃在12月份成熟，桃在果品的周年供应中有着重要地位，特别是早熟桃上市时，正值水果淡季，能满足人们对水果的需求。目前，我国桃的供应期主要集中在7月份和8月份，6月中旬以前在北方很少有鲜桃供应。利用设施条件，在人为控制环境的情况下，可使桃的采收期提早至4月下旬左右，可比露地提早成熟近2个月。

第一节　桃树的生物学特性

一、生长结果特性

桃树为落叶小乔木，树冠一般高3～4米，自然生长时中心

干易消失，而形成开心形树冠，树冠高 2～3 米。幼龄树生长旺盛，发枝多，形成树冠快，有利于早结果、早丰产，一般栽后 2～3 年结果。5～6 年进入结果盛期。人工调控的情况下 2～3 年就可丰产。桃树寿命较短，一般 25～30 年以后树势开始衰老。

（一）根的生长

桃为浅根性树种，主要根群多分布在 25～26 厘米的土层中。根系的分布也因桃园土壤条件的不同而异。在无灌溉水且土层深厚的条件下，根系分布较深；土壤黏重、地下水位较高的地区，根系分布浅。

桃的根系在年生长周期中，没有明显的休眠期。只要土壤温度、湿度、通气、营养条件适宜，终年都可生长。10 厘米地温达 0℃以上，就能顺利地吸收氮素，并将其合成有机营养；达 5℃时，新根开始生长，15℃～20℃新根生长最适宜，达 30℃以上则停止生长。

（二）芽的类型及花芽分化

1. 芽的类型　桃的芽分叶芽与花芽 2 种，叶芽着生在叶腋和枝的顶端，花芽都着生在叶腋间，叶芽瘦小而尖，花芽肥大而圆，根据芽在枝条上的着生形式，可分为单芽和复芽。在叶腋内着生 1 个芽的叫单芽，着生 2 个芽以上的叫复芽。单芽是花芽也可能是叶芽；复芽是 2 个的，多为 1 个花芽与 1 个叶芽；复芽是 3 个的，多数中间是叶芽两侧为花芽，也有 2～3 个全是花芽，或全为叶芽的情况。

单花芽与复花芽着生节位高低及数量多少与品种特性、枝条类型和营养、光照条件有密切关系。复花芽多，花芽着生节位低，花芽充实，排列紧凑，是重要的丰产性状。多数水蜜桃和蟠桃复花芽多，长果枝复花芽多，短果枝单花芽多，同一品种中复芽比单芽果型大，含糖量高。

桃叶芽萌发力强，翌年多数能萌发成枝，仅基部几个不萌

发而成潜伏芽。潜伏芽寿命较短，但因品种不同也有差别。

2. **花芽分化** 桃的花芽分化是在新梢缓慢生长期开始的。所以凡新梢生长停止晚的枝条花芽分化均晚，如幼龄树比成年树分化晚，徒长性果枝比长、中果枝晚，短果枝分化早，晚熟品种分化晚。在花芽分化前增施氮、磷肥料，有促进花芽分化的作用。采用夏季修剪控制新梢生长，改善树冠光照条件也是促进花芽形成的有效措施。

（三）枝条及生长

1. 类 型

（1）营养枝 营养枝按生长势不同可分为普通营养枝、徒长枝和叶丛枝。普通营养枝（发育枝）生长强旺。粗 2 厘米，长 60 厘米以上，组织充实，其上多为叶芽，有多数的二次枝，是形成树冠的主要枝条。营养枝和其上的二次枝可形成少量花芽，也可结果。徒长枝多发生在树冠内膛，直立、旺盛生长，粗 2 厘米以上，长 1 米以上，节间长，组织不充实，芽质量差，常发生二次枝，宜及早疏除或改造成枝组。叶丛枝生长极短，长约 1 厘米左右，只有 1 个顶生叶芽，萌发后只形成叶丛，不能结果。

（2）结果枝 按枝条长短和花芽着生情况，可分下列几种。

①徒长性果枝 树冠上部和内膛发生较多，长 1 米左右，粗 1～1.5 厘米，枝条下部多为叶芽，上部多为复花芽，但质量较差，坐果率低。能发生多数二次枝、三次枝，并着生花芽，能开花结果。由于其结果后仍能抽发较旺新梢，可利用其培养健壮枝组，幼龄树则可利用此特点提早结果。

②长果枝 多分布于树冠上部和外围，长 30～60 厘米，粗 0.5～1 厘米，不发生二次枝，枝条中部多为复花芽，结果能力强，果实大，质量好，且能抽生 2～3 个强壮新梢，成为翌年良好的结果枝。

③中果枝　在营养稍差时易发生。多分布在树冠中部，长15～30厘米，粗0.5厘米左右，单复芽混合，复芽较少，开花结果比较稳定可靠。

④短果枝　多分布在各级枝的基部及多年生枝上，长5～15厘米，粗0.5厘米以下，单芽多，复芽少，能开花结果，但坐果率低。树龄越大，这类枝越多。

⑤花束状果枝　在盛果末期多发生此类枝条，枝条弱，长5厘米以下，顶芽为叶芽，其余均为排列紧密的单花芽。也能结果，但结果后多枯死。弱树和衰老树上这类枝最多。

不同品种的主要结果枝类型不同。一般成枝力强的南方水蜜桃和蟠桃多形成中、长果枝，如大久保、离核水蜜等都以长果枝结果为主。发枝力较弱、直立性的品种，中、短果枝较多，以短果枝结果为主，如渭南甜桃、肥城桃、五月鲜等。一般幼龄树和旺树则长、中果枝较多；大树和弱树则中、短果枝较多。

2. 新梢生长　叶芽萌芽展叶后，经过一段短期（约1周）的缓慢生长，当气温上升后，即进入迅速生长期，至秋季气温下降，新梢缓慢地停止生长，而后落叶休眠。不同类型的新梢，生长动态不同。一般生长中庸或弱的有1～2次生长高峰；生长强旺的可有2～3次高峰。在设施栽培条件下，新梢生长动态主要受设施环境的影响，因此应尽可能满足各物候期对环境的要求。

桃芽为早熟性芽，当年形成，有些当年即能萌发，生长旺盛的新梢，如徒长枝、发育枝和徒长性果枝，在它们旺盛生长的同时，有些叶腋里新形成的芽又可以生成二次枝，也叫副梢，副梢上的芽萌发可以形成二次副梢，有时甚至形成三次副梢。直立性品种副梢比开张性品种多。幼龄树的健壮充实副梢可利用培养骨干枝，加速整形；副梢上的花芽可用来结果，提高产量。

（四）开花与坐果

桃树的花芽属纯花芽，每个芽大都只开1朵花，但有的品种在1个芽内有2朵花。

桃的大部分品种为完全花，能自花授粉、结实。但有少数品种无花粉，或花粉很少并缺乏生活力。不能自花授粉结实，应配置授粉树。自花结实率高的品种，在异花授粉时更能提高坐果率。

（五）果实发育

桃的果实是由子房发育而成的真果。果实发育过程大致可分为3个时期。第一期为迅速生长期，从受精后子房开始膨大到果核硬化以前。这一时期细胞分裂快，幼果迅速膨大，主要是纵径生长。第二期为缓慢生长期（硬核期），此期果实生长很慢，主要是核的硬化和胚的形成。硬核期的长短随品种不同而异。早熟品种1～2周；中熟品种4～5周；晚熟品种需6～7周。第三期为第二个迅速生长期。细胞体积迅速膨大，果实横径增加较快，增长最快时期在采收前2～3周。此期果实重量的增加占总果重的50%～70%，所以此期的肥水供应对产量和品质起着重要作用。

二、对环境条件的要求

桃树原产于我国海拔高、日照长且充足的西北地区。长期生长在土层深厚、地下水位低的疏松土壤中，适应于冬季寒冷、气候干燥的大陆性气候。因此，桃树喜光、耐旱、耐寒。设施桃树栽培，就应创造一个适宜桃树正常生长发育的环境条件，达到早果、丰产、优质的目的。

（一）光　照

桃树是喜光树种，自然条件下，一般树冠开张且稀疏，层次分明，冠内易光秃，说明桃对光照不足较为敏感。当光照不足

时，叶片光合效能降低，树体营养积累减少，根系发育受到抑制。另外，新梢生长的长短、强弱、花芽形成的多少，果实品质都与光照强弱、光照时间、光质有直接关系。随树体增长，树冠逐渐扩大，外围光照充足处花芽多而饱满，枝条充实，果实品质好。在树冠内部荫蔽处花芽少且质量差，果实质量差且落花落果严重；同时，小枝易枯死，造成大枝下部光秃，结果部位迅速外移，产量下降。因此，考虑其喜光特性，树冠整形宜采用开心形，并且要在合理的原则下，不宜栽植过密。修剪上应以夏剪为主，控制树冠结构，以创造良好的通风透光条件。

我国桃树多栽培在大陆性气候区，冬、春日照率可高达65%～80%，桃树枝、干均裸露于日光下，向阳面因受日光直射，昼夜温差大，一般树皮温度可提高10℃～15℃，当树干温度上升到50℃以上或在40℃持续2小时，易发生日灼危害。夏季干旱地区，直射光也易使树干和主枝发生日灼。因此，生产上应尽量用自然枝叶保护枝干和果实免受日灼危害，以免使树势和产量受到影响。

另外，光照能促进果实花青素的形成，套袋既可避免日灼，又可促进果实着色，提高商品价值。

设施栽培桃树在弱光的冬春季节进行，再加上薄膜对光的反射、吸收和棚膜上的尘埃、膜内面凝结的水滴、棚室内的水蒸气及拱架、支柱的遮阴影响，棚内的光照强度明显小于棚外，一般室内1米处的光照强度仅有室外的60%～80%。因此，应积极采取措施，提高棚室的光照来满足桃树正常生长发育的要求。

（二）水　分

桃树在落叶果树中是需水量最低的，耐旱怕涝，桃园内短期积水即会引起植株死亡。试验证明，当土壤含水量在20%～40%时，树能正常生长。但降低到15%以下时，枝叶出现萎蔫现象。排水不良或地下水位高的果园会引起根系早衰、叶片变薄、叶色变淡，同化作用减低，进而落叶、落果、流胶乃至植株死亡。一般在桃砧木中，普通桃、杏、扁桃的抗湿、抗涝性最差，桃和扁桃的杂种较抗湿、涝，李砧则是最抗湿涝的种类。但是此类砧木会存在嫁接不亲和现象。

桃硬核期降雨过多易导致落果，6～8月份降水频繁会引起枝条徒长、流胶，花芽形成不良。果实对水分不足最为敏感，因竞争水分易引起果实缩小、脱落等，产量、品质下降。故在建桃园时，应尽量选涝能排、旱能浇的地片。

设施栽培条件下，桃树处于一个相对密闭的环境中，室内空气相对湿度大，白天70%～80%及以上，夜间90%～95%及以上，易引起桃树徒长。表现为节间长，花芽分化少，果实着色差，品质低等，而且易诱发各种病害，特别是花期湿度过大，花药不易裂开，影响授粉受精，还易出现花腐病、果腐病、煤污病等。因此，水分与湿度调节至关重要。

（三）温　度

桃树对温度的适应范围广，但以冷凉温和的气候条件下生长最佳。高纬度地区，冬季最低温度和早春晚霜危害是一个限制因子。低纬度地区，桃树需冷量不足而影响正常发芽、开花等。主要栽培区生长期日平均温度一般应在18℃以上，而最适宜的月平均温度为25℃左右，不仅生长好、产量高，而且品质优。

桃一般品种在–23℃以下时发生冻害，花芽在–18℃左右开始受害。桃的生殖器官以花蕾的耐寒力最强，能耐–3.9℃；花次之，能耐–2.8℃；幼果最弱，–1.1℃时即受冻害。开花期间温度越低，持续时间越长，受害越严重。

桃树枝叶生长最适温度为18℃～23℃，开花期的适宜温度为12℃～14℃。根系适宜温度为18℃，地温下降至–10℃～–11℃时受害。然而，桃树在冬季也需要一定的低温以完成休眠过程。不同品种对低温的需求量差异很大，一般用0℃～7.2℃的积温来表示，大部分品种的需冷量为500～1 200小时。需冷量低的品种适合冬季温度高的地区栽培。只有通过低温休眠，翌年春季桃树才能正常生长，开花结果。若冬季温度过高，则不能顺利通过休眠，花芽未能膨大即自行脱落，或萌芽不整齐，或花小而呈畸形，花柱不能伸长等，正常的授粉受精被打乱，影响产量。

桃树比较耐高温，但如果高温与多雨同季出现，易引起枝条生长过旺，养分消耗过多，积累少，虽能开花，但结果少，影响产量。

设施桃树栽培，多为促成栽培，如果扣棚升温过早，满足不了桃树正常通过休眠的低温需求量（即需冷量），桃树就不能正常萌芽、开花、坐果，严重影响产量。而且扣棚后，也必须根据桃树不同生育期对温度的要求，进行人工调控，否则也会导致栽培失败。

（四）土 壤

桃树适应性强，平原、丘陵、山地均可种植。最适宜的土壤为排水良好、土层深厚的沙质壤土，在黏重土壤上易发生流胶病。桃树喜微酸性土壤，以pH值4.9～5.2为宜。当土壤石灰含量较高，pH值在7.5～8时，由于缺铁而产生黄叶病，特别是在排水不良的土壤更为严重。

不同土壤肥力差别很大，在肥沃土壤上栽培，营养生长旺盛，易发生多次生长，并易引起流胶，结果晚。在瘠薄地和沙地上，由于土壤保水保肥能力差，致使树体营养不良，营养生长受到抑制，花芽形成早，进入结果期早，果实早熟，但个小、产量低、盛果期短，易发生炭疽病等。生产中可以通过采用不同桃砧木和栽培管理措施进行改善。例如，在一些土壤瘠薄、养分缺乏以及一些再植老园中，可利用一些促进旺长的砧木克服相反弊

端，栽培上应加大肥水，加大土壤中有机质的含量，修剪稍重一些来促进旺长。而在土壤肥沃的园地，则应适当选用一些控制生长的砧木类型，而栽培管理上应适当加大株行距、修剪宜轻。若管理得当则果实发育良好，产量高，病虫害少，盛果期长。

设施桃树栽培，投资大，需精耕细作，应选择土质好、肥沃的壤土或沙壤土建园。而且桃树结果量、生长量大。需要从土壤中吸收大量的营养元素，必须多施有机肥，改善土壤团粒结构，并且增施速效肥，以保证桃树树体对各种营养元素的需求。

第二节　设施桃栽培品种选择

一、品种选择原则

桃的设施栽培，主要是通过促早实现早采收、早上市，从而获取高效益。在选择品种时，应重点考虑品种的适应性、抗逆性、丰产性、优质性和耐贮性，同时还应考虑以下原则。

（一）果实发育期短

设施栽培果品上市时间，应在本地和南方地区的露地栽培果品上市之前，才能有反季节销售优势，因此应选择果实发育期短的极早熟和早熟品种。目前，桃的露地栽培最早上市时间是5月下旬，设施栽培应保证在5月中旬前成熟为宜。一般选择果实发育期45～65天和果实发育期66～85天品种。延晚上市选果实发育期为180～240天的品种。

（二）需冷量低（或高）

果树落叶后进入自然休眠状态。只有满足一定的低温量，解除休眠后才能正常萌芽、开花。如果不能满足一定的低温条件，即使创造了适合萌芽、开花的温湿环境，树体也不会正常发

芽和开花，影响结果和产量。所以，设施果树栽培必须在满足栽培品种的需冷量后，才能升温催生。一般需冷量少的品种成花容易，早期产量高，特别适合设施栽培。

提早栽培应尽量选择休眠期短（需冷量 550～850 小时）的品种，延晚成熟栽培应选休眠期长的极晚熟品种。

（三）树势中庸或树形紧凑

设施栽培受空间限制，品种选择一定要注意树势中庸和树形紧凑，避免树势过旺、树体庞大，以保证管理方便。

（四）耐弱光，耐高湿，抗逆性强

设施内由于通风受阻，蒸发量较大，往往导致湿度大，透光性差。因此，应选择耐弱光、耐高湿的品种。

（五）品 质 优

毛桃选择果面少茸毛或无茸毛、色泽艳丽、果形整齐、可溶性固形物含量较高、较耐贮运品种，油桃应选择不裂果品种。

（六）授粉树选配

设施桃树栽培的授粉条件受到限制，必须人为创造授粉环境。栽培时要注意授粉树的配置，尽可能选择花粉量大、自花授粉坐果率高的品种，并注意配置 2～3 个花期相近的授粉品种。授粉品种与主栽品种花期要一致，配置比例一般为 1∶3～5。

二、主要适栽品种

适合设施栽培的毛桃品种有安农水蜜、早霞露、早花露、雨花露、早硕蜜、春蕾、春艳、春丰、京春、庆丰、霞晖 1 号、沙子早生等，油桃品种有瑞光 3 号、瑞光 5 号、早红珠、红宝石、曙光、艳光、五月火、早红霞、丹墨、早红 2 号、早红宝石、中农金辉、中油 4 号、中油 5 号、千年红等，蟠桃品种有早露蟠桃、早油蟠、新红早蟠桃、早黄蟠桃等。现将部分优秀品种介绍如下。

（一）安农水蜜

大个早熟毛桃品种。果实长圆形或正圆形，平均单果重 250 克。果面底色黄白，着红霞，外观美丽，风味香甜，易剥皮。果肉乳白，细嫩多汁，可溶性固形物含量 11%～13%。树势强旺，自花不实，且成花较一般油桃差，山东省中西部地区 7 月初成熟，需冷量 800 小时。

（二）雨 花 田

早熟鲜食品种。果实长圆形，平均单果重 110 克，最大果重 200 克。果皮底色乳黄，果顶着红晕，果肉乳白色，柔软多汁香气浓，风味甜，可溶性固形物含量 11.8%。树势强健，树姿开张，复花芽多，花芽起始节位低，适应性强，丰产。果实发育期 75 天，在山东省中西部地区 6 月中下旬成熟，需冷量 800 小时。

（三）京　春

果实近圆形，平均单果重 131.3 克，最大果重 150 克。果顶圆，缝合线浅，果皮黄白色，阳面有红色条纹，茸毛中等。果肉白色，阳面稍红色，肉质较软，汁多，味甜，可溶性固形物含量 9.5%～10%，黏核，不裂。在北京地区 6 月 5 日左右成熟，果实发育期 60～65 天。树势中庸，树姿半开张，花芽起始节位低，以复花芽为主，各类果枝均能结果，丰产性良好。

（四）砂子早生

果实特大，平均单果重 184 克，最大果重 240 克。果形圆，两半部对称，果顶圆，缝合线中深，果皮乳黄色，顶部及阳面具红霞，外观甚美，茸毛短少，厚度中等。韧性中，易剥离，果肉乳白色，顶部带少量红丝，近核处与肉色相同。肉质细密略坚实，汁液中等，纤维少，香气浓，风味甜，微酸，可溶性固形物含量 10.3%，核半离，裂核少。

果实发育期为80天，低温需求量要求在850小时。南京地区6月下旬果实成熟，树势中等或稍强，自幼表现开张，结果枝粗壮，稍稀，单花芽居多，叶芽少，基部枝条易枯死，长果枝占25.24%，中果枝占21.72%，短果枝占39.41%，花束枝果枝占10.99%，花芽着生良好。

（五）曙 光

果实长圆形，平均单果重125克。果实全面浓红，果肉细脆，风味酸甜，香气较浓。树势健壮，成花容易，自花结实率高，丰产性好，适应性强。果实生长发育期68天，需冷量780～820小时。山东省中部地区6月中旬成熟，设施促成栽培可于4月上中旬成熟上市。

（六）华 光

极早熟白肉甜油桃。果实近圆形，平均单果重80克。外观美，果面着玫瑰红色。果肉白色，软溶质，风味浓甜，有香气，可溶性固形物含量12%以上，黏核。在山东省中西部地区大田条件下，5月底至6月初成熟，果实发育期60天，极丰产。

（七）五 月 火

果实长圆形，一般单果重90～150克。顶部有明显突起，果面着色全面鲜红，底色黄，外围果和内膛果均能全面着色。果肉细脆，风味甜酸，耐贮运。树势强盛，分枝多，易成花，自花结实率高，无明显生理和采前落果及裂果现象，极丰产。果实发育期60天左右，需冷量500小时。在山东省中西部地区6月初成熟，设施栽培最早3月下旬即可成熟上市。

（八）超五月火

果实近圆形，平均单果重77.4克。果面浓红，果皮光亮，果肉黄色，肉质细，风味甜酸，有香气，果实较耐贮运，丰产性强，自花授粉结实率高，连年结果能力强。果实发育期62天，需冷量500～550小时。

（九）早红二号

果实圆形，平均单果重125克。底色黄，果面红色，色泽亮丽，果肉黄色，充分成熟后为溶质，风味酸甜可口，品质上等。树势健壮，生长旺盛，枝条粗壮，成花容易，各类枝均能结果，花芽起始节位低（1～4节）。有生理落果现象，采前裂果较轻。发育期90天左右，需冷量500小时。

（十）瑞光2号

大型果，长圆形，单果重100～185克。底色黄，着色鲜红，着色面70%左右，果肉黄色，细嫩，味甜，品质上等。果实发育期80～85天，需冷量800～850小时。山东省中部地区6月底至7月初成熟，保护栽培5月上旬成熟上市。

（十一）早美光

果实近圆形，单果重75～138克。果面着色鲜红，底色黄绿，果肉细脆，风味甜酸，香气浓，较耐贮运。树势中庸，易成花，自花结实，丰产稳产性好，无采前裂果现象。果实生育期72天左右，需冷量600小时。

（十二）早红珠

极早熟白肉甜油桃。果实近圆形，单果重90～100克。外观艳丽着明显鲜红色，软溶质，质细，风味浓甜，香味浓郁，可溶性固形物含量11%，黏核。耐贮运，丰产。在山东省中西部地区6月上旬成熟。

（十三）丹墨

极早熟黄肉甜油桃。果实圆形，平均单果重80克，最大果重130克。全面着深红至紫红色，硬溶质，风味浓甜，可溶性固形物含量10%，黏核。耐贮运，丰产。山东省中西部地区6月上旬成熟。

（十四）早露蟠桃

早熟蟠桃品种，果实扁平形，单果重80～90克。底色乳黄

色或浅白色，果面着鲜红色晕，果肉乳白色，质细，硬溶质，风味甜，可溶性固形物含量12%。易成花，成花节位低，自花结实。树势中庸，丰产，抗性强，果实生育期65～70天，需冷量约700小时。山东半岛地区5月中下旬成熟。

第三节 设施桃高效栽培技术要点

一、栽培模式

（一）日光温室促成早熟栽培

一般采用人工智能温室、塑料日光温室等设施，进行促成早熟栽培，果实可在3月下旬至4月份上市，经济效益好。

（二）塑料大棚促成早熟栽培

采用钢架塑料大棚、竹木结构塑料大棚及拱棚等设施，进行早熟栽培，果实上市时间较日光温室栽培晚，一般在4月底至5月份上市。

（三）延迟晚熟设施栽培

一般指采用日光温室或塑料大棚，对晚熟品种进行延迟成熟栽培，使果实在中秋和元旦上市，目前我国此种栽培模式面积较小，但发展的潜力巨大。

二、建园与定植

（一）土壤改良

土壤经改良后方可栽植。结合土壤深翻，每个温室施入充分腐熟的鸡粪3000千克或土杂肥4000千克，三元复合肥100千克，土肥混匀。

（二）起垄栽植

垄台规格为上宽40～60厘米，下宽80～100厘米，高60厘米。

用人工配制的基质堆积而成，人工基质可以本着“因地制宜、就地取材”的原则，利用粉碎、腐熟的作物秸秆，锯末，炭化稻壳，草炭，食用菌下脚料，山皮土，以及其他的有机物料，并混入一定的肥沃表土和优质土杂肥。

定植后每垄设置一条滴灌或渗灌管，盖地膜。

（三）定植密度

设施内可采取变化密植，即前期密后期稀，充分利用保护地内的土地，以便早期丰产。

设施内桃树栽植南北行向，株行距目前一般为 1 米 × 1.25 米或 1 米 × 1 米，即每 667 米 ^{2} 可栽 550～660 株。第三年树冠郁闭时，可隔行隔株间伐，加大株行距。

（四）栽　植

在春季地温上升后的 3 月底至 4 月初进行定植或秋末冬初于土壤上冻前移于设施内定植。

为了保证设施中植株整齐、健壮，提倡先将苗木装入容器抚育一段时间再进棚定植，这样可选取长势健壮、大小一致的植株，定植成活率高，不用缓苗。

在整个生长季要注意肥水管理，病虫害防治，中耕除草，并注意夏季的整形修剪，利用桃芽的早熟性提早整形，并注意断根 2～3 次。

（五）授粉树的配置

多数桃品种自花结实率比较高，但在异花授粉时产量、品质均有提高，故应配置授粉树。

要求能与主栽品种同时进入结果期，且寿命长短相近，并能产生经济效益较高的果实。最好能与主栽品种相互授粉而果实成熟期相同或先后衔接的品种。

授粉品种与主栽品种可采取 1∶2 或 1∶4 的成行排列栽植，将来隔行间伐后仍然是 1∶2 或 1∶4 的成行排列。

（六）定　干

定植完毕要及时定干。距离地面 20～30 厘米饱满芽处剪截定干。

三、桃园管理技术

（一）土壤管理

1. **中耕除草**　设施内浇水后要及时中耕，使土壤疏松通气，保持土壤湿度，防止土壤板结，减少杂草对土壤水分和养分的竞争，减少病虫害来源。在生长季内中耕 3～5 次，一般结合除草同时进行。采果前中耕不可过深，以免伤根过多，影响果实生长发育。采果后，可结合施基肥适当深耕。

2. **覆盖**　大棚、温室内的光照强度弱，在地面行间可覆盖塑料薄膜或反光膜。一方面增加棚室内的光照，有利于提高光合效率，促进果实生长发育；另一方面可减少地面蒸发，保持土壤湿度。另外，在树冠下覆盖杂草、马粪等，可不进行中耕，同时还有保持土壤湿度、增加土壤有机质、改善土壤团粒结构、提高土壤肥力的作用。

（二）安全施肥

1. **桃树需肥特点**　大棚、温室内桃栽培，留果量大且果个大，枝叶繁茂，生长迅速，对营养需求量大，反应敏感。在氮磷钾三要素中桃树对钾素需求较多，其吸收量是氮素的 1.6 倍。果实吸收钾素最多，因此满足钾的需要是保证桃树优质丰产的关键；桃树对氮、磷素的需求量也较高，以叶、果吸收的为多。据资料表明，对氮、磷、钾的吸收比例果实为 10∶5.2∶24，叶为 10∶26∶13.7，植株总的吸收量为 10∶3～4∶13～16。这些比值可作为不同时期追肥比例和施肥量比值的参考。

2. **安全施肥技术**

（1）基肥施肥时期和方法　基肥通常是在秋季或春季结合

深翻施入厩肥、土粪等迟效性肥料。秋施基肥，伤根易愈合，并可促发新根，提高树体储藏营养水平，对充实花芽、增强越冬能力，对翌年的开花坐果均有良好的效果。春施基肥，肥效发挥得慢，不能及时供给根系吸收利用，对萌芽、开花等一系列生理活动不利。因此，基肥以秋施为好。基肥可沟施也可撒施，幼龄树以沟施为主，成年树则以沟施与撒施相结合。大棚、温室桃栽培密度大，沟施时可在株行间开沟，以45～65厘米深为宜；撒施时也要结合秋翻将肥翻入20厘米以下。

（2）追肥时期和方法　施用的时期和次数因品种、土质、树龄、树势而异，要根据具体情况灵活掌握。一般年中进行以下几次追肥。

①萌芽前追肥　大棚、温室桃萌芽前追施速效性氮肥，以补充上年树体储藏营养的不足，为萌芽做好物质准备。萌芽后为充实花芽、提高开花坐果的能力，可再次追肥。

②开花前后追肥　开花消耗大量的储藏营养，为提高坐果率和促进幼果、新梢生长发育以及根系生长，可在开花前后追肥。一般以氮肥为主，配合适量的磷、钾肥。

③硬核期追肥　此期由于种核的发育，消耗大量的营养，及时追肥对于促进核的发育和花芽分化，提高产量有很大作用。一般追施以氯为主的复合肥。

④采前追肥　采前2～3周果实迅速膨大，追施钾肥可有效增大果个、增加着色、提高可溶性固形物含量，提高果实品质。

⑤采后补肥　果实从发育至成熟消耗掉了大量的树体营养，为了恢复树势，提高树体储藏营养，保证翌年正常的生长结果，采后应及时补肥。一般以氮肥为主，配合磷肥。

⑥叶面喷肥　一般在生长期内果树急需肥时采用。其施肥方法简单、用肥量小、肥效快，并可避免磷、钾在土壤中被固定。叶面喷肥的种类和浓度因树龄、树势不同而不同。幼龄树以

喷钾为主，成年树前期以喷氮为主，后期应适当增加磷、钾肥。为防止发生肥害，浓度一般不宜过高，且要在早晨或下午喷施。

（3）施肥量　设施桃栽培，一般当年定植当年成花，对肥料要求严格。定植时要结合挖栽植沟施基肥，萌芽后6月份每株桃树追施50克氮肥，7月份每株施充分腐熟的饼粕肥250克，并掺果树专用肥100克；秋季每株桃树施土粪15千克并掺磷酸二铵100克、硫酸钾100克。生长期内结合喷药可叶面喷肥3～4次，前期喷复合氨基酸水溶肥600倍液加0.3%～0.5%尿素，后期可喷0.3%～0.5%磷酸二氢钾溶液。开花前可追施100克尿素、100克磷酸二铵；硬核期可追250克果树专用肥；采前可追施100克果树专用肥、150克硫酸钾；采后追30千克土粪、磷酸氢二铵250克。

（三）水分管理

桃树耐旱，在土壤相对含水量20%～40%时即可正常生长，但为了获得高产优质的桃，在各生育期必须保证水分供应。一般在萌芽前、开花后、硬核期、果实迅速膨大期及每次施肥后要适量浇水。萌芽前要注意深灌，以能渗入地表80厘米左右为宜；春季宜少浇、浇足，以免降低地温；硬核期对水分敏感，浇水不宜过多；果实迅速膨大期要浇足水；北方寒冷地区上冻前要浇1次封冻水。浇水一般通过树盘漫灌或滴灌方式进行。

在催芽期大棚、温室的空气相对湿度要控制在70%～80%；开花期控制在50%～60%；展叶期、新梢生长期、硬核期及果实肥大期控制在60%以下；着色期及采收前控制在60%以下。空气湿度的调节主要通过浇水和通风换气进行。

（四）整形修剪

设施桃树树形要求紧凑，少主枝形。桃的整形从定干开始，定干高度为35～50厘米，树形采用小冠自然开心形、“V”形、小冠纺锤形等形式。以上树形，桃的树高均应控制在1.5～2米，在主枝上直接着生结果枝组，主枝上不留侧枝，主枝角度控制在55° 左右，干高控制在20～30厘米。日光温室桃的修剪可分为冬剪、夏剪和采后修剪3个时期。

1. 冬剪 在温室升温至萌芽前，主要通过疏除、短截、甩放等方法，调整果树的长势。一般对主干和主枝延长枝采取中短截，结果枝回缩到花芽饱满而且多的部位。疏除过弱、重叠交叉、过密、无花芽的枝条，结果枝之间距离保持在20厘米左右。

2. 夏剪 桃树的夏剪主要采取抹芽、摘心、拉枝、疏枝等方法。在新梢生长的长度达到5～8厘米时，抹去双芽枝和密生枝，而对30厘米左右的新梢反复进行摘心，对于有生长空间的直立新梢进行扭梢，疏除过密枝、旺枝、徒长枝，以此改善桃树树冠的通风透光性。秋季采取拉枝方法，利于花芽的形成。

3. 采后修剪 日光温室的桃树不同于露地栽培的桃树，采后修剪尤为重要。在果实采收以后，主要采取重短截方法进行修剪新梢。立即剪除病虫枝和徒长枝，除短暂保留少部分的朝外的弱枝和下垂枝，其余的枝条修剪时均采取重短截方法，提高果树的萌发力，保证第二年结果。

（五）花果管理

1. 保花保果 日光温室桃树容易受人为因素的影响，可适当地采取保花保果的措施。可以采用花期放蜂、人工授粉、提高其坐果率，其中以蜜蜂授粉效果好。一般在桃的初花期，长50～90米的温室释放1箱蜜蜂或熊蜂，就可保证桃树的正常授粉，从而显著提高坐果率，增加其产量。

2. 疏花疏果 疏花疏果是桃树丰产、稳产、高产的关键措施。桃的疏花疏果应采取重疏果、轻疏花的原则来进行。疏花即疏除小花、劣质花、逆光花等，疏果即疏去畸形果、小果、病虫果、并生果、黄萎果等。疏果2次。一般在落花后15天，当桃的幼果达到玉米粒大小时开始进行第一次疏果，在疏果后

10～15 天，果实达到黄豆粒大小时结合果实套袋进行第二次疏果。留果量大小根据树势强弱、树龄大小、品种等因素而定。一般是树冠中上部多留，下部少留。特长果枝留 3～4 个，长果枝留 2～3 个，中短果枝留 1～2 个。因枝而留果，负载合理。

3. **提高果实品质**　通过铺设反光膜、肥料管理、摘叶片、套袋等技术可提高桃的品质。反光膜既可以在果树栽植的地面铺设，也可以在温室的后墙吊挂。在阴雨天可以使用白炽灯补光。在果实采收前 20 天摘去果实周围影响着色的叶片，或者在坐果后至果实成熟前喷施 1%～3% 过磷酸钙浸出液 2～3 次，在幼果生长期喷施 0.02% 硫酸钾溶液，同样可提高桃的果实品质。

（六）温湿度管理

升温要循序渐进，1、2、3 周及以后温度分别为 5℃～15℃、8℃～20℃、10℃～23℃。注意 3 周最高温度不能超过 23℃。萌芽期、开花期、展叶期及新梢生长期、硬核期及果实肥大期、着色采收期的最高温度应分别为 25℃、22℃、25℃、25℃、28℃，其最低温度应分别为 5℃、8℃～10℃、10℃、10℃、15℃。萌芽期的空气相对湿度应为 70%～80%；开花期至果实采收期空气相对湿度均保持在 50%～60%。

四、病虫害防治

遵循“预防为主，综合防治”的原则。采取人工防治、农业防治、生物防治和化学防治等多种措施相结合的方法，达到经济、有效、安全的防治目的。

设施栽培桃的病虫害主要有蚜虫、红蜘蛛、潜叶蛾、细菌性穿孔病、炭疽病、根癌病和根腐病等。温室内湿度大，通风差，药液干燥慢，吸收多，因此不能按露地的常规浓度使用，一般宜稀不宜浓，最好用较安全的农药，以免产生药害，引起落花落果，造成经济损失。

（一）主要虫害及防治

升温后萌芽前喷5波美度石硫合剂，或45%晶体石硫合剂10～20倍液；落花后喷20%四螨嗪悬浮剂1500倍液，或在发生期喷15%哒螨灵乳油3000～5000倍液防治螨类。蚜虫可用10%吡虫啉可湿性粉剂1000倍液喷施防治。加强桃园管理，秋季落叶后，彻底清除落叶，集中烧毁，消灭越冬虫源。桃潜叶蛾可喷布20%杀铃脲悬浮剂2000倍液，或25%灭幼脲悬浮剂1500倍液等。树上喷洒20%氰戊菊酯乳油2500倍液，可防治桑白蚧。

（二）主要病害及防治

定植前用3%次氯酸钠混悬液浸根3分钟，或用1%硫酸铜溶液浸5分钟后再放到2%石灰液中浸2分钟进行苗木消毒，可预防桃根癌病。落花后和幼果期各喷1次50%多菌灵悬浮剂800～1000倍液，或70%甲基硫菌灵可湿性粉剂800～1000倍液，可有效防治桃炭疽病。花后10天至采前20天，喷施70%代森锰锌水分散粒剂600～800倍液，或70%甲基硫菌灵可湿性粉剂800倍液，或50%多菌灵可湿性粉剂600～800倍液，视病情进展及天气条件间隔7～10天1次，可防治桃褐腐病。

五、采收与包装、保鲜

桃果实的风味、品质和色泽主要是果实在树上发育过程中形成的，采后几乎不会因后熟而增进。采摘过早易导致果实品质差，产量低，但桃不耐贮运，采摘过迟易遭机械损伤，品质变差快。因此，一般本地销宜八九成熟采收，外销宜七八成熟采收。日光温室内桃树中部果着色好，成熟早，其他部位果实着色略差，成熟略晚。

采收的顺序是从树下向上、由外向里逐枝采收。采摘时动作要轻，手握轻掰，避免脱柄。不能损伤果枝，对果实要轻拿轻放，避免刺伤、挤伤、捏伤。所用的箱、筐要有软质材料衬垫。采收的果实集中后，迅速就地分级包装运输，防止果实受日光暴晒失水。

采收后进行分级、包装，可采用特制的透明塑料盒或泡沫塑料硬包装盒，每盒1～2千克为宜。在进行运输贮藏前，先使果实预冷，待果温降至5℃～7℃后再进行贮运，贮藏适温为-0.5℃～1℃。

第七章

设施李高效栽培与安全施肥技术

李在我国有2500年以上的栽培历史，优良品种繁多，近年来又从世界各地引进大量优新品种，其中早熟品种露天栽培6、7月份即可上市，早果丰产性强，对土壤适应性强，抗旱，抗寒，耐高温高湿，具有在设施条件下成熟早、优质、高产、稳产的潜力。与其他核果类果树相比，李果实色彩鲜艳、风味独特，商品性状更加优良；并且目前栽植总量较少，其发展空间巨大。因此，李树设施栽培具有良好的发展前景。李树在我国分布很广，尤以河北、河南、江苏、山东、山西、安徽、陕西等省较多，李为早熟果品之一。在设施栽培下，可促使成熟期提早到4月中旬至5月上旬，定植第四年每667米^{2}产量2024千克，能获得较好的栽培效果。

第一节　李树的生物学特性

一、生长结果习性

（一）根　系

李树属浅根性果树，根系主要分布层位于距地表20～40厘米范围的土层内。垂直根在土层深厚的壤土、沙壤土内可深达 6 米以上，水平根伸展可比树冠大 1～2 倍，但主要分布在与树冠外缘垂直的土壤内。李树根系的生长特点与分布，与苗木来源、砧木类型密切相关，如根蘖苗水平根较多，入土较浅；未经移栽的实生砧苗主根发达，入土较深。

李树根系生长发育受地上各器官的制约，呈波浪式生长。幼龄树全年有 3 次发根高峰。春季，土壤温度上升，根系开始活动，土壤温度适宜时，出现第一次发根高峰。随着新梢开始生长，养分集中供应地上部，根系活动转入低潮。新梢生长变慢、果实开始膨大时，出现第二次发根高峰。北方进入雨季后，土壤温度下降，出现第三次发根高峰。成年树全年只有春、秋 2 次发根高峰。春季根系生长缓慢，春梢停长后出现第一次生长高峰，是全年的主要发根季节；秋梢停长后出现第二次高峰，但较不明显，持续时间也短。

李树根系在土壤中的排列有明显的层次性，一般分为 2～3 层。各层的生长习性差别很大。上层根，分根性强，因为距地表较近，易受到环境变化的影响；下层根，分根性弱，因为距地表较远，受地上部环境改变的影响较小。

分株、扦插及共砧嫁接繁殖的李树，多有萌发根蘖的习性。特别是树势衰弱时，主干 1 米左右范围内常萌生大量根蘖。如管理粗放，距主干较远处亦能发生。根蘖争夺母株的养分和水分，影响生长和结果，须及时去除。

（二）枝

李树是多年生的落叶小乔木，具有强壮的枝干和一定形状的树冠。枝干和主茎的功能相同，主要是运输水分、养分，支撑叶、花、果实，并储藏营养。

依着生的位置和作用，李树枝条可分为主枝、侧枝、1 年生枝或新梢。1 年生枝或新梢又分为营养枝和结果枝。营养枝生长

较旺，组织充实，只着生叶芽，能抽生新梢。结果枝既着生花芽又着生叶芽，能开花结果，也能抽生新梢。

营养枝可分为徒长枝、发育枝、叶丛枝 3 类。徒长枝生长旺，生长期长，长 80 厘米以上，节间长，组织不充实；多发生 2 次枝，叶芽多而瘦小，枝条上部有时着生少量花芽，但结果能力很低；树冠上方、营养供应良好的部位常萌发此类枝条，早期抹芽可防止其发生，也可早期摘心培养结果枝。发育枝是构成树冠骨架的主要枝条，长 60 厘米以上，直径 1～2.5 厘米，组织充实，生长健壮，只着生叶芽或亦着生少量花芽，副梢发生较早，多着生在树冠外围。叶丛枝多由枝条基部芽萌发而成，由于营养不良，萌发不久就停止生长，长度 1 厘米以下，可延续多年，年年萌发形成叶丛，不能结果，条件适宜时，可抽生中、短果枝。

结果枝可分为长果枝、中果枝、短果枝、花束状果枝 4 类。长果枝长 30 厘米以上，能结果又能形成健壮的花束状果枝。中果枝长 10～30 厘米，结果后可发生花束状结果枝。短果枝长 5～10 厘米，其上多为单花芽。花束状果枝短于 5 厘米，除顶芽为叶芽外全为花芽。

中国李以花束状果枝和短果枝为主要结果枝，而美洲李和欧洲李则以中、短果枝为主要结果枝。

通常，长、中果枝结果后，除先端继续抽生几个较长的果枝外，中下部的叶芽大都形成短果枝和花束状果枝。短果枝和花束状果枝结果后，顶芽抽生一小段新梢形成短果枝或花束状果枝，如此可连续结果 4～5 年。李结果部位比较稳定，大小年结果不明显。各类果枝的比例，幼树长果枝较多，随着树龄的增长，短果枝和花束状果枝增加，成为主要结果枝。树势强的中、长果枝多，树势弱的短果枝、花束状果枝多。老龄树果枝常可发生短的分枝而构成密集的短果枝或花束状果枝群。

成年树除徒长枝和弱叶丛枝外，其他不同长度的1年生枝和新梢都能着生花芽，致使发育枝和结果枝之间无明显界限，生长健壮的结果枝也常被利用为发育枝。

李树枝条在年周期内呈现有节奏的变化。叶簇期：初春气温较低，虽然新梢已萌芽生长，但生长速度很慢，叶片小，节间短，称叶簇期，需7～10天。此期所消耗的营养主要由前1年树体储藏营养提供。新梢旺长期：随气温、地温升高，根系功能加强，新生叶片开始制造养分，新梢开始旺盛生长。枝条的叶片大，节间长，芽充实饱满。此期对土壤水分条件很敏感。若水分不足则停长过早；若水分太多，枝条徒长，不利于花芽分化且易受冻害。新梢缓长加粗期：6月末到7月初，新梢生长缓慢，部分新梢停止生长，开始积累养分，花芽分化加快，枝条明显加粗。秋梢生长期：进入雨季，肥水充足，有些停长或缓长的新梢又开始生长，这段新梢称秋梢。秋梢不充实，易遭冻害或抽干。

（三）叶

李叶为单叶，呈倒卵形或椭圆形，叶缘锯齿细密。李树叶片互生，依一定的顺序，在新梢上呈螺旋状排列。李树的叶序一般为2/5，在两次循环内着生5片叶子，而第六片叶与第一片叶在枝条上处于同一方位。了解叶序，可为整形修剪控制枝条的方位提供依据。

李树上叶片的多少及分布情况，对李树的丰产、稳产和果实品质，都有密切的关系。据研究，晚红李若能确保每个果15～20片叶，则树体健壮，有利于生长和结实。

春季发芽后，展叶初期正值盛花期，此时树体养分大部分用于开花，叶片生长慢，小而薄，呈黄绿色。谢花后，叶片迅速增大，颜色亦变为浓绿色。

在全年中，叶幕形成和新梢生长的时期大致相同。我国北方地区生长季短，适当加强早春肥水供应，使叶面积迅速扩大，是李树丰产的关键技术之一。

叶片停止生长期因不同枝条类型而有所差异。花束状果枝在5月下旬至6月上旬封顶，其上叶片随之停止生长。短果枝封顶时间晚于花束状果枝。当年生发育枝叶片停长较晚，盛果期的叶片8月末停止生长，而幼龄树将延迟至9月份才停长。

（四）芽

1. 芽的种类 李树芽有花芽和叶芽2种。叶芽尖瘦呈圆锥形，花芽圆而饱满。多数品种在当年生枝条基部形成单叶芽，中部多花芽和叶芽并生，而在上部又形成单叶芽。各种枝条的顶芽均为叶芽。花芽为纯花芽，1个花芽包含1～4朵花。

根据芽在枝节上的着生情况，分为单芽或复芽。在同一节位着生1个芽的叫单芽，着生2个芽以上的叫复芽。单芽有叶芽，也有花芽。复芽如为2个芽，多为1个花芽（圆而胖），1个叶芽（瘦而尖）并列。如为3个，多数中间是叶芽，两侧是花芽。个别情况下，1个叶腋内有多到4个芽的。单花芽和复花芽的数量及其在枝条上的分布，与品种特性、枝条类型及枝条营养和光照状况有关。同一品种内复花芽比单花芽结的果大，可溶性固形物含量高。复花芽多，花芽着生节位低，花芽充实，排列紧凑是丰产性状之一。

根据萌发特点，李的芽可分为活动芽和潜伏芽（隐芽）。活动芽当年形成、当年萌发，或第二年萌发；潜伏芽经1年或多年潜伏后才萌发。李的潜伏芽寿命长，萌发力强，受刺激可抽生新枝，但潜伏芽的数量较少，不利于枝条更新。

李树萌芽率高，可达80%以上，但成枝率低。幼树期和结果初期的斜生、平生长枝若不短截，往往仅顶部继续抽生长枝，其余的芽除基部几个不萌发而成隐芽外，多数芽可萌发形成短枝或叶丛枝，易成花结果。如经短截修剪，剪口下可抽生2～4个长枝，不易成花结果，仅下部抽生中短枝形成花芽结果。

2. 花芽分化　李的花芽分化盛期较集中，一般从6月上中旬至8月中下旬，持续40～60天。单个花芽分化需70天左右。性器官形成间隔时间很短，雄蕊和雌蕊开始出现仅相差10～20天，有的品种几乎同时出现。花芽分化开始较早的品种，性器官出现也早。

据日本学者在大阪地区调查，李的花芽开始分化期在7月下旬，9月10日出现萼片初生突起，9月25日出现花瓣突起，10月25日出现雄蕊突起，12月下旬完成花器分化。

早熟李果实生长期较短，采收期较早。花芽分化与果实生长有一个重叠时期，大约出现在6～7月份，为10～20天。此时应加强肥水管理，以缓解花芽分化与果实生长对营养物质的竞争。增施粪肥、根外追肥、开张枝条角度、喷施植物生长抑制剂等，都可以改变营养物质的积累与分配，有利于花芽分化与产量提高。

3. 芽的早熟性　李的芽具有早熟性，新梢上的芽可以当年萌发，连续形成二次梢或三次梢。生产上可以利用这一特性多次摘心、剪梢，促生分枝、加速整形。

（五）花

李花为两性花，由花柄、花托、花萼、花瓣、雄蕊、雌蕊组成，花萼和花瓣各5片，雄蕊20～30枚，由花丝和花药组成。雌蕊1枚，由柱头、花柱、子房组成。子房上位，内有胚珠，子房发育成果实。

李的多数品种自花不实，栽培中必须弄清各品种的授粉与坐果特性，配置适宜授粉品种。

受遗传因素、营养不良、花期冻害等的影响，会出现不完全花。雌蕊瘦弱、矮小或畸形；雄蕊的花药瘦小，花粉量少、畸形、活力低、可孕性差。保护地条件下，更应加强授粉以保证坐果率。

受精过程一般需要2天时间。如花期遇不良天气或温度过低，则需延长受精时间。中国李花粉的发芽温度较低，为9℃～13℃，在0℃～6℃的低温下，也有较高的发芽率。花期大风，使柱头干燥，不利于花粉发芽。阴雨低温，不利于传粉，花粉很快失去活力，同样造成授粉受精不良，影响坐果率和产量。

（六）果　实

1. 果实发育　李果实从授粉受精、子房开始膨大到成熟，整个生长发育过程中，其体积与果径的增长呈双S曲线。由于开始和最后的两次慢生长在生产上意义不大，所以李果实发育通常分为3个时期，即第一次迅速生长期、缓慢生长期和第二次迅速生长期。

第一次迅速生长期，从谢花后子房开始膨大至果核开始硬化前，为40～50天。此期果径和重量迅速增大，胚乳迅速发育。

缓慢生长期，又称硬核期，为16～40天。此期果径和重量增长缓慢，内果皮从先端开始硬化成果核，胚迅速生长并吸收胚乳。

第二次迅速生长期，自内果皮硬化完成至果实成熟，为20～45天。此期果径和重量又迅速增加，为果肉的主要增长期，胚继续发育充实。之后，增长减慢，果皮褪绿着色，果肉硬度不断下降，糖分急剧增加，酸度下降，味变甜，具备鲜食风味，最后成熟、软化。

2. 落花落果　李授粉后的2～4天以内为受精时期。受精后的子房开始发育，并开始落花落果。李落花落果严重，甚至可达95%以上，品种之间差异较大。落果通常有3次高峰，第一次在谢花后3～5天开始；第二次在第一次之后约2周、幼果似绿豆粒大时开始，到果核开始硬化前止；第三次于第二次之后2周开始。

第一次落果，实际是落花。主要由于花器发育不良引起，

表现为雌蕊退化和发育不良。如李树受病虫危害招致叶片损伤严重或早期脱落，会引起花芽分化中途停滞。树势过旺，枝叶生长消耗过多，树势衰弱，花芽分化的营养水平低，都会导致花芽发育不充实。秋梢、副梢上的花芽也常因分化时间晚、历时短而发育不全。发育差的花芽开花后，不能正常授粉受精而早期脱落。

第二次落果主要原因是受精不良，对产量影响最大。此时受精充分的果大而规整，色泽鲜亮，而受精不良和未受精果则日益显小，或畸形，最终黄软而脱落。授粉树不足或品种不适宜是直接原因。花期低温、阴雨影响昆虫传粉，缺硼、树势衰弱会加剧此次落果。

第三次落果是由果实发育中营养不足、种胚发育不良或死亡等原因引起。在结果过多的情况下，土壤缺乏肥料，树冠内部光照不足，结果节位无叶片或叶片严重损伤，干旱或积涝造成树势衰弱等都使此次落果加重。果核完全硬化后，一般不再落果。成熟期土壤水分供应失调，久旱遇雨可出现采前落果、裂果。

果实发育持续天数因品种而异。早中晚熟品种的果实发育天数，第一次迅速生长期相近；缓慢生长期相差最大，早熟品种时间最短，晚熟品种最长；第二次迅速生长期早熟品种最短，晚熟品种最长，但时间差距减小。果实缓慢生长期也是种胚生长发育期。果径的增长量在第一次迅速生长期最大，体积和重量的增长量以第二次迅速生长期最大，第二次迅速生长期是决定果实产量的主要时期。

二、对环境条件的要求

（一）温　度

原产于我国北方的李树，如乌苏里李的红干核、黄干核等品种，休眠期能耐 –35℃～–40℃的低温。而生长在南方的芙蓉李、三华李等品种，对低温的抵抗能力较差。欧洲李适于温暖地

区栽培。美洲李比较耐寒，可在我国北方各省安全越冬。中国李对环境条件的适应性强，我国南北各省（自治区）均有分布。

李树花期最适宜温度为12℃～16℃；不同发育阶段的有害温度，花蕾期为-5℃～-1.1℃，开花期为-2.7℃～-0.6℃，幼果期为-1.1℃～-0.6℃。露地栽培的中国李早春花期常遇晚霜或阴雨低温引起冻害或授粉受精不良，导致减产；同一地区低海拔和阳坡花期早，易受害；欧洲李花期晚，较少受晚霜影响。地温5℃～7℃时，李树开始发生新根，15℃～22℃为根系活跃期，超过22℃根系生长缓慢。

（二）水　分

李树对水分的适应性较强，在干旱或潮湿地区均能生长。地下水位不高于根系主要分布区，即可栽培李树，但长期积水会造成涝害。我国北方的李树品种较耐旱，南方的李树品种适于湿润。李生长期雨水稍多也能耐受，可在河谷或水田埂上栽培，但桃、杏和毛樱桃作砧木时则怕涝。欧洲李对空气湿度与土壤含水量要求均较严格。

土壤相对含水量60%～80%，对李树根系生长最为适宜，干旱和过湿，都会影响根系正常生长发育。水分不足对果实发育也会产生不良影响，果实第一次迅速生长期和新梢旺盛生长期缺水，会严重影响树势与果实发育，引起大量落果；果实第二次迅速生长期缺水则果实发育受阻而变小，产量降低；果实成熟期久旱遇雨会大量落果和裂果。

（三）光　照

李树对光照要求不如桃树严格，但也是喜光树种。从自然分布看，在光照不太强（水分状况较好）的背阴坡生长较旺，树势强。在较高的山区，栽培在阳坡的李树树势稍弱，花期早，果实着色好，易受晚霜危害，成熟期遇雨易裂果。阴坡者花期迟，裂果轻，但着色差，品质也稍差。树冠外围的果实着色早，含糖

量高。开花期天气晴朗，温度较高，有利于昆虫活动及授粉受精，果实成熟期光照充足，果实着色好，可溶性固形物含量高。从提高李果品质的角度，应培养良好树形，保持李园通风透光。

（四）土　壤

李树对土壤要求不严格，只要不过于瘠薄，不论何种土质都可栽培。丰产栽培以土层深厚、肥沃的黏质壤土为好。李树对土壤酸碱度的适应能力也强，但以 pH 值 6～6.5 为宜。欧洲李可以适应肥沃的黏质土，美洲李要求土壤疏松、排水良好。

第二节　设施李栽培品种选择

一、品种选择原则

选择适宜品种是获得设施栽培成功的基础。我国李资源较丰富，国家果树种质熊岳李杏圃，目前保存的李属资源有中国李、杏李、樱桃李、乌苏里李、欧洲李、美洲李、加拿大李和黑刺李等 11 个种及其变种，共 50 余个品种。

设施李树栽培品种选择原则：需冷量低，早熟或特早熟；花粉量大，自花结实能力强或有一定自花结实能力，早果丰产性好；树冠开张，易于调控，或树体矮化紧凑，适于密植栽培；果个大，色泽红艳，品质优，耐贮运；栽培适应性广，抗病性强。

李自花结实率很低，在选择主栽品种时，要选择与主栽品种相互授粉亲和性好的授粉品种，由于设施内通风条件差，授粉品种应选 2～3 个。

二、主要适栽品种

（一）大石早生

果实为卵圆形，平均单果重 49.5 克，最大果重 106 克。果皮底色黄绿，着鲜红色，果面具有大小不等的黄褐色果点。果肉黄色，肉质细，较致密，过熟时变软，果汁多，味甜酸，微香。总糖 6.12%（温室果 4.89%），总酸 1.82%（温室果 2.20%），维生素 C 7.19 毫克 /100 克（温室果 4.25 毫克 /100 克）。常温下可贮放 7 天左右，黏核。树势生长中庸，树姿直立，结果后逐渐开张。结果早，丰产。抗病虫能力强，耐寒、抗旱。适宜授粉品种为美丽李、小核李、香蕉李等。近年来设施内应用摩尔特尼、密思李授粉，效果良好。在辽宁省熊岳镇设施中栽培，12 月下旬升温，翌年 1 月下旬花芽萌动，2 月 10 日盛花，开花量大、整齐，花期 15 天左右。5 月 8 日果实成熟，11 月上中旬落叶，果实发育期约 90 天，树体营养生长约 270 天。在山东省泰安市 6 月 15 日左右果实成熟，日光温室栽培 4 月底开始上市。

该品种是极早熟的优良鲜食品种，适应性极广。另外，果实即将成熟时顶部稍着红色，此时是最佳采收时期，放置 2～3 天果实即可后熟变红。

（二）大石中生

果实椭圆形，平均单果重 65.9 克，最大果重 84.5 克。果皮底色金黄，阳面着鲜红色，果粉厚。果肉乳白色，肉质硬脆，多汁，味甜酸，具浓香。总糖 8.28%，总酸 0.95%，维生素 C 5.32 毫克 /100 克，品质上等。常温下果实可贮放 7 天，黏核。树体矮小，树冠紧凑，丰产，果实发育期 95 天。抗寒、抗病。在温室内栽培，树势中庸，矮小，萌芽、开花、落叶等物候期与大石早生李相同，唯果实发育期比大石早生长 20 天左右。丰产性强于大石早生李。

（三）红 美 丽

原产于美国，1992 年山东省农业科学院果树研究所从美国引进泰安市。果实心脏形，顶部尖。平均单果重 56.9 克，最大果重 72 克；设施栽培平均单果重 72.9 克，大者 129 克。果皮底

色黄，果面着鲜红色，皮中等厚，充分成熟后易剥离，果粉少。果肉硬熟期淡黄色，充分成熟后鲜红色，肉质细嫩，可溶质，汁液较丰富，酸甜适中，香气较浓，可溶性固形物含量 12%，总酸 8.8%，可滴定酸 1.26%，糖酸比 7∶1，品质上等。黏核，核小，可食部分 96%。在泰安市 6 月下旬果实成熟，日光温室栽培 4 月底至 5 月上旬上市。

树势中庸，树姿开张，枝条分枝角度大。萌芽率、成枝率均高。幼龄树以长、中果枝结果为主，成年树以短果枝和花束状果枝结果为主。成花易，结果早，丰产。适宜授粉品种为密思李、黑宝石、澳得罗达；近年来棚室内应用摩尔特尼授粉，效果良好。其是目前李树设施栽培中的优良品种。

（四）摩尔特尼

果实近圆形。平均单果重 74.2 克，最大果重 123 克；设施栽培平均单果重 109 克，最大果重 180 克。果皮全面紫红色，中等厚，离皮。果肉淡黄色，肉质细软，汁中少，风味酸甜。果顶尖，缝合线中深明显，两半部对称。果核中大，离核。在山东省泰安市 6 月 15 日左右果实成熟，设施栽培 4 月下旬开始上市。

树势中庸，树姿开张。幼龄树生长稍旺，枝条直立，结果树分枝角度大。萌芽率高，成枝力中等。以短果枝结果为主，中长果枝结果很少。一般条件下，2 年结果，3 年丰产。自然授粉全部坐单果，坐果率较高。授粉组合试验未见报道，但近年来棚室内用红美丽、早美丽授粉，效果良好。

（五）早 美 丽

果实心脏形，单果重 40～50 克。果面着鲜艳红色，光滑有光泽。果肉淡黄色，质地细嫩，硬溶质，汁液丰富，味甜爽口，香气浓，含可溶性固形物 13%～17%，品质上等。熟核，核小，可食部分 97%。在山东省泰安市 6 月 10～15 日果实成熟，设施栽培 4 月下旬开始上市。

树势中庸偏弱，树姿开张。适宜授粉品种按授粉后坐果率高低排序为黑宝石、密思李、圣玫瑰。近年来设施内应用摩尔特尼授粉，效果良好。

（六）密 思 李

新西兰用中国李与樱桃李杂交育成。1987 年山东省农业科学院果树研究所从澳大利亚引进山东省泰安市。果实近圆形，顶部圆。平均单果重 50.7 克，最大果重 74 克。果皮紫红色，果粉中等，果点极小，不明显。果肉淡黄色，质细，汁液丰富，酸甜适中，香气较浓，可溶性固形物含量 13%，总糖 10.5%，总酸 1.5%。核极小，果实可食率 97.4%，品质上等。在山东省泰安市 7 月上旬果实成熟，设施栽培 5 月上旬开始上市。成熟期不甚一致，应分期采收。

树势中庸，树姿开张，成枝力强，以长果枝结果为主。丰产，定植后第二年开始结果，第三年进入早期丰产期。适宜授粉品种按授粉后坐果率高低排序为红心、圣玫瑰、黑宝石、早美丽；近年来设施内应用早美丽、大石早生、摩尔特尼授粉，效果良好。

（七）长李 15 号

长李 15 号是吉林省长春市农业科学院园艺研究所以绥棱红李为母本、美国李为父本，于 1983 年进行杂交，1992 年通过省级成果鉴定，并命名为早熟李品种。该品种表现抗寒、极早熟、果实艳丽、品质上等、早果丰产特点，是目前北部寒冷地区最早熟的李品种。果实扁圆形，果顶略凹，缝合线深，片肉对称。果实中等偏小，果皮底色绿黄，着紫红色，果肉黄色，肉质致密，纤维少，果汁多，半离核，鲜食品质上等。树势较强，树姿半开张。设施栽培 5 月初成熟。

（八）黑 宝 石

美国品种，山东省果树研究所 1987 年从澳大利亚引进。果实扁圆形，果实大，果皮紫黑色，果肉硬，细脆，乳白色，果汁多，果粉少，无果点。味甜爽口，离核，鲜食品质中上等，耐贮藏。平均单果重 72.2 克，最大果重 127 克，可溶性固形物含量 11.5%，总糖 9.4%，可滴定酸 0.8%。果实肉厚核小，离核。设施栽培 6 月上旬成熟。

（九）黑 琥 珀

美国品种，山东省果树研究所于 1992 年引进试栽。果实扁圆形，果个大，果粉少，果皮紫黑色，果肉淡黄色，果汁多，离核，鲜食品质中上等，完全成熟时呈紫黑色，果实耐贮藏。平均单果重 101.6 克，最大果重 138 克。树势中庸，枝条直立，放任情况下树冠不开张。黑琥珀李以果型大、优质丰产、耐贮藏为突出特点，是综合性状优良的黑色早熟李品种。设施栽培 5 月中下旬成熟。

（十）红天鹅绒杏李

红天鹅绒杏李是美国培育的杏李杂交新品种，杏、李基因各占 50%，极早熟，1999 年引入我国。平均单果重 105 克，最大果重 160 克。果实椭圆形，果皮有一层极柔软的细小茸毛，就像红天鹅绒覆盖在果皮上，果紫红色十分美丽，可溶性固形物含量 18%，有浓烈香气，浓甜，品质极上等，极耐贮运，栽后第二年结果，丰产稳产。设施栽培 4 月中下旬成熟。

第三节　设施李高效栽培技术要点

一、定　植

（一）栽植方式

目前生产上设施李树的栽植方法有 2 种。第一种是按设计好的栽植密度于秋季定植，然后建立温室，李树度过生理休眠后即开始升温。这样做可以延长李树的生育期，加速李树的生长，有利于李树早期结果。但结果前的投入较高，管理用工较大，费用较高。第二种是按温室的位置和规模要求，先栽树建园。在露地条件下对李加强管理2～3年，开始大量结果前建温室，建成后即可收益。这样做树体管理比较方便；生产成本低；不足之处是开始受益年限较前一种方法晚1年。生产上第二种类型的栽植方法居多。

（二）栽植密度

设施栽培应以早结果、早丰产为目标，而密植栽培是早果、丰产的前提，确定栽培密度应根据品种特性立地条件和栽培管理水平等因素来决定。一般情况，株行距可按1～1.5米×1.5～2米，每667米^{2}栽200～300株。当树体长大，树冠郁闭，影响产量形成时，要逐年间伐临时株。间伐时，可采用隔行、隔株同时间伐的方法。对于萌芽成枝力强、幼树生长旺盛的大石早生可采用2米×3米或2.5米×4米的株行距栽植为宜。栽植方式，以宽行密植的长方形为好，使其南北成行，这样有利于通风透光和行间间作。

（三）栽植时期与方法

栽植当年春季（3月上中旬）或上年秋末冬初（10月中下旬至11月上中旬），每667米^{2}撒施优质腐熟农家肥3000～4000千克，定植前深翻30～40厘米，沿定植行挖宽80厘米、深60厘米的定植沟。

栽前将李苗用清水浸泡24小时，并用3～5波美度石硫合剂，或K84的5倍菌液蘸根5分钟消毒，再用ABT生根粉1克加水20升，蘸根15分钟至1小时。栽时使根系舒展，栽后踏实、浇透水、覆地膜。定植后最南排30厘米定干，最北排苗定干高度60～70厘米。

二、整形修剪控冠

（一）树　形

设施内的李树，一是要求树体能迅速展开成形，尽早结果；二是要求冠型小而紧凑，营养生长不能过旺；三是要求能适应大棚高度的限制，做到树体低矮，高度一般控制在 1.5～3 米；四是要求与大棚空间大小不一的特点相适应。

设施李树栽培根据树种品种特点和设施的空间及高度，一般采用小冠疏层形、纺锤形、自然开心形 3 种树形（图 7–1 至图 7–3）。坐北朝南、东西延长的日光温室及大棚，南边空间小，中间、北边空间较大，棚南边行的李树常采用自然开心形，中部的李树多采用小冠疏层形，北边的李树多采用细长纺锤形树形。

（二）修　剪

修剪以夏季和秋季为主，以促花控冠为主要目的。生长季节多次采用疏枝、拉枝、摘心、抹芽和回缩等修剪方法。一般春季修剪进行 2 次。第一次于萌芽后，主要抹除内膛、背上、锯口下的芽以及双芽，要求枝条上面每 15 厘米左右留 1 个芽。第二次在 1 个月以后进行，主要是对新梢进行摘心，背上直立枝若有空间，可留 20 厘米摘心，其他新梢留 30～40 厘米摘心。对内膛旺盛生长的直立枝或徒长枝从基部去掉，或进行扭枝、拉枝，

图 7–1　小冠疏层形

图 7–2　纺 锤 形

图 7–3　自然开心形

以削弱生长势。秋季修剪于8月中旬至9月中旬进行。修剪的目的是调整树体的通风透光条件，重点是修剪外围和背上生长的过密枝，使内膛光照良好，促进花芽分化。冬季修剪更新结果技、培养结果枝组、维持树冠结构和多年生长枝组的结果能力。

（三）化学控制

7月中下旬采用多效唑控制新梢旺长，促进花芽形成，用15%多效唑可湿性粉剂300倍液，7天1次，连喷3次。

三、土肥水管理

（一）土壤管理

土壤管理就是要通过种种措施，改善土壤通气性、透气性、保水性，以利于土壤微生物的活动，提高土壤肥力、团粒结构；以利于根系生长，为李树丰产、稳产奠定基础。一般结合秋施基肥进行土壤深翻，李树的根系分布广而浅，一般不需要翻得太深，一般深翻30～60厘米较为合适，深翻时应注意保护根系。尽可能少伤根，尤其是粗度在1厘米左右的根系更应注意保护。

李树的肥水管理与桃基本相似。一般在9月份至10月下旬进行施基肥，使树体落叶前能吸收和储存更多的养分，以利于恢复树势。每株施入30～50千克优质农家肥，围绕树冠环施或辐射状沟施。施肥浇水，土壤封冻前再浇1次水。追肥一般1年追施2～3次。第一次追肥时间在发芽前或开花前，这次追肥可使开花整齐，提高受精率，减少落果。弱树可多施氮肥，旺树应少施氮肥。在开花期可用0.1%～0.2%硼酸溶液叶面喷雾，以提高坐果率。第二次追肥在李幼果迅速膨大期，即新梢旺长期进行，以氮肥为主，配合追施磷、钾肥，以加速果实增大，促进花芽分化，同时也满足新梢旺长之需。可结合浇水进行，也可采用2～3次根外追肥，即以0.4%～0.5%尿素+0.3%磷酸二氢钾溶液结合喷洒农药一起进行叶面喷施。硬核期喷施1次0.3%尿素+

0.2% 光合微肥 +0.3% 磷酸二氢钾溶液。第三次追肥在采果后结合施有机肥进行，要追施磷、钾肥，以补充消耗的养分供李花芽分化之需。

（二）施　肥

1. 施肥时期

（1）定植前施基肥　定植前结合土壤深翻，每 667 米^2 施优质腐熟鸡粪 3 000～4 000 千克或腐熟堆肥 5 000～6 000 千克，可以有效地改良土壤结构，并可长时间为李树提供各种矿质元素，使其生长发育良好。

（2）定植当年生长前期施肥　定植后新梢长至 15～20 厘米时，开始追施速效肥料，地下追肥与叶面喷肥交替进行。地下追肥每 15 天 1 次，株施 25 克尿素、15 克磷酸二氢钾。此期追肥的目的是为李树提供全面充足的矿质元素，促进营养面积扩大，促进树体迅速成形。

（3）定植当年生长后期施肥　7 月中旬以后，地下追肥每 20 天 1 次，株施磷酸二氢钾 25 克，此期追肥的目的是促进优质花芽分化。

（4）定植当年秋施基肥　定植当年可不施肥。已结果树于 9 月下旬至 10 月下旬进行施肥，每 667 米^2 施腐熟鸡粪 1 000～1 500 千克、过磷酸钙 50 千克、硫酸钾复合肥 50 千克。适当早施基肥有利于有机肥进一步腐熟，释放的养分可被李树吸收，有利于秋季根系的生长。秋施基肥有利于李树在冬季积累养分，供给翌年花芽和叶芽的正常生长。也可结合松土改良土壤，注意要结合灌水进行。

（5）定植翌年硬核期施肥　硬核期适量追施氮、磷、钾肥，能够促进果核发育，缓解果实发育与新梢生长对养分的竞争，1 年生树可株施尿素 30 克、磷酸二氢钾 30 克。

（6）定植翌年幼果膨大期施肥　幼果加速膨大、新梢开始

生长的，是李树需要大量营养的关键期，应适量追施氮、磷、钾肥，1 年生树可株施尿素 30 克、磷酸二氢钾 30 克。幼果膨大期追肥，能促进果实膨大，为花芽分化创造良好的条件，也为翌年李树丰产奠定了物质基础。

（7）定植翌年采果后施有机肥　采果后在行间挖 40 厘米深、40 厘米宽条沟，每 667 米 ^{2} 施腐熟优质鸡粪 1 000～1 500 千克、硫酸钾 25 千克，也可施适量饼肥。采果后施有机肥有利于恢复树势、促进花芽分化。

（8）叶面追肥　李树保护地栽培为实现当年定植、翌年春丰产的目标，要求在施肥上要加大资金和劳力投入。除在上述时期地下追肥外，在整个年周期内，凡是叶幕形成后的时间都需进行叶面追肥。定植后新梢长至 15～20 厘米时，叶面喷肥每 10 天 1 次，喷 0.3% 尿素和 0.3% 磷酸二氢钾溶液，至 7 月 10 日。此后，叶面喷肥每 10 天 1 次，喷 0.3% 磷酸二氢钾溶液，直至落叶。扣棚后，从叶幕形成开始，每 10～15 天喷施 1 次 0.2% 尿素和 0.2% 磷酸二氢钾溶液。

2. **施肥方法**　基肥的施用可用条沟施肥、全园撒施等方法；追肥的施用多采用穴贮肥水、外辐射状浅沟以及叶面喷施等方法。

（1）条沟施肥　在行间或株间开沟施肥，沟宽在行间时可为 40～50 厘米，株间可为 20～30 厘米，沟深 40～50 厘米。把有机肥与土按 1∶3 的比例掺匀后填入。

（2）全园撒施　适于根系布满全园时施用，将肥料均匀撒入李园，翻入土中。此法因肥料施得浅（20 厘米左右），易导致根系上浮，从而降低根系对不良环境的抗性。最好与条沟施肥交替使用。

（3）穴贮肥水　3 月上中旬至 4 月上旬苗木定植后或扣棚后，在树冠外沿挖深 35 厘米、直径 30 厘米的穴，穴中加一直径 20

厘米的草把（玉米秸、麦秸、稻草、高粱秸均可），高度低于地面5厘米，先用水泡透，放入穴内，然后灌营养液4千克。穴的数量视树冠大小而定，一般每株树挖2～4个穴，然后覆膜，将穴中心的地膜撕一小孔，施肥、浇水通过小孔进行。此法比一般的土壤追肥少用一半的肥料，是经济有效的施肥方法，增产效应大。设施栽培应大力推广这种施肥技术。

（4）开辐射状浅沟追肥　围绕树干用锄开浅沟，开沟数量根据树冠大小而定。沟长度与树的枝展相同，深度为10～15厘米，将肥料均匀撒入沟中并与土掺匀，然后覆土浇水。也可雨后趁墒情追施化肥，切忌施用大块化肥以免烧根。

（5）叶面喷肥　生长季节叶面喷肥是一种有效的辅助施肥方法，具有吸收快、分配均匀的优点。李树需肥的关键时期，通过叶面喷肥，可以及时补充树体所需要的大量营养。叶面喷肥应着重喷叶片的背面，因为叶背面有许多气孔，是吸收养分的主要部位。喷时选无风天气，浓度不能随意加大。夏天适宜在上午10时前、下午4时后喷，以免蒸发过快而引起药害。

3. 增施二氧化碳气体肥料　在硬核期、果实膨大期增施二氧化碳气体肥料。采用燃烧丙烷气体法、二氧化碳气肥发生法、营养槽法或干冰法，于上午或全天增加设施内二氧化碳，使其浓度达到600～1000微升/升。

（三）灌　溉

正确的浇水时期，不是等李树已从形态上显露出缺水状态（如果实皱缩，叶片卷曲等）时再灌溉，而是要在李树未受到缺水影响以前进行。

通常情况下，土壤相对含水量降低到田间最大持水量的60%、接近“萎蔫系数”时即应灌溉。土壤含水量可用土壤水分张力计测定，也可凭经验用手测、目测。如土壤为壤土或沙壤土，用手紧握形成土团，再挤压时，土团不易碎裂，一般不必灌溉；若手指松开后不能形成土团，则必须灌溉。若土壤为黏壤土，捏时能成土团，但轻轻挤压易产生裂缝，则说明土壤含水量低，需进行灌溉。

另外，李树不同物候期对土壤含水量的敏感性不同，下述关键时期应适量浇水。

1. **定植当年生长前期** 此期需充分浇水，一般结合地下追肥每15天1次，以促进新梢生长和树体快速成形，为翌年春丰产提供营养基础。

2. **越冬前** 11月中下旬，扣棚前30～40天，浇1次透水，湿土层达80厘米最好，随即全园覆地膜。

3. **新梢生长和幼果膨大期** 此期是李树需水临界期。这个阶段水分不足，不仅抑制新梢生长，而且影响果实发育，甚至落果。

4. **果实熟前迅速生长期** 此期也是花芽分化期，气温高，蒸发量大，如水分不足，会影响果实发育和花芽分化。合理灌溉有利于提高产量和花芽质量，为连年丰产打下良好基础。

5. **采果后** 李果成熟期早，果实采收后，正是树体积累营养阶段，叶片光合作用强，结合施采后肥而及时灌溉，有利于根系吸收和进行光合作用，从而积累大量营养物质。

常采用的灌溉方法有沟灌、穴灌、喷灌（露天栽培阶段）、滴灌等。

四、花果管理

李的花最多，生理落果严重，提高坐果率是丰产关键。李大多是自花不孕品种，即使少数自花结实的品种，最好也配置授粉树，进行异花授粉，提高坐果率。叶面喷硼可促进花粉萌发和花粉管的伸长，能顺利进行受精，是提高坐果率的有效措施。可在花芽萌动期、盛花期及幼果期喷施0.3%硼砂+0.3%尿素+0.2%磷酸二氢钾溶液，3个时期喷肥都能提高李树的坐果率和产量。成熟前20天、10天喷氨基酸钙肥，防止裂果和落果。花期放蜂或人工辅助授粉也能显著提高坐果率。

如果坐果过多，一般在生理落果后的硬核期进行疏果，疏除过量的密生果、病虫果、畸形果，选留大小均匀的幼果。留果标准是1个短果枝留1～2个果，或是按小果品种6～10厘米留1个果，大果品种10～15厘米留一果的标准留果。

五、设施环境调控

（一）温度与湿度

日光温室内温度主要靠草苫拉起高度调控，湿度通过浇水调节。不同生育期温湿度管理见表7-1。

表7-1　李树各生育期温湿度调控

生育期	设施内环境温湿度			
	土壤温度（℃）	白天温度（℃）	夜间温度（℃）	相对湿度（%）
萌芽期	6～10	5～18	≥5	70～80
花前期	8～13	10～18	≥6	70～80
花　期	13～15	14～18	7～8	50～60
幼果期	15～17	18～23	≥8	60～70
果实膨大期	15～19	24～28	10～15	50～60
果实近熟期	15～20	20～30	10～15	50～60

（二）光　照

在温度条件允许的范围内，增加设施内光照，采取的措施主要有：①采用无滴膜覆盖，并经常清洗棚膜上的灰尘。②人工补充光源。③早揭晚盖草苫。④设施内后墙挂反光幕，树下铺设反光膜。

六、病虫害防治

在设施条件下李树病虫害较轻，病害主要是细菌性穿孔病，可在发芽前喷5波美度的石硫合剂1次，夏季每20天喷1∶4∶240硫酸锌石灰溶液1次，或花前喷40%代森锌可湿性粉剂500倍液防治。虫害主要是蚜虫，升温后10天正值蚜虫卵孵化期，可喷10%吡虫啉可湿性粉剂1500倍液；花前和花后10天各喷1次10%吡虫啉可湿性粉剂2000倍液防治。在升温后20天和生长期防治红蜘蛛，可喷10%哒螨灵悬浮剂1500倍液；卷叶蛾用20%灭幼脲悬浮剂1500倍液喷施防治。

七、采　收

鲜食果实的采收应在果实表现出本品种固有的色泽、芳香和肉质的软硬度时进行，一般掌握在九成左右的成熟度时采收。过早采收风味没有发挥出来，影响品质；过晚采收不耐贮运，易造成腐烂损伤。

采收时应轻摘、轻放。果筐或果篮内应铺上软垫，以防碰伤或压伤，成熟不一致的品种应分期采收。

第八章

设施杏高效栽培与安全施肥技术

杏原产于中国，具有 2 500 多年的栽培历史，是我国北方的主要栽培果树树种之一，品种资源十分丰富，以果实早熟、色泽鲜艳、果肉多汁、风味甜美、酸甜适口为特色，在春夏之交的果品市场上占有重要位置，深受人们的喜爱。杏树适应性强，耐寒、耐旱、耐瘠薄，各种类型的土壤都能生长。

杏成熟期早，在自然条件下，一般 5～6 月份即可成熟上市。在设施条件下，可将其成熟期提早到 4 月上旬，且产量高，品质好，还可避免花期晚霜危害，经济效益显著，是设施栽培的重要树种之一。

第一节　杏树的生物学特性

杏属蔷薇科，李亚科，杏属。我国现有杏属植物 10 个种和 13 个变种，普通杏、西伯利亚杏、东北杏、藏杏等，我们习惯于把栽培的杏都称为普通杏。野生的杏称为山杏。

杏树栽植后 2～3 年即开始结果，10 年左右进入盛果期。杏树寿命较长，一般寿命为 40～100 年，有的可达 100 年以上。

一、生长结果习性

（一）根　系

杏树为深根性树种，但主要根系一般集中分布在0.5米的土层内，水平根也较发达，常超过树冠的3～5倍。

根在一年中没有绝对休眠期，只有根尖分生组织有短暂的休眠。根系生长，早于地上部分，是落叶果树根系活动最早的果树。当地温达5℃便开始活动，地温达20℃时生长加快，生长量大；但高于25℃时又减慢，秋末地温下降到10℃以下，根的生长很弱，几乎处于停止生长状态。

（二）枝　条

杏树的枝条按其功能可分为生长枝和结果枝。生长枝因其生长势又可分为发育枝和徒长枝。发育枝多由1年生枝上的芽萌发而成，常生长于树冠外围，生长旺盛，其上有少量花芽，但坐果率较低，主要用来扩大树冠。过于旺盛的枝条称为徒长枝，这些枝大多直立向上，节间长，叶片大，不充实。

结果枝按其长度分为长果枝（>30厘米）、中果枝（15～30厘米）、短果枝（5～15厘米）和花束状果枝（<5厘米）。

杏树发育枝的生长一般，在花后1周即进入旺盛生长期。若遇到不适合条件（如高温），则生长缓慢或停止；条件合适时，可继续生长。1年可持续1～3次，分别形成春梢、夏梢和秋梢。同时有的品种侧芽萌发会形成副梢，即二次枝，二次枝上芽再萌发形成三次枝，但生长时间很短，一般仅15天左右。

结果枝萌发后生长迅速，而且整齐，但停止生长较早，从萌芽到生长，一般20～30天，年生长量5～10厘米。新的顶芽形成后，便不再萌发，年生长量只有5～30厘米。

枝条的生长发育，受品种、树龄、树势、树体、储存养分状况、土壤中无机盐含量、土壤温湿度及光照条件的影响。

同时，重修剪和重短截等也都能刺激芽的萌发，促进形成长枝等。

（三）芽

杏树芽按性质分为叶芽和花芽。叶芽呈长三角形，较瘦；花芽呈圆锥形，较肥大。还有一类发育很小的芽子，一般在枝条下部保持休眠状态，称潜伏芽，只有在重修剪或回缩更新时才萌发。叶芽和花芽的着生方式也有多种，最常见的是单芽着生和三芽着生。杏树花芽分化露地可在 6 月中下旬开始，8 月下旬至 9 月中下旬陆续分化各种器官，9 月下旬至 12 月份花芽各器官原基继续增大，雄蕊和雌蕊也进一步向纵深分化。此期可观察到花药的 4 室形态和雌蕊的珠心组织，发育畸形的花柱也可以观察到。树体内营养状况的好坏是影响花芽发育质量的主要因素之一。

（四）花

1. **花的类型**　杏树的花为两性花，由花芽萌发后形成，但常常由于发育不健全形成了 4 种类型的花：一是雌蕊长于雄蕊；二是雌、雄蕊等长；三是雌蕊短于雄蕊；四是雌蕊退化。

前 2 种花可以授粉、受精、结实，称为完全花；第三种花，有的可以授粉，但结实力差；第四种花，不能授粉受精，称为不完全花。杏树“满树花、半树果”，有的甚至没有果的现象。其原因之一是后 2 种花存在的比例较大。4 种花比例的多少与品种、树龄、树势、枝条类型、花的着生部分有很大关系。

2. **开花**　杏树的开花早于展叶，春季棚室升温后，从花芽萌动到早期开花需要 25～30 天时间。据笔者观察，成熟迟的品种早开花，而成熟早的品种晚开花，一般相差 1～2 天。花冠展开后 1～2 小时花药开裂开始散粉，开花后 10～20 个小时，花粉基本散完，花药变成黑紫色的空壳。

在休眠期低温满足的情况下，温室中靠墙的杏树先开；而

未达低温需求的情况下，则是前部先开，后部迟开。同一株上，冠外先开，冠内后开。一个枝上，中下部先开，顶部最后开。花期一般 1 周左右，单花期 2～3 天。

3. 授粉受精 发育良好的雌蕊柱头，顶端分泌黏液，黏住来自雄蕊的花粉，花粉粒在柱头上萌发并生长，称授粉。授粉后 3～4 天完成受精。一般花柱能保持 3～4 天的新鲜状态，以接受花粉，授粉后，柱头便由黄色变为淡褐色。

国内的杏树品种大多数不能自花授粉结实，这点不同于桃树和葡萄，因此需要配备授粉树。但是品种之间也存在着单向或双向不亲和的现象。山黄杏与密坨罗双向不亲和，骆驼黄用红玉杏和鸡蛋杏授粉，表现为轻度不亲和，而用串枝红杏和麻真核则授粉结实率较高。一般生产中授粉结实率达到 10% 以上才能丰产，混合花粉授粉一般均能提高杏结实率，所以杏树配置授粉树时需配置 2～3 个品种。

（五）果　实

杏果实为核果，由子房发育而成。内果皮硬化形成果核，核内有种子一粒、苦仁或甜仁。

杏果实的发育有 3 个阶段：第一阶段是从花后子房膨大到果核木质化以前。此期果实迅速膨大，重量迅速增加，所以称之为第一次迅速增长期，一般持续 28～34 天，此期是决定杏果产量的关键时期。第二阶段为硬核期。果实增长很慢，内部核木质化，一般持续 8～12 天。第三阶段是第二次快速生长期。硬核期后，果实又迅速增大，至采收为止。持续时间为早熟品种 18 天左右，中熟品种 30 天左右，晚熟品种 40 天以上。

杏果实多为圆球形或卵圆形，单果重多在 30～60 克，色泽以黄色、绿白色及黄色带红晕为主，这些性状因品种变化较大。

二、对环境条件的要求

杏树具有特别耐寒、耐旱、耐瘠薄等特点，对生态条件要求不严格，适应性很强，适宜栽培的范围也很广，在我国北纬23°～53° 都有分布。

（一）温　度

杏树喜冷凉，耐严寒。在 -30℃或更低的温范围内能安全越冬。但花蕾及花器只能耐受 -2℃左右低温，温度继续下降就会发生冻害。温度越低，时间越长，冻害越严重。杏树亦耐高温，日平均温度达 36℃，极端高温达 43.9℃，仍能正常生长。杏树开始生长需要平均温度 11℃，平均温度 1.9℃～3.2℃时开始落叶。杏树开花期适宜温度为 12℃～18℃，温度高于 18℃，花期缩短，坐果率低。

杏树休眠期需冷量比桃树少，其低于 7.2℃的时间总量 600 小时左右，即可正常发芽、开花结果。

（二）水　分

杏树是一种抗旱、耐瘠薄的深根性树种，喜欢土壤湿度适中和干燥的空气条件。但是在新梢旺盛生长期和果实发育期土壤严重缺水，会影响树势和果实的产量及品质。花期缺水，会缩短花期，降低花粉生活力，授粉受精不良，造成大量落花落果。

杏树抗旱但不耐涝，土壤水分过多或空气湿度过高，对杏树生长也不利。花期多雨，对授粉受精极为不利，会降低坐果率，产生裂果、落果。积水过多会引起早期落叶、烂根，甚至死亡。

（三）光　照

杏树为喜光性很强的树种。光照充足时，枝条发育充实，花芽分化好，坐果率高，幼果膨大速度快，果个大，果面色彩鲜艳光亮，果实含糖量高，品质优良。反之，枝条易徒长，花芽质量差，退化花多，坐果率低，色泽差，品质低劣。因此，设施栽

培杏树，亦应注意调整光照，要经常擦膜，保持采光面光亮，透光率高；地面要铺设反光膜，墙壁张挂反光膜，增强室内光照强度；树体应稀疏留枝，并要采用低干矮冠的自由纺锤形，以利于改善设施内光照条件。

（四）土　壤

杏树对土壤的适应性很强，既耐瘠薄，又耐盐碱。除通气性差的黏重土壤以外，在沙壤土、沙质土、壤土、黏壤土、微酸性土、碱性土上，甚至在岩缝中都能生长。在总含盐量为0.1%～0.2%的土壤中也能正常生长发育，但超过0.24%时便会发生危害。在通气不良的黏重土壤易发生流胶病。重茬地不能建园，否则容易发生再植病。

杏树在有机质含量高、透气性良好的壤土、沙壤土地中栽培，其根系发育好，树体健壮，结果良好，果实品质优良。

第二节　设施杏栽培品种选择

一、品种选择原则

设施栽培条件下，杏树应选择早果性、早期丰产性强、需冷量低、休眠期短、抗性强、树体矮化紧凑、白花结实力强、果实成熟早、肉硬皮厚、耐贮运、品质优良的鲜食品种。

二、主要适栽品种

（一）骆 驼 黄

原产于北京市门头沟区。果实较大，平均单果重49克，最大果重78克。圆形，果顶平圆微凹，果面底色橙黄，阳面有暗红晕。果粒橙红色，肉质松软，汁液多，肉厚，可食率94.2%，味酸甜，半黏核，甜仁。露地在5月下旬至6月初成熟，果实发育期55～60天。生长强健，栽后第二年可开花结果，以短果枝和花束状结果枝为主，完全花30%～40%。在温室栽培下有提高完全花比例的现象。

（二）红 荷 包

原产于山东省济南市历城区。果实大，平均单果重50克，最大果重70克。果实椭圆形，果沟较深，果面底色鲜红或黄，阳面紫红。果肉橘红色，肉质细，味甜酸，香气浓，品质上等，苦仁。果实发育期56～60天。树势强健，树姿开张，树冠呈自然圆头形。枝条粗壮，萌芽力与成枝力均高，冠内枝条较密，层性不明显。以短果枝结果为主，开花稍晚，花期稍长，自花不实，成年树雌蕊退化花率50%以上。定植后3年结果，较丰产。适应性强，抗病虫，果实虫害较少，设施栽培表现较好。

（三）凯 特 杏

美国品种。果实特大型，近圆，平均单果重105.5克，最大果重130克。果顶平，缝合线明显、中深，两半部不对称，果皮橙黄色。完全成熟时果肉橙黄色，肉质细嫩，汁液丰富，风味酸甜爽口、芳香味浓，品质上等。可溶性固形物含量12.7%，总糖10.9%，酸0.9%。果核小，离核，果实耐压、耐贮运。幼龄树生长强旺，易成花，成花早，极丰产。果实6月中旬成熟，发育期70天左右。抗盐碱，耐低温，耐湿，抗晚霜，适合设施栽培。

（四）金 太 阳

原产于美国。极早熟品种。一般单果重65～75克，最大果重可达97克。近圆球形，果顶平，缝合线浅平，两侧对称，果面光洁，底色金黄色，阳面着红晕，外观美丽。果肉橙黄色，可溶性固形物含量13.5%，离核，肉质鲜嫩，汁液较多，甜酸爽口，有香气。适应性和抗逆性强，坐果率高，易成花，花期耐低温，丰产。抗裂果，果实耐贮运。露地栽培5月下旬成熟，设施

栽培4月中旬即可成熟。

（五）金　星

果实近圆形，平均单果重30克，最大果重达55克。果顶圆，缝合线浅，果面颜色橙黄。果肉橘红色，纤维少，风味酸甜可口，香气浓。可溶性固形物含量16.5%，离核，苦仁。果实自然发育期为57天左右。

（六）红玉杏

原产于山东省济南市历城区、长清区。果实大，平均单果重80克，最大果重达105克。长椭圆形，顶平，微凹，缝合线明显，果皮底色橘红色，阳面有少量红晕。果肉橘红色，肉质细，汁多，纤维少，酸甜适口，风味浓，品质上等，离核，苦仁。果实发育期70天，当地6月上中旬成熟。休眠浅，需有效低温600～700小时。

（七）子荷杏

原产于河北省新河县。为一很有前途的极早熟品种。果实卵圆形，平均单果重37.1克。果顶圆平，缝合线浅但明显，果肉不对称，果皮黄色，肉质略粗，纤维稍多。果肉软，汁中多，风味甜，可溶性固形物含量13%，品质上等，果实发育期53天左右。生长健壮，节间短，完全花率极高，雌蕊长于和等于雄蕊的花占96.6%。

（八）串枝红杏

原产于河北省巨鹿、广宗等地。平均单果重25克，最大果重70克。果实圆形，果顶一侧突起，稍斜，缝合线明显且深，果面底色橙黄，阳面紫红晕。果肉橘黄色，肉质细，汁中多，味酸甜，品质上等，果实发育期80天左右。该品种极丰产，是骆驼黄的授粉品种。

（九）仰韶黄杏

又名鸡蛋杏。原产于河南省渑池县。果实大，平均单果重

89.5克，最大果重131.7克。果实卵圆形，果顶平，微凹，梗洼深广，缝合线浅而明显，两侧果肉不对称，果底色橙黄，阳面有少量红晕和紫红色斑点。果肉橙黄色，肉质细韧、致密，富有弹性，纤维少，汁液多，甜酸适度，香气浓，品质上等。可溶性固形物含量14%，离核。果实发育期70～80天，当地6月中旬成熟，该品种花期一般较其他品种晚3～5天。

（十）大 棚 王

原产于美国。果实长圆形或椭圆形，平均单果重120克，最大果重200克，是目前国内同期成熟的杏品种中果个最大者。果形不正，缝合线一侧中深，明显，一侧近于无。梗洼深而广，萼洼浅不明显。果面较光滑，有细短茸毛，底色橘黄色，阳面着红晕。果肉黄色，肉厚，可溶性固形物含量12.5%。肉质细嫩，纤维较少，汁液多，香气中等，品质上等，风味甜。离核，核小，苦仁。较耐贮运，坐果率高，早实质优，丰产稳产，适应性强，极适于设施栽培。果实5月中下旬开始着色，6月初果实成熟，比金太阳杏晚熟5天左右，果实发育期70天左右。

（十一）特 早 红

原产于河北、河南、山东三省交界区域。果个较大，一般单果重60～90克，最大果重达到125克。果色亮红光彩鲜艳，果味浓甜爽口。可溶性固形物含量15%以上，肉质细软，品质优良。丰产性较好。特早红杏是目前国内最早熟的优良品种之一，比金太阳、红丰、新世纪早熟15天左右。自花授粉力强，抗晚霜冻。

（十二）新 世 纪

红丰的姊妹系，由山东农业大学培育。果实卵圆形，平均单果重68克，最大果重可达108克。缝合线深而明显，两侧不对称，果面光滑，果皮底色黄橙色，着粉红色。肉质细，香味浓，味甜酸，风味浓，品质佳。果肉可溶性固形物含量15%以上，离核，仁苦。有自花结实能力，果大，丰产，是品质优良的早熟品种。适宜露地和春暖棚种植。

（十三）红 丰 杏

亲本为二花槽×红荷包。果实近圆形，果个大，品质优。平均单果重68.8克，最大果重90克。缝合线明显，较深，两侧匀称，梗洼圆形、中等深，果面光亮，果皮黄色，2/3果面着艳丽鲜红色，极美观。果肉橙黄，肉质细，可溶性固形物含量16%以上，具香味，风味浓，品质上等，半离核，仁苦。陕西省成熟期在5月10～15日，是国内极早熟杏品种。

（十四）金 奥 林

中国农业科学院自美国引进的早熟杏品种。果实外红内黄，香味浓郁，口感甘甜醇厚，平均单果重80克。5月20日即可采摘完毕，比凯特杏等品种提前20天左右。

（十五）玛 瑙 杏

原产于美国加州。平均单果重56克，最大果重94克。果皮橘黄，阳面有红晕，外观美丽。果肉细嫩，汁液较多，酸甜适口，芳香味浓，可溶性固形物含量12.5%，品质上等。果实硬度大，耐挤压，耐贮运，商品性好。适应性广，抗旱，耐寒，耐盐碱。萌芽率高，成枝力强，长、中、短果枝均可结果。该品种最突出的优点是易成花，坐果率特高，是目前非常罕见的早果、极丰产品种。果实于6月中旬前后成熟，极适于设施栽培。

（十六）黄 金 杏

原产于意大利，又名意大利1号。果实中大，平均单果重50克。果实椭圆形，果顶凹，缝合线浅，两半部对称，果皮全面橙红色，着色均匀，果皮不易剥离，果面茸毛稀，光滑有光泽。果肉橙红色，汁液中等，风味甜，肉质松脆，可溶性固形物含量12%～14%，鲜食品质上等，离核，核较大，苦仁。不裂果，耐贮运，适于加工和鲜食，在山东省枣庄市露地5月底成熟。适应性广，抗性强，完全花比例高，自花授粉，花朵坐果率80%以上，早实性强，抗晚霜，为设施栽培首选品种。

第三节　设施杏高效栽培技术要点

一、设施栽培方式与休眠的打破

杏的休眠期短和果实发育期短，成熟期早，低温需求量为770～920小时，很适于设施栽培。

（一）栽培方式与成熟期

杏栽培方式主要利用大棚或温室进行早熟栽培即半促成栽培。

杏成熟期的早晚与采用的栽培设施和开始保温时期的早晚直接有关。在自然休眠解除，进入休眠觉醒的期限内，保温性能好的日光温室可以早保温，其成熟期就早；相反，大棚保温性能差，不能过早开始保温。因此成熟期比日光温室要晚。在同样栽培方式下，早熟品种成熟期早，晚熟品种成熟期也相应地要晚。杏设施栽培方式的选择，根据设施条件、品种特性、计划上市时间等因素考虑。目前，杏设施栽培主要是早熟栽培。

（二）开始保温的时期和打破休眠

杏开始保温时期的早晚同样与其休眠的解除有关。杏的休眠比桃和李都浅，一般在7.2℃以下经500～900小时低温即可打破休眠。在华北、西北地区约1月中旬前后自然休眠即可解除，因此最早开始保温的时期可在1月中旬左右进行。同样，纬度越高的地区，开始加温的时期可以越早；纬度越低的地区开始保温的时期则越晚。

在设施栽培生产实践中，为了使杏树迅速通过自然休眠，以便提前扣棚升温，常采用“人工低温暗光促眠”技术。但人们更关心的是用化学药剂来打破休眠的方法，这种打破休眠的方法比“人工低温暗光促眠”更省事。赤霉素（GA_3）、二硝基邻甲酚（DNOC）、无机盐类、硫脲、二氯乙醇、乙烯、亚麻仁油、矿物油等，对杏树都有打破休眠的作用。例如，在金太阳、凯特杏树自然休眠中后期，可用以下 2 种方法打破休眠：①用 3% 硫脲 +8% 硝酸钾混合液喷施全树，可提前 6 天左右解除休眠；②用 120 毫克 / 千克 GA_{4+7}+100 毫克 / 千克 6–BA 混合液喷施全树，可提前 12 天左右解除休眠。生产中如果应用此项技术，一定要先做小型试验，取得成功后方可应用于生产。

二、苗木选择与定植

（一）苗木准备

对于杏树栽植苗木一定要选用品种纯正、芽体饱满、枝条粗壮、无病虫害、根系完全且发达、无机械损伤的一级优质壮苗；苗高 1.5 米，粗 1.5 厘米，带有健壮副梢的苗子也可。若苗子较小，最好在圃地间苗后再培养 1 年，然后在棚室内再栽。或者可以先盆栽蹲苗，也可以将 1 年生杏苗在春季先植于盆内或大塑料袋、编织袋内培养 1 年，秋季植于棚室内。定植前将根系浸水 24 小时，然后用 0.3% 硫酸铜溶液浸根 1 小时，或用 3 波美度石硫合剂喷布全株消毒。

生产上通常是先栽树于准备棚室栽培的地块中，在第三年植株具有一定产量时再扣棚或建温室。

（二）定　植

1. 栽植密度与行向　大棚杏一般选用南北行向。温室中可选用南北行或东西行，东西行一般采用间作制。为了早期获得好的经济效益，必须在控制树冠的条件下进行密植栽培。杏树

的冠径和树高比桃树大，因此在栽植密度上要比桃树小一些。一般可掌握在每667米^{2}栽植150～200株。由于杏树生长发育快，树体高大，且喜光性强，所以株行距较大。常见的株行距有1.5米×2米、1.5米×2.5米、2米×3米等。计划性密植可栽植成1米×1.5米，树冠郁闭后，株间隔一去一成2米，行间伐除一行成3米。

2. **栽植时期**　当先栽苗、后盖棚时，可在春季栽植；当已有培养好的大苗时，可在秋季栽植。

3. **栽植**　在确定好的行距中央开挖深1米、宽80厘米的沟，然后按每667米^{2}施有机肥5000千克，拌土回填到沟中，立即浇1次水。当土壤稍干后，在沟内挖深40厘米、直径40厘米的定植穴将杏树植于穴内，栽后立即浇水1次。

三、整形修剪及化学调控

（一）树形选择

自然条件下，杏树多为自然圆头形或自然半圆形，这是由于杏树的非均匀性生长特性而形成的树形。棚室内可选用三主枝开心形和二主枝“Y”形。从目前的实践看，纺锤形是一种较好的树形。在温室中，中部及靠墙的植株均可按此种树形进行整枝定形。

（二）整　形

整形时，大苗可以不定干，在70厘米处将树干弯曲一方，一般苗在70～80厘米处定干。发芽后，树干30厘米以下的萌芽抹去，其上每隔15厘米左右选留一枝（注意上下插空）。待枝条长到35～40厘米时摘心，再萌发的二次枝长到40厘米时进行第二次摘心，并把枝条拉成70°～80°，其余枝中的中庸枝条拿枝软化培养结果枝组，直立强旺枝可疏除，2～3年便可完成整形过程，如图8-1所示。

图 8–1 纺锤形杏树

（三）修 剪

幼龄树期修剪主要目的是培养树形，迅速扩大树冠。结果期树修剪的主要目的是调整和培育结果枝组。纺锤形的培养要注意在前期加强中干的生长，可短剪延长头。若原头生长偏弱，可换用下部的竞争枝弯曲向上。对于主干上的主枝下部控制在1～1.5米，中部控制在1米，上部控制在0.5～1米。

修剪时以夏剪为主，冬剪为辅。夏剪主要采用摘心、拿枝等措施，控制旺枝的生长，促发副梢果枝。经观察，杏树多以粗0.5厘米左右的中、短果枝结果为主。培养结果枝组时，则要以此为原则，促发强壮中、短果枝的出现。冬剪时可疏除或回缩一部分过密的大枝，长果枝一般拉平缓放，适当短截一部分。中、短果枝细弱时可疏除，花束状果枝适当疏除一部分花芽，有利于提高留下花的完全花比例。

（四）化学控制

对于旺树可土施多效唑，4月下旬每株5～8克，可有效控制温室中杏树的生长。当新梢长至15～20厘米时，喷布15%多效唑可湿性粉剂300倍液1次，可以有效控制新梢生长，促进花芽形成。也可在5月中旬对旺枝用细铁丝绞缢，2个月后再解开，可促进缢痕上部花芽的形成和控制旺枝的生长。

四、花果管理

由于杏树开花时所需温度较低，花期放蜂一般效果不好。因此，要在配置好一定授粉树的情况下加强人工授粉可明显提高坐果。在杏盛花期、幼果膨大期喷15毫克/千克赤霉素+0.2%磷酸二氢钾+0.1%蔗糖或25毫克/千克赤霉素+40.5%葡萄糖都有防止生理落果的作用。盛花期喷0.3%硼砂或0.2%硼酸，有利于提高坐果率和防止缺硼。在盛花期喷90毫克/千克赤霉素可以提高当年的坐果率和增加果重。新梢生长初期，每株土施15%多效唑粉剂10克，可使枝条节间缩短，控制生长，并可增大果实。采用环剥和绞缢措施可缓和树势，提高坐果率，摘心也能显著的提高坐果率。

杏在设施栽培情况下，一般不提倡疏花，但应在生理落果期过后视情况进行疏果。疏果时先疏除畸形果、并生果、病虫果，再摘除过密果，使留下的果均匀地分布在树冠中。疏果标准一般长果枝留4～6个果，中果枝留2～3个果，短果枝留1～2个果，掌握每平方米60～80个。

果实转色期喷施100毫克/千克乙烯利溶液，能够促使果实成熟。

五、土肥水管理

（一）土壤管理

杏对土壤适应性强，一般在采收后休眠前扩穴深翻1次，萌芽后开花前和硬核期中耕1次，并且做好地面覆盖工作，如覆草、覆膜，降低设施内湿度。

（二）安全施肥

杏设施栽培由于提前打破休眠生长，基肥应早施，在秋季落叶前施入，有利于根系早期吸收。秋施基肥以有机肥为主，每667米^{2}施5 000千克。

在生长期，为了补充基肥的不足，应进行追肥。追肥的时期应在萌芽前和硬核时期进行。施肥的种类多以速效肥为主，如人粪尿、尿素、硫酸铵、磷酸二铵、磷酸二氢钾等。追肥方法可以是在树冠外围开沟土施，也可树体喷施。

具体方法是：萌芽前每667米^{2}用尿素15千克加三元复合肥45千克，穴施或沟施。花前和花后2周各喷1次0.3%尿素+1%过磷酸钙+0.3%硫酸钾混合液，促进果实细胞分裂。盛花期喷0.2%硼酸或0.3%硼砂溶液利于坐果和防止缺硼。硬核期是杏的需肥临界期，每667米^{2}追施尿素10～25千克，环状撒施或条沟施入。果实膨大前期每株施50～100克硫酸钾复合肥，同时每10～15天喷施0.3%尿素和0.3%～0.4%磷酸二氢钾溶液，连续2次。果实膨大期及着色期，连续喷2次200毫克/千克“稀土”溶液，可防止裂果产生。采收后株施三元复合肥100克。

（三）浇　水

杏树一般在生长前期需水量大，土壤水分充足有利于树生长。后半期要控制水分。

在萌芽前浇水1次，有利于萌芽、开花和结果，在花期尽量减少浇水或不浇水。在硬核期新梢生长和果实发育期都需大量水分，此时浇水对产量和品质影响很大，必须保证充足的水分供应，果实着色后期控制浇水，以提高果实的含糖量，有利于花青素的形成，促进着色和成熟。采收前15天减少或停止浇水。

浇水最好采用滴灌，如无滴灌条件，可在行间实行膜下暗灌，严禁大水漫灌和明水浇灌，以免提升设施内湿度、诱发病害。使土壤相对含水量控制在60%～80%，空气相对湿度控制在50%～60%。

设施内的结果杏树浇水，在一般条件下，可浇灌3～5次，发芽时、落花后10～15天，各浇1次，果实迅速膨大期，可连续浇灌2～3次。

六、设施环境调控

（一）温度的调控

杏对温度的耐受范围很广，但在最适宜的温度下对生长发育及产量和品质有良好的影响。不同生育时期对温度要求不同。

1. **保温催芽**　催芽期分3个阶段进行，第一阶段白天温度控制在14℃～15℃，夜温控制在3℃以上，保温开始后应马上覆盖地膜，使地温尽快提高到15℃以上，以利于根系活动，保持3～5天。第二阶段白天温度15℃～18℃，夜间5℃～10℃，保持10天。第三阶段温度不能超过23℃，空气相对湿度80%～85%。

2. **开花期**　温度不能过高或过低，否则对授粉受精不利，一般要求白天温度16℃～18℃。但为了贮蓄热量，保证夜间温度，一般白天保持20℃～22℃、夜间8℃～10℃，最适宜的温度为11℃～13℃。

3. **果实膨大期**　果实膨大期要求较高的温度。一般白天气温控制在26℃～28℃。夜温控制在10℃～15℃，对果实生长有利。但膨大后期可降低夜温，将温度控制在10℃左右。有利于品质的提高。

4. **采收期**　白天温度保持在26℃～28℃，夜温10℃左右。

5. **花芽分化期**　杏花芽分化在露地条件下，主要是在6月下旬至8月下旬，白天28℃，夜间15℃左右，平均温度15.7℃～17.4℃最好。

（二）湿度的调控

杏树耐旱怕涝，设施栽培应防止土壤过湿。杏树不同生长时期对湿度的要求不同，应根据需要加以控制，特别是花期的湿度，直接地影响授粉受精，是关系到设施栽培成功的重要问题之一。设施内湿度的大小与灌水量有直接的关系，也与棚室内通风密切相关。一般情况下，设施内湿度的控制应是在保温及

催芽开花以前，空气相对湿度控制在 80% 左右；开花期控制在 50%～60%；果实膨大期至成熟期可控制在 60%～70%；保温催芽期为 80% 左右。

（三）气体、光照的调控

参见设施桃栽培部分相关内容。

七、病虫害防治

设施杏树栽培，主要虫害有蚜虫和红白蜘蛛，病害有细菌性、真菌性穿孔病、褐腐病、炭疽病等。主要防治方法：①搞好设施卫生，冬剪后，清除枯枝落叶和杂草，创造一个低虫卵、少病源的环境。②升温至萌芽前，用较高浓度的杀虫和灭菌烟剂进行温室消毒或喷 5 波美度石硫合剂。③萌芽后开花前（蕾期）喷 25% 高渗吡虫啉乳油 2 000～3 000 倍液防治蚜虫。④果实豆粒大小时，喷 1 次 50% 多菌灵悬浮剂或 80% 代森锰锌可湿性粉剂 600 倍液，可防治褐斑病、炭疽病。⑤果实发育期，防治蚜虫、红白蜘蛛，使用吡虫啉防治蚜虫；阿维菌素系列药用于防治红白蜘蛛。果实成熟前注意预防日灼病和果实黑点病。⑥揭膜撤苫后，喷阿维菌素系列药，防治红白蜘蛛；农用链霉素或硫酸锌石灰液，防治细菌性穿孔病、炭疽病，兼治球坚蚧；多菌灵、代森锰锌防治真菌性穿孔病。

八、采　收

杏果不耐贮运，应及早适时采收，如远地运销应在七八成熟时采收。采收时要轻拿轻放，采用精美小包装及时上市销售。

第九章 设施枣高效栽培与安全施肥技术

第一节　枣树的生物学特性

一、主要器官及生长习性

（一）枣树的根系

枣树生根能力强，其水平根系可超过枝展的2～6倍，垂直根可深达数米，主根层多分布在5～30厘米内、40厘米以下，细根少，但根的伸长力强。

枣树的水平根容易发生根蘖，受伤后伤口处根蘖生长快，细根发育好，以根部受伤方法刺激根蘖苗发生，其根系健全，可用于繁殖苗木。

（二）枣树的芽和枝

枣树的枝条每节叶腋间有主、副2种芽，主芽当年多不萌发，副芽随发育枝的生长，形成二次枝、三次枝或枣吊。

枣树的枝条可分为3种：枣头、枣股、枣吊。枣头即枣树的发育枝，由主芽生长发育生成的，是扩大树冠及形成主枝的最重要的枝条，其二次枝的副芽当年生成枣吊，二次枝的主芽翌年形成枣股；枣股是缩短的枣头，是由主芽发育成的结果母枝，其上抽生枣吊；枣吊是脱落性枝，其上着生花芽，开花结果，即结果枝。

（三）枣树的花芽分化与开花结果

枣花着生在枣吊的叶腋间，枣吊越长，其花序越多。枣花花粉发芽需要一定的阳光及湿度，晴天且有适当湿度花粉发芽率高。枣花为虫媒花，花期放蜂能提高坐果率。枣树花芽是当年分化，随生长随分化，年中可多次分化。单花分化速度快，全树分化时间长。单花分化时间 6 天左右，单花序分化时间 6～20 天，单枣吊分化时间 1 个月左右。全树分化时间长达 2 个月左右。花芽分化与树体营养状况及环境条件密切相关，光照充足、肥水供应及时、树体健壮，花芽分化速度快、质量好，坐果率高。

枣树开花时间长，同一枣吊上花的开放需 10 天左右，一株树开花持续时间则可长达 2～3 个月之久。在温室中栽培枣树，利用枣树开花时间长的特性，采取适当的农业措施，可人为地调节结果时期，并可以结二次果实。

枣树自然坐果率低，仅为 1% 左右，其坐果率受树体营养水平、环境条件、农业措施影响很大。天气晴朗、有适宜的湿度利于提高坐果率。盛花期放蜂、喷洒 15～20 毫克 / 千克赤霉素溶液，或树干开甲（环剥）可显著提高坐果率。

二、对环境条件的要求

枣树适应性强，既抗干旱又耐水涝，喜温热，抗冷冻，称其为铁杆庄稼，无论平原、山地、沙滩或盐碱地均能适应，我国南北东西各地皆能栽培。

（一）温　度

枣树喜热，抗冻，在绝对气温达 43.3℃时也能开花结果，生

长未受危害，冬季低温达 -32.9℃时可安全越冬。

春季日平均温上升至 13℃～15℃时，开始发芽，17℃～18℃时抽枝、展叶和花芽分化，19℃时显蕾，20℃左右时开始开花，22℃～25℃时进入盛花期。花粉发芽的适宜温度为 24℃～26℃，低于 20℃、高于 38℃，发芽率显著降低。果实生长发育的适宜温度为 24℃～27℃，温度偏低果实生长缓慢，品质差。果实成熟期的适宜温度为 20℃～22℃。气温降至 15℃时，树叶开始变黄脱落。

枣树根系活动要求温度比地上部分低，地温 7.2℃时根系开始活动。12℃～18℃，缓慢生长，22℃～25℃时进入生长高峰，地温降至 10℃以下时生长逐渐停止。

（二）光　照

枣树叶片小，具喜光的特点。光照强度、日照长短直接影响枣树光合作用效能的高低。光照充足，日照时间较长，利于营养物质的积累，花芽分化好，坐果率高，幼果发育快，果实含糖量、维生素 C 含量高，色泽鲜艳，品质好。所以，在设施中栽培枣树，应特别注意设置反光膜，改善棚内光照条件。

（三）土　壤

枣树对土壤的适应性较强，耐瘠薄、抗盐碱，在土壤 pH 值 5.5～8.2 范围内均能正常生长。尤其是生长在富含有机质、土层深厚的壤土和沙壤土中，树体生长健壮，高产稳产。如土壤瘠薄，应注意改土，增施有机肥，才能达到丰产稳产优质。

枣的不同品种对盐分的适应能力不同。金丝小枣较耐盐，其主要根系分布层总盐量在 0.25% 以下均可正常生长结果，其产量与总盐量低于 0.1% 的地段无明显差异。总盐量达 0.3% 时，根系生长不良，叶片黄化，树势衰弱，结果不良。

（四）风

微风能促进田间气体交换，利于提高枣树的光合作用，对

开花、授粉和果实的生长发育都有好处。大风对枣树的生长发育、开花结果都不利，尤其是干热风，对开花授粉极为不利，会引起大量的落花落果，栽培中要注意预防。

第二节 设施枣栽培品种选择

一、品种选择原则

在设施中栽培枣树的目的是早期供应市场，所以在品种选择上应首先考虑选用发育期短的早熟和中早熟品种，要求其果实生长期一般在 80～95 天。应选择大果型品质优良的鲜食品种。我国枣树品种资源丰富，各地都有些比较好的大果型、质地脆甜、可溶性固形物含量高、色泽鲜艳光亮、丰产的优良品种，可就地选用。也可从外地引进比较好的品种，如梨枣、大雪枣、冬枣、葫芦枣、瓜枣、大白铃枣、果光枣、躺枣、板枣、晋枣、朗家园枣等。

二、主要适栽品种

（一）宁阳六月鲜

果实中等大小，纵径 3.4～4.1 厘米，核径 2.7～3.2 厘米，平均单果重 13 克，最大果重 15.5 克。果实有长椭圆形、卵圆形和倒卵形等多种形状，果皮稍厚，成熟时紫红色。果肉质地细脆，汁液中多，甜味浓，略具酸味。脆熟期果实可溶性固形物含量 31%～32%，可食率 96.2%～97.1%，鲜食品质中等。果实在 8 月上旬开始着色，生长期 60 天左右，较抗裂果。

树势偏弱，发枝力中等，树体小。栽后 2 年开始结果，花朵坐果要求温度较高，日平均温度不能低于 24℃。产量高，但要求深厚肥沃的土壤条件。

（二）新郑六月鲜

属小果型，果实纵径2.6厘米，横径2.1厘米，平均单果重7.1克，最大果重8克，大小均匀。果实长圆形，果面光滑，果皮橙红色。果肉乳白色，质地细脆多汁，味甜略酸，可溶性固形物含量30.1%，可食率95.1%，品质上等。果实8月下旬采收，生长期80天左右。较抗裂果。

树体中等偏小，树姿开张，产量中等。

（三）到口酥

果实中等大，纵径3.5厘米，横径3.1厘米，平均单果重13.1克，最大果重28.5克。果实近方柱形，果面平滑。果皮薄，果肉质地较细，酥脆，汁液多，味甜略酸。可溶性固形物含量28.5%，酸0.38%，维生素C 417.1毫克/100克，鲜食品质上等。果实生长期90天，9月中旬成熟。

树体中大，树姿开张，结果早，极丰产；而且发枝力极强，需要精细地修剪。

（四）馒头枣

果实特大，近圆球形。纵径4.2厘米，横径4厘米，平均单果重40克，最大果重50克。果面不平，果皮薄，黄红色。果肉质地酥脆，汁液较多，味甜略酸，可食率98.9%，鲜食品质上等。果实生长期80天左右，8月中下旬采收。

树体较大，树姿开张，树势强，产量高而稳定。

（五）马牙白枣

果实稍偏小，纵径3.6～4.1厘米，横径2.2～2.4厘米，平均单果重8.2克。果形为马牙形，果面不太平。果皮薄，果肉脆，汁液多，味极甜，可溶性固形物含量35.3%，酸0.67%，维生素C 332.86毫克/100克，可食率92.2%，品质上等。果实成熟期在8月下旬，生长期85天左右。

树势较强，发枝力中等，树体中大。结果力强，易丰产，要求花期温湿度较高的气候条件。

（六）新郑酥枣

果实大，平均单果重22.5克，最大果重24克，大小均匀。果实长卵形，果皮红褐色。果肉黄白色，质松，汁液多，味稍淡，可溶性固形物含量27%，可食率97.8%，鲜食品质中上等。9月中旬成熟，果实生长期95天左右，易裂果。

树势较强，发枝力中等，结果早，产量较高且稳定。

（七）油福水枣

果实大，纵径4.9～5.7厘米，横径3.4～3.6厘米，平均单果重25.9克，最大果重36.5克。果实长卵形，果面平整。果皮薄，紫红色。果肉细密酥脆，汁液特多，可溶性固形物含量21%，酸0.23%，可食率95.9%，品质中上等。果实9月上旬着色成熟，生长期100天左右。果实易裂果。

树体高大直立，发枝力强，丰产稳产。

（八）冬　枣

又叫苹果枣，分布在河北、山东等地的金丝小枣产区。在河北省黄骅市、海兴县及山东省沾化县已形成规模。

冬枣树势中等，树姿开张，树冠较小，成年树高约5米，冠径一般不超过5米，枝条较细直，托刺不发达。适应性较强，生长在沙壤土及黏壤土上最适宜。

冬枣果实圆形或扁圆形。平均单果重14.6克，最大果重23.2克，大小不整齐。未熟前果皮阳面稍有红晕，成熟后红褐色，果面平整光洁，皮薄。果肉较厚，肉质细嫩特脆，多汁无渣，味浓甜，略具酸味，品质极上等，最宜鲜食。可溶性固形物含量34.2%～40%，含维生素C 352毫克/100克，可食率97.2%，其果核较小，有仁。含水率67%。冬枣结果早，嫁接当年就能结果，10月上中旬成熟。

（九）大 白 铃

原产于山东省夏津、临清、武城和阳谷等地。树体大，树势中强，发枝力中等；结果早，嫁接当年即可结果，且丰产稳产。大白铃果实大，平均单果重 25 克，最大果重 42 克，个别大果可达 80 克。果形一般为近球形，也有少量为馒头形，果形不整齐。果面不平，有明显的凹凸。果皮棕红色，有光泽，较美观。肉质酥脆但稍粗，汁液较多，味甜。半红期可溶性固形物含量为 25%，可食率 94.45%，鲜食品质中上等。裂果轻，9 月上中旬成熟。

（十）临猗梨枣

原产于山西省运城、临猗等地。树体较小，干性弱，树姿开张，枝叶较密，枣股小，抽吊力强。枣头重摘心后，基部枣吊极易木质化，花果量大。适应性强，早果性极强，一般栽植后第二年即有一定产量。坐果稳定，易丰产。树体容易控制，适宜密植栽培或超密植栽培。

果实特大，平均单果重 30 克，最大果重可达 70～100 克，但大小不均匀。果形长圆形，果面不太平整。果皮薄，赭红色，较暗。果肉厚，肉质松脆，味甜，汁液中等。鲜枣可溶性固形物含量 27.9%，含维生素 C 292 毫克 /100 克，可食率 97.3%，鲜食品质较好。9 月下旬成熟，成熟期不一致，需分期采收。遇雨易裂果，易感枣铁皮病，采前落果较重。

（十一）郎家园枣

原产于北京市。树势中等，果实长圆形，单果重 8～11 克。皮薄，颜色鲜艳。核小肉厚，可食率 96%，肉质细嫩而脆，汁多味甜，鲜枣含糖 20%～36%，含酸率 0.82%，含维生素 C 95.25 毫克 /100 克。成熟早，品质极上等，为中外闻名的鲜食品种。

第三节　设施枣高效栽培技术要点

一、定　植

（一）栽植密度

确定设施枣树栽培密度前应考虑品种树体的大小和生长势。树体大、生长势强的品种宜采用较小的密度；树体小、生长势弱的品种宜采用较大的密度。总的原则是适当密植，争取早期产量。为利于改善光照条件，须南北行向栽植，一般采用2～2.5米行距、1～1.5米株距，每667米^{2}栽植180～330株。

（二）栽植时期

枣树发芽时栽植成活率最高，其他时间定植成活率难以保障，故定植枣树一般在4月中旬至5月初，枣树开始发芽时进行。如果在晚秋栽植，须用10～15毫克/千克ABT生根粉，或天达2116壮苗灵600倍液+96%噁霉灵可湿性粉剂6000倍液浸根，才能保证成活。

（三）栽植方法

计划搞设施栽培的枣树苗一般应先在露地定植1～2年，第二年或第三年再扣棚或盖膜。当年盖膜，由于根系小、吸收营养功能稍差，在开花阶段往往因营养供应不足而不能坐果。

栽植时按行距开挖30～40厘米深、100厘米宽的栽种沟，清理整平沟底，底撒麦秸或其他碎草10厘米厚，草上铺设幅宽160厘米的塑料薄膜封闭沟壁沟底，以利于土壤保水保肥，节约肥水。结合回填土施基肥，每667米^{2}土地施腐熟牛马粪（或厩肥）4000～5000千克（或鸡粪2500～3000千克）、过磷酸钙100千克、钙镁磷肥50～100千克、硫酸钾50～80千克。如果土壤偏碱性，每667米^{2}还须增施石膏150千克、硫酸亚铁

10～20千克、酒糟或醋渣500～1 000千克。过磷酸钙和硫酸亚铁不可单独使用，一定要与有机肥料掺和均匀、发酵后施用，以提高肥料利用率，并防止被土壤固定失效。65%的肥料与挖掘出的土壤混合，后分层填入沟内，填满沟后灌水沉实。水渗透后，继续挖掘行间土壤与剩余的35%肥料混合，把定植沟封成弧形高垄畦，垄高30～35厘米、宽80～90厘米。结合封垄，表层土壤撒施有机生物菌肥50～100千克。最后在垄正中定植枣树。

封垄高15厘米时栽植枣苗，枣苗栽植前，须先行定干，干高80～100厘米，剪除所有二次分枝，后用凡士林油（或猪油）涂擦所有伤口和树干防止失水。然后剪掉伤根，并用天达2116壮苗灵600倍液（或10～15毫克/千克ABT生根粉）+96%噁霉灵可湿性粉剂6 000倍液+2.5%高效氯氟氰菊酯乳油2 000倍液浸泡25～30分钟，杀灭苗木携带的病菌与害虫，促发新根，壮根壮枝，提高成活率。

栽苗时，在土垄顶部中央按株距放苗，矮苗在南，高苗在北，由南向北，枣苗由矮到高排列。栽植时注意伸展根系，结合封垄埋土，覆土深度达根颈即可。栽后树穴浇水，最后封好土垄，覆盖地膜，地膜上适当撒土。

设施内栽培枣树，浅开沟，起高垄定植，在多雨的夏秋季节，可以防止水涝灾害危害枣树。进入严寒季节，又有利于提高枣树根系周围的土壤温度，促进根系发育，根系活动早，生理活性强，地上、地下和谐，可显著减轻落花落果现象，提高坐果率。

沟底铺设碎草与农膜，既可减少肥水流失，节约用肥、用水，还能起到限制根系发展、抑制营养生长、矮化树体、促进花芽分化、利于结果的作用。同时，在严冬季节又能大大减少耕作层土壤热量向深层土壤传递，利于提高、稳定耕作层土壤温度。

覆盖地膜利于保墒、提高地温，并能防止雨季水涝灾害，枣苗成活率高。

（四）肥水管理

枣苗定植后为促进其快速生长发育，提早成形，必须加强肥水管理。①要注意及时浇水，每 10 天左右 1 次，连续 3～5 次，不但要确保枣苗成活，而且要促进其快速生长。②要结合浇水追施尿素 2～3 次，每 15～20 天 1 次，每次每株冲施尿素 50～75 克。③枣苗发芽后，注意根外喷洒天达 2116 叶菜专用型或桑茶专用型 1 000 倍液＋尿素 400 倍液＋红糖 200 倍液，每 10～15 天 1 次，连续喷洒 3～4 次，促进枣苗加速生长，快速成形。8 月份后，要连续喷洒 2～3 次 0.5% 磷酸二氢钾＋1% 尿素液，促进枣头主芽充实，提高树体整体的储备营养水平。

生产中若能采取以上管理措施，枣树当年即可基本成形，翌年即可结果丰产。

二、树体管理

（一）培养丰产树形

设施枣树栽培，为提高光能利用率，力争早结果、早丰产，应采用自由纺锤树形或小冠主干疏层延迟开心形。不论采用哪种树形，都应实行低干、矮冠，干高 25～30 厘米，设施前部的树高 1.2～1.5 米，中部树高 1.5～1.8 米，后部树高 1.8～2 米。主干之上只培养主枝（二次枣头），主枝上着生结果基枝与枣股，不培养侧枝。

1. 自由纺锤形 其主干上均匀分布 6～10 个二次枝（主枝）。二次枝基部 3 个，相邻主枝之间距 5～20 厘米，主枝与主干的夹角 75°～80°，主枝间水平夹角 120°。以后每隔 25 厘米左右留 1 个主枝，主枝夹角 75°左右，主枝方向与下层主枝

错落发展，同方向的主枝上、下距离 50 厘米左右，全树共有主枝 5～10 个，其前部植株 6 个，后部植株 8～10 个，中部植株 6～8 个。

2. 小冠主干疏层延迟开心形　设施前部的植株培养 2 层主枝，后去头开心；中后部植株培养 2～3 层主枝，后去头开心。一层主枝 3 个，东南、西南、正北方向各培养 1 个，3 个主枝相互之间水平夹角呈 120°左右，与主干的垂直夹角 75°～80°，层内距 20～25 厘米。二层、三层主枝数各 2～3 个，层间距 40～60 厘米。各主枝的水平方向与一层各主枝的方向错落发展，垂直夹角 50°～60°。主枝数量达到计划数以后，割除中央领导干的延长头，进行开心，以利于改善冠内光照条件。

不论培养哪种树形，主枝要单轴延伸，不留侧枝。

3. 培养方法　枣树发芽前 15 天左右，先行定干，设施前部植株留干 70～80 厘米，后部植株留干 120～150 厘米，中间植株介于两者之间。为促使剪口下主芽萌发，生长新的中干枣头，还须把剪口下的二次枝留 0.5～1 厘米疏除。然后按整形要求，选留部位、方向适宜的主芽培养主枝。先对主芽上方的二次枝留 0.5～1 厘米剪除，后再在主芽上方 1 厘米处进行目伤，横割 2 刀至木质部，2 刀间距 2 毫米左右，刺激主芽萌发，促其长成枣头，培养主枝。如有其他的萌芽，须及早疏除或摘心控制长势，培养成结果基枝。对于中干枣头，长至 3～5 节进行摘心（前部留 3 节早摘、后部留 5 节晚摘），及时控制树体高度。用作主枝培养的枣头，要注意调整方向、适时撑拉角度至 75°～80°，并要控制其伸展度，其长度达 80 厘米左右时摘心，促进枣股发育，增加枣股数量，防止枣头延伸过长，引起行间遮阴。同时，由于枣树顶端优势的作用，上部枣头生长速度快，势力强，下部枣头较弱。对于这种现象要利用适时拉枝、及时摘心、适当疏除上部枣头的二次枝等综合措施，调整各枣头之间的生长势力，使之相

对平衡。注意，主枝上不再培养侧枝，其上发现有新枣头发生时，须及时抹除，以便集中营养培养结果基枝、枣股和枣吊。

如果主干上萌发的二次枝部位、方向适宜，生长比较健壮，可留 1～2 节短截，促其主芽萌发枣头，培养主枝。二次枝主芽萌发培养的主枝，其角度大（80°左右），方位好，一般无须撑拉。

各枣头生长发育的同时，除基部几节副芽萌发生长成脱落性枝外，其他各节副芽都会萌发长成二次枝，发育成结果基枝。其上的各节主芽翌年会发育成枣股，萌发枣吊，只要营养条件良好，枣吊就会分化花芽，开花结果。为促进枣股发育，枣头上的各二次枝长至 3～5 节时，要及时摘心，增加枣股数量。

（二）修　剪

1. 夏剪　在整个生长季中要集中进行 4～5 次夏剪。第一次，萌芽期对着生位置不好或过密处的枣头芽应及时除萌，以减少树体内营养的消耗。第二次，在枣头长到 20～25 厘米时，对用作培养枝组的枣头要及时摘心。小枝组一般保留 1～2 个二次枝，中型枝组一般保留 3～5 个二次枝，设施栽培基本上不培养大型枝组。第三次夏剪在二次枝长到 50～60 厘米时摘心，木质化枣吊长到 30～40 厘米时摘心。第四次在花期对粗壮的枝条进行基部环割，以促进坐果。第五次在开花坐果期过后，对二次生长的枣头、二次枝和枣吊等再次摘心，以控制生长。

2. 冬剪　落叶后 15～20 天修剪，对主干顶端垂直延长发育的枣头，设施前部植株一般留 2～3 节短截，中后部植株留 4～6 节短截，剪口下 1～2 个二次枝留 1 节短截，促其主芽萌发枣头，培养新主枝。主枝先端延长头，应适当回缩，防止延伸过长，造成行间遮阴。要注意清除主枝上的新发枣头，适当疏清层间多余枝、过密枝、下垂枝、交叉枝，要严格控制树体中干枣头高度，使其前部植株高度不得超出所处部位设施高度的 2/3，中后部植

株高度不得超出所处部位高度的3/5，最高植株不得超过2米。修剪的同时要注意控制修剪量，防止修剪量过大造成重刺激，诱发徒长，影响花芽分化。如果确须重度处理，可待其发芽后再剪截，以减轻刺激，防止大量萌发新枣头。

（三）化学控制

为使枣树树体矮化，除修剪措施外，还可以使用多效唑等植物生长调节剂处理，来抑制树冠扩大。其方法是在枣树扣膜前，结合施肥浇水撒施在树冠下，或施入施肥沟中再浇水，每平方米（指土地面积）用量0.25克，或者是在新叶完全展开、枝条旺长前于叶面喷施，浓度为1 000～2 000毫克/千克。

三、土肥水管理

（一）土壤管理

灭菌、杀虫、除草：在设施枣树休眠期结束后，即可撤去草苫，上膜扣棚，随即在棚内后部操作道上点燃硫磺粉2～3千克/667米^2，每667米^{2}地面洒施敌敌畏乳油400～500毫升，闷棚灭菌杀虫，为升温后的枣树生长发育创造一个无病虫害或少病虫害的环境条件。覆地膜闷棚后10～15天，每667米^{2}喷洒土壤免深耕处理剂200毫升和生物菌接种剂（或酵素菌）250～300克，然后地面全面积覆草5～10厘米厚，草上再覆盖地膜。这样，有利于疏松土壤，促进根系发育，减少病害发生，提高鲜枣产量和品质。

（二）安全施肥技术

1.枣树的需肥规律　每生产100千克鲜枣约需要纯氮（N）1.6千克、磷（P_2O_5）0.9千克、钾（K_2O）1.3千克。枣树的不同生育期，对肥料的要求有所不同。从萌芽到开花期，对氮肥要求较高，合理的追施氮肥，能满足枣树生长前期枝、叶、花蕾生长发育的要求，促进营养生长和生殖生长。幼果至成熟前，是地下

部根系生长高峰，果实膨大期是吸收养分高峰期，这段时期应以适当地增加磷、钾肥，有利于果实发育、品质提高和根系生长。果实成熟至落叶前，是树体养分进行积累储藏期，为减缓叶片衰老过程和提高后期叶片的光合效能，可适当地追施氮肥，促进树体的养分积累和储存。

2. 施肥技术 枣树施肥以秋施基肥和枣树生长发育期追肥为主。

（1）基肥　以有机肥为主，配合适量化肥。在设施枣树修剪结束后立即施基肥，沿树行一侧离树干 30～40 厘米处开挖深 30 厘米、宽 40 厘米的条形沟，结合施肥须修剪根系。凡施肥沟中显露的长根要全部剪掉，控制长根数量，促发细毛根，以根控冠，减缓树冠扩展速度。同时，要细致清扫地面，把落叶和残余碎枝全部深埋于沟底，然后每 667 米^2 再填入碎玉米秸 500 千克，最后填入有机肥。每 667 米^2 施优质厩肥 2000～3000 千克（或商品有机肥 400～500 千克）＋硫酸钾 100 千克＋过磷酸钙 100 千克。注意过磷酸钙必须与有机肥料掺混均匀后方可施入施肥沟中，有机肥料还须与土掺混回填，施肥沟表面 10 厘米左右须用底层生土覆盖。肥料施入后沟内灌水。

（2）追肥　追肥应根据枣树生长发育情况、土壤肥力情况等确定合理时期和次数。追肥以萌芽期、开花期、果实膨大期 3 个时期为主。第一次在萌芽抽枝期，每株可施磷酸氢二铵 1～2 千克，以促进抽枝展叶和花蕾形成；第二次在开花期，每株可施磷酸氢二铵 0.5～1 千克、硫酸钾 0.5～1 千克；第三次在果实膨大期，可施磷酸二铵 0.5～1 千克、硫酸钾 1～2 千克。多施钾肥可显著提高枣果品质。

（3）根外追肥　在枣树枝叶、花蕾生长期可叶面喷施 0.3%～0.5% 尿素、0.5%～1% 磷酸氢二铵；花期和幼果期可喷施 0.2%～0.5% 硼砂、0.3% 尿素、0.5% 磷酸氢二铵等；果实膨

大期和根系生长高峰期可喷施 0.5% 磷酸氢二铵、0.3% 磷酸二氢钾或 5% 草木灰浸出液；9 月份至 10 月上旬可喷施 0.5% 尿素并配合 0.3% 磷酸二氢钾；土壤缺锌可在发芽展叶期喷施 2～3 次 0.3% 硫酸锌溶液，缺铁可喷施 0.3%～0.5% 硫酸亚铁溶液。

3. **增施二氧化碳气肥**　为提高枣树的产量与品质，从落花后开始至果实成熟，每天上午 9 时左右，需增施二氧化碳气肥。若采用硫酸—碳酸氢铵反应法，前期碳酸氢铵的施用量可少些，每个酸液桶内，施用碳酸氢铵 150～250 克。后随着果粒的增大，碳酸氢铵用量逐渐增多，每个酸桶内施用碳酸氢铵 250～450 克。果实着色后可适当减少，每个酸桶内施用碳酸氢铵 200～250 克。晴天施用量可大些，多云天气可适当减量，阴天可以不施用。

也可采用点火法增施二氧化碳气肥，每天上午 8～10 时在温室后部操作行上，每 667 米 ^{2} 用薄铁桶炉子点燃干树枝或木柴 3 千克左右，流动充氧燃烧 20～30 分钟。

（三）水分管理

枣树虽然较抗干旱，为了促进其生长发育，提高经济效益，土壤含水量应充足，所以应适当灌溉。灌溉可在行间沟内地膜下沟灌，水量不要太大，每次每 667 米 ^{2} 灌溉水量 3～5 升。第一次灌溉在发芽前进行；第二次在初花期，结合灌溉每 667 米 ^{2} 冲施腐熟粪稀 500 千克左右；第三次灌溉在坐果后进行，结合灌溉每 667 米 ^{2} 冲施腐熟粪稀 500 千克＋硫酸钾 30 千克；第四次灌溉在幼果迅速膨大期进行，结合灌溉冲施腐熟粪稀 700～800 千克＋硫酸钾 50 千克。

有条件的可以安装滴灌系统，在萌芽后根据墒情进行滴灌，阴雨天外界湿度大时不浇。花期应使设施内保持空气相对湿度 70%～80%。硬核期对水分敏感，土壤相对含水量应保持在 60% 左右。

四、花果管理

枣树花量虽然多，但其坐果率低，如不加强管理，难以丰产。

（一）开　甲

枣树盛花期时要对主干进行环状剥皮，俗称开甲，可提高坐果率。方法：用快刀在主干上环割两圈，深达木质部，两圈距离10厘米左右。

（二）保花保果

花期放蜂，加强授粉。盛花期喷洒15～20毫克/千克赤霉素＋红糖200倍液＋硼砂500倍液1～3次，促进坐果。盛花末期喷洒1次20毫克/千克萘乙酸＋0.3%磷酸二氢钾＋0.7%红糖液提高坐果率。

（三）环境控制

注意调整好温度和湿度。白天温度保持在28℃～32℃，夜间温度保持在12℃～15℃，空气相对湿度保持在80%左右，以利花粉发芽提高坐果率。

（四）疏　果

枣树虽然坐果率低，因其花量特别多，开花时间长，设施管理水平高，其坐果数量往往大大过量，必须及时疏除。否则不但影响树体发育，而且果个小，品质差，经济效益低。生产中要注意观察坐果情况，适时及时疏花。当幼果数量平均每个枣股坐果4～5枚时，结合防治红蜘蛛，树冠喷洒0.4～0.5波美度石硫合剂，杀死剩余枣花，阻其继续坐果。同时，要注意及早疏果，可先在结果初期多次摇动树干，促进授粉受精不良、营养水平较差、坐果不牢的幼果及早落掉。然后对余下的幼果去小留大，摘除畸形果，实行每个枣吊留1果，单吊单果。如果坐果数量不足，可适当留部分双果，使每个枣股总共保留

3～5个果。疏果越早，其果实发育越快，枣个越大，品质越好，产量越高。

五、设施环境调控

（一）温湿度调控

设施升温后，按照枣树不同生育时期的要求控制温湿度（表9–1）。

表9–1　枣树不同时期温湿度控制范围

生育期	温度（℃）		相对湿度（%）
	白天	夜间	
萌芽期	14～20	7～10	70～80
抽枝展叶期	18～25	9～12	50～70
花期	20～25	10～15	70～80
果实膨大期	20～28	12～15	<70
果实接近成熟期	25～30	15～17	<70

（二）光照调控

枣树对光照要求十分严格，光照不足，结果母枝（枣股）抽生结果枝（枣吊）少，花量少且花芽发育质量差，坐果率低。因此，在设施栽培的覆盖材料上要选用透光性好、保温能力强的材料，如PE长寿无滴膜（聚乙烯长寿无滴膜）、PVC无滴膜（聚氯乙烯无滴膜）等。在使用过程中，由于灰尘覆盖或雨滴、雾滴附着等原因，膜的透光率会下降很多，所以要及时除去薄膜上的尘土和水滴，用水冲洗、擦抹法都可，以保持薄膜的高透光性。同时，为提高光能利用率，可在设施内悬挂反光幕或在地面上铺设反光膜。总之，光照调控主要靠增设人工光源、铺设反光材料及通过整形修剪等措施来实现。

（三）气体调控

气体调控主要是调节设施内二氧化碳和氧气的含量。多施有机肥，既可增加土壤营养，又可提高设施内二氧化碳含量。氧气的调节主要通过通风换气来实现。关键是要保持土壤中有一定氧气含量，促进根系呼吸作用，利于对氧气和水分的吸收和地上部的生长。方法是及时中耕松土，增加土壤孔隙度。

六、病虫害防治

在设施枣树栽培中因空气湿度相对较高，所以应加强对病害的防治。在枣树萌芽前喷5波美度石硫合剂，要做到全树喷淋。花后幼果期要喷1次0.3波美度石硫合剂。采收前1个月，喷1次40%多菌灵可湿性粉剂1 000倍液或75%百菌清可湿性粉剂500～700倍液。棚室内栽培的虫害发生较轻，一般不做重点防治，以减轻污染。

七、鲜枣采收和包装

（一）鲜枣的成熟过程

鲜食枣果在成熟过程中，按果皮颜色和肉质的变化情况，可以划分为白熟期、脆熟期2个阶段。

1. **白熟期**　果皮细胞中的叶绿素大量消减，果皮褪绿变白而呈绿白色或乳白色。果实体积不再增长，肉质比较松软，汁少，含糖量低，果皮薄。

2. **脆熟期**　白熟期过后，果皮自梗洼、果肩开始逐渐着色转红，直至全红。果肉内的淀粉等物质转化成糖，含糖量剧增，质地变脆，汁液增多，肉色仍呈绿白色或乳白色。果皮增厚，稍硬。

一般枣果的成熟过程在脆熟期之后还有一个完熟期。完熟期的枣果，果皮色泽进一步加深，养分进一步累积，含糖量增

加，含水率及维生素C含量逐步下降，果肉质地由近核处向外逐步变软。鲜食枣一般在此之前就已采收，所以其枣果成熟过程没有完熟期。如果鲜枣采摘过晚，枣果就会进入完熟状态，此时鲜食品质已下降。

（二）采收适期

鲜枣采收适期主要依品种成熟期而定，用于鲜食的枣果以果皮完全转红后的脆熟期为采收适期。此时枣果甘甜微酸、松脆多汁，完全具备了本品种的特有风味。用于鲜枣贮藏的果实，要适当早采，以初红至半红期采摘为宜，此时采收保鲜时间较长。

（三）鲜枣的采收方法

鲜枣的采收不能同干制红枣的采收方法一样。既不能用杆打的方法，也不宜采用乙烯利催落法采收。因为杆打采收容易使鲜果受伤，影响果实的外观品质，同时对鲜枣贮运也不利；用乙烯利催落采收，对于鲜食品种果实来说，容易造成采前失水量过大，使肉质变软失脆，也使鲜食品品质下降。

人工采摘是目前唯一适用于鲜枣的采收方法。枣果采摘直接关系着鲜枣的商品质量和价格，所以鲜枣的采收一定要科学化。人工采摘枣果要做到轻拽、轻放、轻装、轻卸。采摘时切忌用手揪拉果实，或者是拧拉果实，这样会使果柄与果实断开，在果柄端留下伤口。果柄处的伤口很容易感染病菌而使鲜枣腐烂，所以采摘时尽可能保留果柄。具体采摘方法是一手托牢枣果，一手用疏果剪从果柄与枣吊连接处剪断果柄。这样，不会因在摘果时枝条晃动而引起其他枣果的摩擦损伤。生产中应注意随身携带的采果容器内壁一定要光滑无刺，一般不用书包等软器具盛装，可用果篮、塑料桶、果盘等盛装。倒入大箱或大果筐时一定要轻，不要碰伤果实。

（四）鲜枣包装

鲜枣采收下来以后要分组包装，精美的包装是提高商品价值的重要手段。鲜枣包装不仅可使鲜枣保鲜、减少损耗，也便于鲜枣的贮存和运输。设施条件下生产的鲜枣，包装更为重要。

第十章 设施樱桃高效栽培与安全施肥技术

樱桃在落叶果树中是成熟最早的名贵果品，樱桃色艳、味美、营养丰富，鲜果具有调中益脾之功效，还有促进血红蛋白再生等作用，被誉为“珍果”，深受人们的喜爱。但樱桃皮薄多汁，不耐贮运，鲜果供应期短，易出现销售烂果现象，栽培中易遭鸟害、易裂果等，常规栽培种植效益难保证。因此，我们通过设施来提早上市和先露地栽培后避雨，使鲜果供应期提早20～40天，供应时间拉长，每667米^{2}经济效益提高1～4倍。樱桃果实发育期短，从开花至果实成熟仅30～60天，生产成本相对较低。其综合农艺性状适合进行设施栽培。我国设施栽培的樱桃品种主要是中国樱桃和欧洲甜樱桃。

目前，从设施果树栽培的经济效益来看，樱桃尤其是甜樱桃居各树种之首，已经成为北方落叶果树产区发展设施果树栽培的热点之一。近年来，山东、辽宁、河北等地已开始大力发展设施樱桃栽培。

第一节　樱桃的生物学特性

一、生长结果习性

中国樱桃营养苗定植后3～4年开始结果，前期产量较低，经济结果年限延续15～20年，树体寿命50～70年。甜樱桃定植后4～5年开始结果，经济结果年限可延续20年左右，树体寿命80～100年。

（一）根系生长

樱桃根蘖发生力较强，易于进行分株繁殖及树冠更新。中国樱桃根系一般垂直分布不深，大多数集中在5～20厘米的土层内，在疏松土壤中可达20～35厘米。利用实生砧的甜樱桃根系分布较深，可达4米以上，水平分布的范围也广。

（二）芽的类型及特性

樱桃的芽分为叶芽和纯花芽2类。樱桃枝条顶芽都是叶芽，幼树或强旺枝上的腋芽多为花芽。

樱桃的腋芽单生，每个叶腋中只形成1个叶芽或花芽。樱桃的花芽为纯花芽，每一花芽内开2～7朵花，一般中国樱桃花芽内开4～6朵。成总状花序或簇生，甜樱桃也有4～6朵。枝条上的花芽，开花结果后不再抽生新梢而光秃。甜樱桃树自花不孕，必须配置授粉树或进行人工授粉。

樱桃枝条的萌芽力因种类、品种与年龄而异。中国樱桃萌芽力高，1年生枝上的芽几乎全部能萌发；甜樱桃的萌芽力较低，隐芽寿命长。甜樱桃品种间，大紫萌芽力较高；那翁次之。树龄增大后，树体发枝力也逐渐减弱。

樱桃的花芽自果实采收后开始分化，为期40～50天可完成。因此，采收后的肥水供应对新梢生长和花芽分化十分重要。

（三）枝条类型及特性

樱桃的枝条分营养枝和结果枝两大类。一般幼龄树上的营养枝多，进入结果期后，1年生枝除顶芽为叶芽外，腋芽多为花芽，成为结果枝。

结果枝可分长果枝（15～20厘米）、中果枝（5～15厘米）、短果枝（5厘米左右）、花束状和花簇状果枝（年生长量仅1～1.5厘米，顶端具有叶芽，花芽簇生，寿命长，一般达7～10年）。中国樱桃多在长、中、短果枝结果。短果枝上的花芽一般发育质量好，坐果率也高。甜樱桃的那翁、大紫等品种以花簇状结果枝多，早紫等品种则以长、中果枝多。甜樱桃的花簇状结果枝其顶芽每年生长量极小，腋芽都为花芽，果核分布密度大，开花坐果率高，寿命长，产量较高而稳定。

樱桃叶芽萌动后，新梢有一短促的生长，长成具有6～7片叶、长5～8厘米的叶簇状新梢。新梢在开花期间停止生长，花谢后再进入迅速生长期。前期长出的叶簇新梢基部各节，其腋芽多分化为花芽，第二年结果，而花后长出的新梢顶部各节，多不分化为花芽。

（四）花芽分化

甜樱桃花芽分化的特点是分化时间早，分化期集中，分化速度快，一般在果实采收后10天左右花芽就大量分化，整个分化期40～50天，分化期的早晚与果枝类型、树龄、品种等有关。花束状结果枝和短果枝比长果枝早，成年树比生长旺盛的幼树早，早熟品种比晚熟品种早。

（五）果实生长发育

果实的发育期比较短。甜樱桃的早、中熟品种，从落花至果实成熟只有30～40天，晚熟品种40～50天。整个果实生长发育过程可分为第一次迅速生长期、硬核期和胚发育期，以及第二次迅速生长期3个时期。果实第一次迅速生长期是从落花后至硬核前，历时 20～25 天。在这一时期，子房细胞分裂旺盛，果实迅速膨大，胚乳也迅速发育。第二个时期为硬核期和胚发育期，历时 10～15 天，此期果实增长缓慢、果核木质化，胚迅速增大，胚乳逐渐被胚所吸收。第三个时期为果实的第二次迅速生长期，历时约 15 天，该期自果实硬核后至果实成熟，果实迅速膨大至该品种应有大小，其生长表现为核果类的双 S 形。不同品种各个时期的长短不同。第一个时期早、中、晚熟品种差别不大，早、中熟品种稍长一些，第二、第三时期成熟期越晚时间越长。

二、对环境条件的要求

（一）温　度

中国樱桃对温度不敏感，而甜樱桃对温度要求严格，喜温而不耐寒。甜樱桃在进入休眠后需要一定的低温需冷量才能打破休眠，一般设施内的温度保持 -2℃～7.2℃，有利于通过休眠期。萌芽期的适宜温度为 10℃，白天保持 18℃～23℃，夜间不低于 3℃。新梢在 20℃下生长最快，开花期适宜温度为 15℃，白天 18℃～23℃，夜间不低于 7℃。果实成熟期 20℃左右，白天不超过 25℃，夜间 15℃，昼夜温差 10℃左右最好。在果实的第一次迅速生长期和硬核期，较高的夜温有利于生长发育，第二次迅速生长期要求较低的夜温。冬季 1.1℃以下的低温即会发生冻害，造成大幅度减产。

（二）水　分

樱桃生长发育需要一定的空气湿度，但高温高湿又容易导致徒长，不利于结果。坐果后的干旱则又影响果实的发育，果实发育不良，产生没有商品价值的“柳黄”果。

甜樱桃对水分敏感，既不抗旱也不抗涝，清凉气候对甜樱桃栽培有利，但干燥且温度稍高也会造成危害。随着果实的生长和叶面积扩大，需水量越来越大。开花后至果实成熟前，新梢和果实同时生长，是甜樱桃的需水临界期，要保证水分供应，但灌

水量不宜太大，防止新梢徒长，造成落花落果，或引起裂果，采收后结合追肥进行浇水，有利于复壮树势。

（三）光　照

樱桃喜光性较强，对光照的要求比其他落叶果树高。其中甜樱桃喜光性最强，其次是酸樱桃，而中国樱桃比较耐阴。光照条件良好时，树体健壮，果枝寿命长，花芽充实，坐果率高，果实成熟早，着色好，糖度高，酸味少。光照条件差时，树冠外围新梢徒长，冠内枝条衰弱，果枝寿命缩短，结果部位外移，花芽发育不良，坐果少，果实成熟晚，品质差。故在设施栽培中应采取适宜的栽培密度和重视整形修剪工作。

（四）土　壤

樱桃的根系呼吸旺盛，它既要求土层深厚肥沃，又要求通风良好，土层深厚、土质疏松、透气性好、保水较强的沙壤土适宜樱桃栽培。栽于土质黏重、透气性差的黏土地根系分布浅，易旱、易涝，也不抗风。樱桃对土壤盐渍化程度的反应较为敏感，盐碱地不宜栽植樱桃。适宜的土壤 pH 值为 5.6～7。樱桃对重茬较为敏感，樱桃园间伐后，至少应种植 3 年其他作物后才能再栽樱桃。

（五）风

樱桃的抗风能力较差，休眠期大风易造成枝条“抽干”及花芽冻害。花期大风能吹干柱头，降低授粉受精能力，同时影响昆虫传粉。新梢生长期大风造成偏冠，夏秋季的台风会造成枝折树倒。常有大风侵袭的地区，特别是沿海地区，要注意设置防风林带预防风害。

第二节　设施樱桃栽培品种选择

一、适合设施栽培的樱桃种类

樱桃为蔷薇科、李属、樱桃亚属果树。目前，在我国用于设

施栽培的是中国樱桃和甜樱桃2种，其中甜樱桃是主要发展方向。

（一）中国樱桃

小乔木或灌木。枝干暗灰色；枝叶茂密；叶暗绿色，质薄而柔软，卵状椭圆形，花白色或稍带红色，4～7朵成总状花序，或2～7朵簇生，花期早；果实较小，红色、橙黄色或黄色；果柄有长短2种，长者为果实纵径的2～2.5倍；果肉多汁，皮薄不耐运。易生根蘖，耐寒力较甜樱桃弱。

（二）甜 樱 桃

又称西洋樱桃、大樱桃。乔木，树势强健，枝干直立，树皮暗灰褐色，有光泽。叶大而较厚，黄绿色至绿色，长卵形或卵形，先端渐尖，叶长6～15厘米，叶柄暗红色，长3～4厘米，其上有1～3个红色圆腺体。每花芽开花2～5朵，花大，白色，与展叶同时开放。果大，直径1～2厘米，果皮黄色、红色或紫色，圆形或卵圆形，果梗长2～4厘米，果肉与果皮不易分离，肉质有软肉、硬肉2种，味甜，离核或黏核。

二、品种选择的原则

具备下列大部分条件的品种可用于设施栽培：①树体矮小、树冠紧凑，适于密植栽培，能够达到早产早丰。②樱桃果实发育期要短，一般为40～50天。在设施栽培中，成熟越早上市越早，其经济效益就越大。因此，应以早熟品种为主，合理搭配中、晚熟品种。③樱桃设施栽培，主要以鲜食为主。因此，应选择个大、色红、味美的品种，为调剂市场，果实深色品种与浅色品种也可适当搭配。④选择休眠期期短的品种，为早萌芽、早开花、早结果奠定基础。⑤选择花粉量大、自花结实率高的品种，异花结实的品种应配置好坐果率高、亲和力强的授粉品种。⑥选择适应性强、抗病、耐贮运的品种。⑦选用亲和力强、适应性广、抗病虫且具有矮化作用的品种作砧木。

三、主要适栽品种

我国设施樱桃栽培的品种主要是中国樱桃和欧洲种的一些品种。

（一）红　灯

大连市农业科学研究所于1963年用那翁与黄玉杂交育成，1973年定名。在辽宁省大连及山东省等地均有栽培，由于其具有早熟、个大、色艳丽等优点，20多年来已成为在全国各地发展最快的品种之一。果实大型，平均单果重9.2克，设施栽培因果实发育期延长，单果重可达12～13克。果实肾形、整齐，果梗粗短、一般长2～3厘米。果皮红色至紫红色，富光泽、色泽艳丽。果肉淡黄色，半软、汁多，酸甜适口，可溶性固形物含量达14%～15%。核大、离核，肉质肥厚，可食部分92.9%。果实发育期40～45天，继大紫之后成熟。

树势强健，幼龄树直立性强，成年树半开张，1～2年生枝直立粗壮。叶片特大、椭圆形，叶长17厘米、宽9厘米，在新梢上呈下垂状着生，此为该品种的主要特征。萌芽率高，成枝力强，外围新梢冬季短截后平均发长枝34个，中下部侧芽萌发后多形成叶丛枝。幼龄树当年叶丛枝一般不形成花芽，随树龄增长转化成花束状短果枝。由于长势旺，进入结果期偏晚，一般4年生开始结果。适宜授粉品种有巨红、滨库、红蜜、大紫，配置适宜授粉树后，自然授粉花朵坐果率可达60%。

（二）芝 罘 红

果实大型，平均单果重8克，最大果重9.5克。果实圆球形，梗洼处缝合线有短深沟。果梗长而粗，一般5.6～6厘米，不易与果实分离，采前落果较轻。果皮鲜红色、具光泽，果肉浅红色，质地较硬，汁多，酸甜适口，可溶性固形物含量15%，风味品质上等，果皮不易剥离。离核，核较小，可食部分91.4%。成

熟期比大紫晚3～5天，与红灯同期成熟，果实成熟期较一致，一般2～3次可采完。

树势强健，枝条粗壮、直立。萌芽率高，幼龄树1年生枝短截或甩放，萌芽率达89.3%。成枝力强，1年生枝进行中短截后，可抽生中长枝5～6个。进入盛果期后，以花束状果枝和短果枝结果为主，各类果枝结果能力均较强，结果枝占全树生长枝的78%，丰产性强。

（三）布 莱 特

原产于法国，1989年从意大利引入山东省烟台市。果实中大，一般平均单果重6.5克，设施栽培单果重8～9克、最大果重可达15克。果实肾形，果梗中长，梗洼窄小而深。果皮紫红色、厚，缝合线浅。果肉红色，近核处色深，较软，可溶性固形物含量10.9%，味酸甜，汁中少，肉质粗，品质中等。半黏核，较抗裂果。在烟台5月底至6月上旬果实成熟。

树势较弱，树姿开张。叶片中大、披针形，叶柄长42毫米，展叶比开花相对较迟。白花不实，授粉品种为雷尼、先锋、拉宾斯、斯坦勒等。花量中多，花期居中。果实在树冠内分布均匀，早果性与丰产性中等，果实成熟较一致。

（四）早 大 果

原产乌克兰。果实大型，平均单果重10.4克，最大果重19.3克。果实心脏形，果皮深红色，可溶性固形物含量15%以上。早实、丰产、早熟，比红灯早熟3～5天，在山东省泰安5月10～15日果实成熟。

（五）先　锋

曾译名凡，加拿大品种。果实大型，平均单果重8克。果实肾脏形，紫红色，光泽艳丽。果皮厚而韧，果肉玫瑰红色，肉质脆硬、肥厚，汁多，酸甜可口，可溶性固形物含量17%。风味好，品质佳，可食部分92.1%，耐贮运。山东省烟台市6月中下

旬、鲁中南地区6月上中旬果实成熟。

树势强健，枝条粗壮。丰产性较好，很少裂果。适宜授粉品种有滨库、那翁、雷尼等，花粉量较大，也是一个极好的授粉品种。经多点试栽，其早果性、丰产性甚好，且果个大、耐贮运。

（六）拉 宾 斯

原产于加拿大。果实大型，平均单果重8克，果实近圆形或卵圆形。成熟时果皮紫红色，有光泽，美观。果梗中短中粗，不易萎蔫。果皮厚韧，裂果轻。果肉红色，肥厚，脆硬，果汁多，可溶性固形物含量16%，风味佳，品质上等。山东省烟台市6月下旬果实成熟。

树势强健，树姿较直立。树体紧凑，短枝型，树体大小为一般品种的2/3。白花，结实，并可作其他品种的授粉树。早果性、丰产性均佳，一般定植后第四年丰产。

（七）斯 坦 勒

加拿大品种。果实大或中大，平均单果重7.1克，最大果重9克。果实心脏形，果梗细长，果皮紫红色、光泽艳丽。果肉淡红色，质地致密，甜酸爽口，风味佳。果皮厚而韧，耐贮运。山东省烟台市6月中下旬、鲁中南地区6月上旬果实成熟。

树势强健，能自花结实。早果性、丰产性均佳。抗裂果。

（八）早红宝石

乌克兰品种。单果重4.8～5克，果实宽心脏形。果梗长40～45毫米，较粗，易与果枝分离。果皮、果肉均为暗红色，果肉柔嫩、多汁，果汁红色，味纯，酸甜适口。果核小，离核。鲜食品质中等。

树体大，生长较快。树冠圆形，紧凑度中等，嫁接树定植4年结果。1年生枝能成花结果，以花束状果枝结果为主，花束状果枝的寿命为5～6年，连年结果，丰产。自花不实，适宜授粉

品种为早大果、帕里乌莎、极佳，其次为法兰西斯。果实发育期27～30天，山东省泰安市5月上旬果实成熟。

（九）雷　尼

美国品种。果实大型，平均单果重8克，最大果重12克。果实心脏形，果皮底色黄色，富鲜红色红晕，光照良好时可全面红色，甚为鲜艳美观。果肉无色，质地较硬，可溶性固形物含量高、山东省鲁中南山地高达15%～17%，风味好，品质佳。离核，核小，可食部分93%。抗裂果，耐贮运。比那翁、滨库早熟3～7天，烟台6月中旬、鲁中南地区6月初果实成熟。

树势强健，枝条粗壮，节间短，树冠紧凑。叶片大且厚，叶色深绿。以短果枝结果为主，早果丰产，栽后3年见果，5年生树株产20千克。适应性广，是滨库的良好授粉品种，适宜授粉品种为滨库、先锋、萨姆。

该品种目前为美国（华盛顿州）及加拿大等国的主栽品种之一。在我国表现为果大、外形美观、品质佳、耐贮运。

（十）滨　库

原产于美国，是美国、加拿大的主栽品种之一。果实大型，平均单果重7.2克。果实心脏形，梗洼宽深，果顶平，近梗洼缝合线处有短深沟，果梗粗短。果皮浓红色至紫红色，外形美观，果皮厚。果肉粉红色，质地脆硬，汁中多，淡红色。甜酸适度，品质上等。离核，核小。山东省烟台市6月中下旬、鲁中南地区6月上中旬果实成熟。

树势强健，树姿较开张，树冠大，枝条粗壮、直立。叶片大、倒卵状椭圆形，花束状果枝和短果枝结果为主。适应性较强，丰产。采前遇雨有裂果现象。

（十一）那翁

又名黄樱桃、大脆、黄洋樱桃，起源不详。是山东省烟台市、辽宁省大连市等地的主栽品种之一。果实中大，平均单果重

6.5 克，最大果重 9 克。果实心脏形或长心脏形，果梗长，与果实不易分离，落果轻，成熟时遇雨易裂果。果皮乳黄色，阳面有红晕，间有大小不一的深红色斑点，富光泽，果皮较厚韧。果肉浅米黄色，肉质脆硬，汁多，可溶性固形物含量 14%～16%，甜酸可口，品质上等。山东省烟台市 6 月中旬、鲁中南地区 6 月上旬果实成熟。

树势强健，树姿较直立，成龄树长势中庸，树冠半开张。萌芽率高，成枝率中。枝条粗壮，稀疏，节间短，树冠紧凑。盛果期树多以花束状果枝、短果枝结果为主，中长果枝较少结果。结果枝寿命长，结果部位外移较慢，高产稳产。叶片较大，厚而浓绿，长倒卵形或长椭圆形。自花结实力低，适宜授粉品种为大紫、水晶、红灯等。由于是黄色品种，且成熟期较晚，设施栽培中主要用作授粉品种。

（十二）大 紫

又名大叶子、大红袍、大红樱桃，原产于俄罗斯，是目前我国的主栽品种之一。果实大型，平均单果重 6 克，最大果重可达 10 克。果实心脏形或宽心脏形，稍扁。果梗中长而较细，易与果实脱离，成熟时易落果。果皮初熟时浅红色或红色，成熟后紫红色或深紫红色，有光泽，果皮薄易剥离。果肉浅红色至红色，质地软，汁多味甜，可溶性固形物含量因成熟度和产地而异，一般为 12%～15%，品质中上等。果核大，可食率 90%。开花期晚，一般比那翁、雷尼晚 5 天左右，但果实发育期短、约 40 天，山东省烟台市 5 月下旬至 6 月上旬、鲁中南地区 5 月中旬果实成熟。成熟不一致，需分批采收。

树势强健，幼树期枝条较直立，结果后逐渐开张。萌芽力高，成枝力较强。节间长，枝条细。树冠大，不紧凑，树冠内膛容易光秃。叶片为长卵圆形，特大，叶长 10～18 厘米、宽 6.2～8 厘米，故有“大叶子”之称。

第三节　设施樱桃高效栽培技术要点

一、定　植

（一）定植方式和密度

选择背风向阳、有排灌条件、土层深厚的沙质壤土、未栽植过樱桃的地块，栽植前深翻施足基肥，提高土壤肥力。樱桃设施栽培，栽植方式有 3 种：一是直接在设施内定植成苗，在棚室内整形，一般第三年有产量，第四年丰产。二是在棚室外假植成苗并整形，成花后移入棚室，定植后 4 个月有产量。三是购买已整好形并已大量成花的成年树定植，定植 4 个月后有产量。根据土壤肥力、品种特性和植株状况，株行距采用 1～2 米× 2～3.5 米。栽植时必须配置授粉品种，设施栽培授粉品种不能少于 2 个，主栽品种与授粉品种的比例为 2∶1 或 1∶1。

（二）定植时期和方法

定植一般在苗木萌芽前 1～2 周进行，最好随起树随栽植。栽植前按行距挖栽植沟，沟南北方向，沟深 0.8 米、宽 0.8～1 米，沟内施足腐熟有机肥。栽植时，未带土坨的苗木可用生根粉溶液蘸根；带土坨的成年树，应按事先标记好的阴阳面定位栽植，栽后覆土踏实，浇 3 次透水，以防根系与土壤有空隙。最后覆盖地膜保湿提温，促进根系生长。由于樱桃树怕大风吹而摇摆，栽植后应立即绑缚支柱，防止树体摇晃而死。

二、整形修剪

（一）主要树形

樱桃设施栽培，采用的树形主要有自然开心形、改良主干形及丛状形，一般棚前部位采用丛状形，棚中部以后部位采用自然开心形、改良主干形。

1. 自然开心形　干高30厘米左右，全树主枝3～4个，各主枝角度45°左右，每个主枝着生4～5个背斜或背后大型结果枝组，插空排列，开张角度70°～80°，一般单轴延伸，树高不超2米。该树形适合多数樱桃品种（图10–1）。

2. 改良主干形　干高40厘米，中央领导干保持优势生长，其上不分层次，配备12～15个主枝，单轴延伸，螺旋排列，插空生长。主枝角度保持在90°，在主枝上着生大量中小型结果枝组。树高2.5～3米。

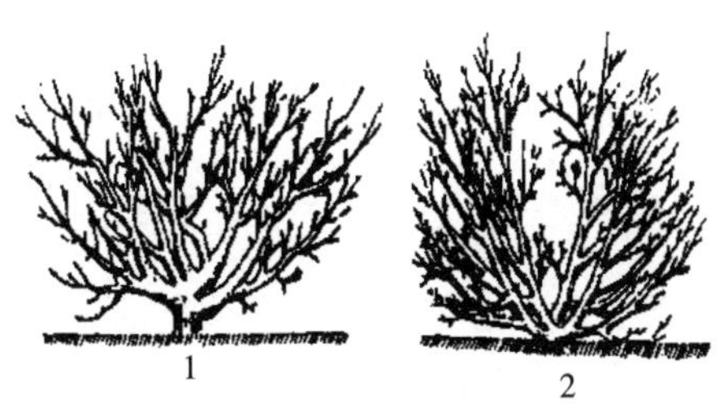

图10–1　自然开心形与丛状形

1. 自然开心形　2. 丛状形

3. 丛 状 形　该树形无主干和中心领导干，自地面分生出长势均匀的4～5个主枝，各主枝交错配备2～3个侧枝，结果枝组在各主、侧枝上。此树形适合树势较弱的中国樱桃，也适合在不良气候条件下的甜樱桃，以便于密植，提高抗寒性。

（二）整形修剪

樱桃以短果枝结果为主，修剪应以轻剪缓放、开张角度缓和树势为主。幼龄树可利用新梢生长旺盛的特点，按照树形的要求通过夏剪摘心促发分枝，使之快速整形。生产中以生长期修剪为主，冬季修剪为辅。夏剪重点是新梢摘心和短截，促生分枝，使之形成大量短枝，促进花芽形成。可在主枝和中心干延长枝长

至 30～40 厘米时摘心，其余枝和背上直立枝则留 5～10 厘米重短截，促生短枝。春、秋两季通过开张骨干枝角度，削弱顶端优势，缓和枝势，提高萌芽率和短果枝数，改善树体通风透光条件，促进光合作用和枝条健壮。在扣棚升温、树体发芽前，对缺枝处或光秃带部位或长枝的侧芽处，进行刻芽或涂促萌药剂，以增加生枝量和促短枝。成年期樱桃树修剪应冬、夏结合进行，以疏、缩为主，控制树冠大小，调整枝条分布和枝条密度，促使结果枝组分布合理、更新及时。对结果后衰弱的枝组应适度回缩，并对健壮枝适当多短截，促发健壮分枝，保持长枝适当比例，提高树体营养水平，保证结果枝健壮生长，延长盛果期年限。

（三）改良主干形树整形修剪

春季苗木定植后，在主干 40～50 厘米处定干。萌发新梢后，选顶端直立新梢培养中心干，其他选作主枝的新梢通过拉枝将角度开张至 80°～90°。当新梢长至 30 厘米时摘心，时间一般不晚于 7 月中下旬。第二年，在扣棚保温前修剪时，中心干延长枝剪留 40～50 厘米，下部主枝多时长留，少时可留短一些，主枝甩放或破顶芽不短截。夏季修剪时，主枝开角，对第一年选留的主枝背上强枝重摘心或扭梢控制，对主枝顶端萌生的新梢要采取措施使其单轴延伸，以缓和枝势促发大量短枝，促进花芽分化。可选留 1 个新梢作带头枝，其余摘心、扭梢或疏除，以控制生长，防止出现前端三叉枝、后部光秃现象。对主枝背上新梢可留 15～20 厘米摘心，以培养中小型结果枝组。经过 3 个春、夏两季的修剪，可培养成 12～15 个单轴延伸、近水平状的主枝，完成整形。

树形完成后，应注意平衡树势，调整各骨干枝的角度。可采用拉枝方法，开张角度，缓和树势，改善光照，促进短枝形成。对冠内留作辅养枝的大枝，进行适当的回缩，培养成结果枝组。总之，要采用多种措施，使树体形成大量短枝，促进花芽形成。同时，要控制树体高度及大小，使树冠至棚顶保持 40～50

厘米空间，以适应设施条件。

樱桃设施栽培控冠措施主要有整形修剪、盆栽控根、化学药剂、选用矮化砧、以果压冠等。

三、土肥水管理

（一）土壤管理

每次灌水和降雨之后地表稍干时均要及时松土，松土深度5～8厘米。每年开始揭苫升温、第一次浇水后，均要深翻1次树盘，深度15厘米左右。

（二）安全施肥

樱桃设施栽培比露地栽培更应加强土肥水综合管理。在棚内定植成苗的，建园到覆棚膜前的2～3年内，要给以充足的肥水，以促进枝叶生长，迅速扩大树冠，增加枝量，早日投产。一般在9～10月份，株施腐熟鸡粪10～20千克或优质猪圈粪50～60千克，同时加入过磷酸钙5千克，对加速树体生长、促进花芽分化有良好作用。对未结果的幼龄树追肥，主要集中在前期，在施足基肥的基础上，于发芽前每株追施三元复合肥0.5～1千克。浇水掌握在发芽前后和土壤封冻前，以确保新梢生长和树体安全越冬。覆膜投产后，肥水供应要随产量的提高而增加，一般秋施基肥每株可施优质圈肥20千克、磷肥0.3千克、钾肥0.8千克；开花前追肥每株可施尿素0.2千克，并在花期前后连喷2～3次光合微肥和磷酸二氢钾混合液，以促进坐果，增强光合能力。采果后补肥每株可施尿素0.3千克、磷肥0.2千克、钾肥0.8千克，以复壮树势，促进花芽分化。生产中应注意，每次施肥均要结合浇水进行。

（三）浇　水

浇水依据天气和土壤墒情而定，于升温前、开花前、果实硬核后或果实着色前及采果后各浇1次水。升温前、开花前及采

果后可采取漫灌方法，水量以润透为原则；硬核后或果实着色前应采取沟灌、坑灌或滴灌（表 10-1）等方法，水量依据结果量和树冠大小而定，一般每株 20～50 升，覆地膜的适量减少。

表 10-1　设施樱桃栽培滴灌定额

生育期	定额（米^3/667 米^2）	滴灌时间（时：分）	间隔天数	滴灌次数
覆盖前期	6.0	4	10	2
花前 10 天	3.0	1:5	—	1
开花期至落花后 10 天	0	—	—	—
花后至硬核期	7.2	3	10～15	2
硬核至采果前 15 天	7.2	3	—	1
采果后	14.5	6	10	1

四、花果管理

（一）提高坐果率

设施栽培樱桃在建园时配置授粉树的基础上，从开花前 10 天开始，晴天中午天天通风，使花器官经受锻炼。开花期采取人工辅助授粉、蜜蜂授粉，盛花期喷 1～2 次 20～40 毫克 / 千克赤霉素溶液，花后 10 天及时对新梢摘心等措施，提高坐果率。

（二）疏花疏果

为增加单果重和提高果实的整齐度，应采用疏花疏果措施。花前，一般 1 个有 7～8 个花芽的花束状果枝，可疏掉 3 个左右的瘦小花芽。花芽萌发后至开花时进行疏蕾或疏花，每个花束状果枝保留 7～8 朵花。生理落果后再进行疏果，疏除小果、畸形果。此外，在果实着色期，应摘除遮挡果实阳光的叶片。果实采前 10～15 天，树冠下铺反光膜，可促进果实上色，提高果实商品价值。

五、设施环境调控

（一）温度调控

1. **扣棚及打破休眠**　樱桃休眠期较长，解除休眠需要经历7.2℃以下低温800～1 440小时的积累；温度越低，通过休眠时间越短，0℃时860～960小时即可，但品种间有所不同。扣棚升温应在樱桃树体完成自然休眠之后；否则，扣棚后升温过早，低温休眠不足，将导致发芽、开花延迟。自然休眠完成后，扣棚升温愈早，成熟期越早。通过石灰氮等化学药剂使用、人工低温集中处理等，也可以提早打破休眠。北方地区一般以12月中下旬至翌年1月初扣棚升温为宜。

2. **揭苫升温到揭除棚膜期温度的调控**　扣棚后主要靠开关通风窗、作业门和启盖草苫调控温度，必要时还需采取加温措施。扣棚后1～3天，通风窗、作业门全打开，4～7天昼开夜关，8～10天夜间逐步盖齐草苫保温，使植株逐渐适应设施环境。为了保持地下和地上温度协调平衡，可在扣棚的同时或提前覆盖地膜提高地温。

扣棚至发芽前，此期植株对环境要求不严格，对温度的适应性较强，要求白天温度保持8℃～20℃、夜间5℃～6℃，最低不低于3℃，绝对避免25℃以上的高温。

发芽至开花期，进入发芽期之后植株对环境要求越来越严格，开花期要求地温14℃～15℃，白天气温20℃～22℃，夜间气温5℃～7℃。甜樱桃花粉萌发受精的适宜温度为18℃～20℃，温度过高或过低均不利于花粉发芽。谢花期要求，白天温度保持20℃～22℃、夜间7℃～8℃。

果实膨大期，白天温度22℃～25℃、夜间10℃～12℃，有利于幼果膨大，可提早成熟。果实成熟着色期，白天温度不超过25℃、夜间12℃～15℃，昼夜温差保持10℃左右。严格控制

白天温度不能超过 30℃，否则果实着色不良，且影响花芽分化。

揭除棚膜的时间应根据气候条件、栽培区域和果实生育期而定。过了霜期，可将棚膜部分卷起，通风锻炼 2～3 天。以后选择阴天将膜全部卷起，增强光照，促进果实着色，提高果实含糖量；气温降低或下雨时将膜重新盖好，提高温度并防雨。果实采收后，完全除去棚膜。

（二）湿度调控

从扣棚到采收要求土壤相对湿度保持 60%～80%，发芽到初花期以前要求土壤相对湿度保持 80%。发芽期 20～40 厘米土层的湿度以手握成团、一触即散为度。花期之后，土壤相对湿度以 60%～70% 为宜。

从发芽到采收，棚内空气湿度要求与土壤湿度相似，一般规律是前期要求较高，后期相对较低。发芽期要求空气相对湿度 80% 左右，以后逐渐下降。花期、果实膨大期要求空气相对湿度 50%～60%，成熟期要求空气相对湿度 50%。甜樱桃花期对空气湿度要求相对较严格，花期湿度过高，花粉不易散，易感花腐病；湿度过低，柱头干燥，不利于受精。增加空气湿度方法是向地面洒水和树体喷水；降低空气湿度可通过启闭通风窗、门等来完成。

气体、光照的调控参见“设施桃栽培”部分。

六、病虫害防治

花果病害是防治重点。升温时喷 1 次 3～5 波美度石硫合剂，开花前每隔 1～3 天喷 1 次杀菌剂，防止花腐病等病害，药剂可选择甲基硫菌灵、多菌灵、代森锰锌等。如果上年秋季白蜘蛛发生严重，可加入杀螨剂等。花瓣小、易脱落，若落在叶片上，则影响叶片光合作用，也易引起灰霉病的发生。因此，落花期应在每天下午设施内空气干燥时，轻晃开花枝条，振落花瓣，落在叶

片上的花瓣也要及时摘除。落花后和幼果期各喷 1 次甲基硫菌灵或代森锰锌等杀菌剂，防治灰霉病、煤污病、褐腐病和叶斑病等病害，尤其是在设施内湿度大时注意防治灰霉病。采收后注意防治红蜘蛛、潜叶蛾等害虫。露地 6～8 月份雨季喷 2 次 1∶2∶240 波尔多液和 1 次代森锰锌，发生流胶病时将流胶口割开，挤出胶液，涂抹 1～3 波美度石硫合剂或其他杀菌剂。设施樱桃主要病虫害防治方法如表 10–2 所示。

表 10–2 设施樱桃主要病虫害防治方法

物候期	主要防治对象	防治方法
扣棚后至萌芽前	各种病菌、虫卵和越冬成虫	3～5 波美度石硫合剂或柴油乳剂
开花前	蚜虫、螨类等	阿维菌素、哒螨灵、吡虫啉
落花后	蚜虫、螨类、卷叶蛾、灰霉病等	甲基硫菌灵、异菌脲、吡虫啉、阿维菌素
果实发育期	灰霉病、果蝇等	腈菌唑、多菌灵、异菌脲、噻虫胺、胺菊·氯菊酯
果实采收后	桑白蚧（采收后立即喷药）、球坚蚧	阿维菌素，并人工刷除枝条上的越冬虫茧
	根癌病	根癌灵（K_{84}）或抗根癌菌剂蘸根，根颈部位晾晒后灌根
	红颈天牛	挖幼虫，捕捉成虫
夏秋季节	叶斑病、穿孔病	波尔多液、代森锰锌

七、采 收

适期采收是保证樱桃果实品质和实现设施栽培良好效益的重要环节。采收过早，果实尚未完全成熟，不仅产量低，而且着色差、含糖量低、酸度大、风味差，商品性降低；而采收过晚，果实过熟，肉质变软，既不耐贮运，又缩短了货架期。采收时间主要决定于果实的成熟度，与销售方法也有一定的关系。就地销

售的可在充分成熟、风味最佳时采收；外销和贮藏的宜于八九成熟、已表现出品种特有的色泽和风味时采收。

采收标准和要求：黄色品种，底色褪绿变黄，阳面开始着红晕，红色占果面 1/3～2/3 时采收；红色品种，果面全面红色时采收；紫红色至黑色品种，果面由全红变紫红色时采收。同一株树上的果实成熟期不一致的，要分批分期采收，以保证质量。采收宜在上午露水干后至高温来临前和傍晚进行，采收后及时摊开散热。樱桃采收主要靠人工完成，采收时带果柄采摘，轻摘、轻放，防止果面损伤，勿使果柄脱落，同时注意不要损伤结果枝。

另外，为提高经济效益，可采取措施提前或推迟成熟期，如在成熟前 3 周喷施 1% 钙制剂，可推迟 3～4 天成熟；在盛花期 2 周后喷 85% 丁酰肼粉剂（比久）800～1 000 倍液，可提前 3～5 天成熟。

第十一章

设施草莓高效栽培与安全施肥技术

草莓是蔷薇科草莓属中的多年生常绿草本植物，植株矮小，适应性强，繁殖快，栽培容易，生长周期短。草莓果实色泽鲜艳，芳香多汁，甜酸适口，营养丰富。草莓结果早、效益高，在我国北方采用设施栽培，可实现周年生产和四季供应，对满足消费需求、调节市场供应起到积极的作用。

第一节　草莓的生物学特性

一、形态特征和生长结果习性

草莓是多年生草本植物，植株寿命为 5～10 年，但盛果年龄仅为 2～3 年。植株矮小，直立或半匍匐丛状生长，株高一般 20～30 厘米。一个完整的草莓植株由根、茎、叶、花、果实等器官组成，其中茎又包括新茎、根状茎和匍匐茎（图 11–1）。草莓为须根系浅根性植物，具短缩的根状茎。叶多为羽状三小叶，密集轮生在根状茎上。两性花，聚伞花序，花瓣通常为白色。果实柔软多汁，多为红色，植物学上称之为浆果。种子（瘦果）瘦

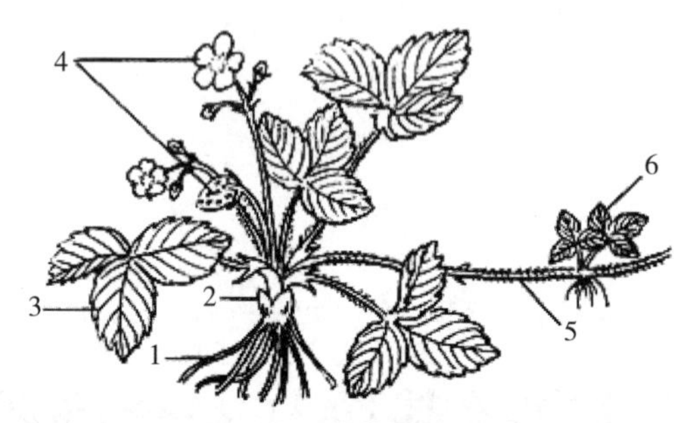

图 11–1　草莓植株形态
1. 根　2. 短缩茎　3. 叶　4. 花和果　5. 匍匐茎　6. 子株（匍匐茎苗）

小，数量大，嵌于果实表面。植株开花结实后会从叶腋处发生数条匍匐茎，匍匐茎的先端可以繁殖子株。草莓适应性较强，易于栽培管理，产量高，结果早，分布区域广泛。

（一）根　系

1. 构成　草莓根系是由根状茎和新茎产生的粗细须根组成。1 株成熟的草莓植株通常有 20～25 条初生根，多的可达 100 条，初生根直径 1～1.5 毫米，加粗生长很缓慢，一般成活 1 年，管理得好可活 2～3 年。初生根上分布着很多细根，细根上密生根毛，具有从土壤里吸收水分和矿物质营养的功能。新生根为白色，逐渐由白色转为褐色，再转成暗褐色，最后变为黑色，不久就会死亡。

2. 分布　草莓根系分布比较浅，70% 的根系分布在 20 厘米以上的土层中，20 厘米以下的土层根系分布少。根系分布的深浅与品种、栽培密度、土壤质地、温度及湿度有关，在排水良好的沙壤土中分布较深，而在黏土中分布较浅，密植时分布相对也较深。由于根系分布浅，所以草莓对干旱、高温、寒冷耐受性差。

3. 根系生长动态　草莓根系 1 年中有 3 次生长高峰，分别在春季外界气温回升至 5℃以上、10 厘米地温稳定在 2℃左右时，夏季果实采收后匍匐茎发生时，秋季气温下降、叶片养分回流

时。草莓根系生长动态与地上部分生长动态相协调，凡地上部分生长良好，早晨叶缘上有水滴的植株，吸收根就旺盛发育。但地上部与地下部生长高峰相互错开，一般地下部高峰出现以后，地上部才出现生长高峰。据试验观察，根系发育与植株坐果数密切相关，坐果越多，根量越少，根系与果实之间存在着养分竞争。

（二）茎

草莓茎有新茎、根状茎和匍匐茎。前2种茎均属地下茎，后者是草莓沿地面延伸的1种特殊地上茎。

1.新茎　草莓栽植当年和1年生茎称为新茎，新茎呈半平卧状态，离心生长非常缓慢，每年加长生长仅0.5～2厘米，但其加粗生长较旺盛。新茎上密生长柄叶片，叶腋着生腋芽，新茎顶芽到秋季可分化成混合芽。其下部发出不定根，第二年新茎就成为根状茎。顶生混合芽在春季抽出新茎，呈假轴分枝。当混合芽萌发出3～4片叶时，花序就在下一片未伸展出的叶片的托叶鞘内微露。新茎腋芽具有早熟性，当年有的萌发新茎分枝，有的萌发成为匍匐茎。草莓植株发新茎的多少因品种而异，同一品种一般随年龄增长而逐渐加多，最多可达25～30个及以上。栽植当年发新茎分枝的多少与栽植时期和秧苗质量有关。

2.根状茎　草莓的新茎在生长季后期其基部发生不定根，其腋芽抽生新茎分枝。新茎在第二年，当其上的叶全部枯死脱落后，即成为外形似根的根状茎。因此，根状茎是一种具有节和年轮的地下茎，是储藏营养物质的地方。到第三年，首先从下部老的根状茎开始，逐渐向上死亡。其内部的衰老过程，由中心逐步向外衰亡，先变成褐色，后变成黑色，着生在其上的根系也随着死亡。因此，根状茎愈老，其地上部分的生长状况也愈差。草莓新茎部分未萌发的腋芽，是根状茎的隐芽。当草莓地上部分因某种原因受损伤时，隐芽能发出新茎，新茎基部形成新的不定根，很快恢复生长。

3. 匍匐茎 匍匐茎是草莓的一种特殊地上茎，也是草莓的营养繁殖器官，茎细，节间长。由新茎的腋芽发出，开始向上生长，长到超过叶面高度时，逐渐垂直向株丛空间光照好的地方生长。大多数品种的匍匐茎，首先在第二节的部位向上发生正常的叶、向下形成不定根，当接触地面后即扎入土中形成1株匍匐茎苗。随后在第四、第六等偶数节处继续形成匍匐茎苗，在营养条件正常的情况下，1条先期抽出的匍匐茎，能连续延伸形成3～5株匍匐茎苗。而有些品种，如宝交早生、春香、布兰登堡等，除偶数节能形成匍匐茎苗外，其奇数节还能抽生1条匍匐茎分枝，此分枝同样也能在偶数节形成匍匐茎苗，而且当年形成的健壮匍匐茎苗，其新茎腋芽当年还能抽生匍匐茎，称为二次匍匐茎；二次匍匐茎上形成的健壮匍匐茎苗，有的当年还能抽生三次匍匐茎，因此草莓利用匍匐茎能较快地获得营养繁殖苗。

一年中植株上发生匍匐茎数量的多少，与匍匐茎偶数节形成叶丛后，其叶丛下部发根扎入土中能力的大小，主要与品种特性有关，如春季萌发匍匐茎多，叶丛发根入土能力也强；而红衣品种萌发匍匐茎能力强，但叶丛发根入土能力很弱。草莓大量抽生匍匐茎的时期一般在浆果采收后，而浆果采收前抽生的少量匍匐茎，多由未开花的株丛上抽生。

（三）芽

草莓的芽可分为顶芽和腋芽。顶芽着生在新茎顶端，长出叶片并向上延伸新茎，当日平均温度降到20℃左右、每天日照时间在12小时，草莓开始由营养转向生殖生长，花芽在这个时期开始分化，这个过程一直持续到日平均温度低于5℃时为止。腋芽着生在新茎叶腋里，具有早熟性。草莓花芽形态分化开始的标志是，生长点明显隆起、肥大、呈半圆状，随后半圆形呈现凹凸不平，即进入花序分化期。在花序中，一级花序顺序分化出萼片、花瓣、雄蕊和雌蕊，二级花序分化稍晚，顺序分化出三级序

花。当顶花芽一级花序进入花瓣和雄蕊分化时期，腋花芽也开始分化。

（四）叶

草莓叶为三出复叶，叶柄细长、一般为 10～25 厘米，叶柄上长着许多茸毛、基部有托叶，叶柄中下部有 2 个叶耳，叶片在新茎上连续发生。草莓新茎上密生呈螺旋状排列的叶，属于基生三出复叶，总叶柄较长、达 10～20 厘米。总叶柄基部与新茎相连的部分有 2 片托叶合成鞘状包于新茎上，称为托叶鞘。草莓叶具常绿性。一年中由于外界环境条件和植株本身营养状况的变化，在不同时期发生的叶，其寿命长短也不一样，一般在 30～130 天之间。秋季发生的部分叶片，在适宜环境与保护下，能保持绿叶越冬，其寿命可延长到 200～250 天，翌年春季生长一个阶段以后才枯死，而被早春发生的新叶所代替。多保留越冬叶片，对提高当年产量有良好的作用。

一年中叶片随着新茎的生长陆续出现，也相继老化枯萎。由于株丛上经常保持一定的叶片，因而新老叶片在一年中有更替现象。不同时期发生的叶片，其形态大小也不一致，从开始着果至果实采收前，此期间发出的叶片其大小比较典型。

（五）花

草莓绝大多数品种为完全花，自花能结实，花白色。雄蕊多数，大量雌蕊离生，着生在凸起的花托上。少数品种雄蕊发育不完全，还有个别品种没有雄蕊，为雌性花。这类不完全花的品种在配置授粉品种的情况下，产量也不低于两性花品种。

草莓花序为聚伞花序或多歧聚伞花序。品种间花序分歧变化较大，形式比较复杂。1 个花序上可着生 3～60 朵花，一般为 7～20 朵。在比较典型的聚伞花序上，通常是第一级花序的 1 朵中心花最先开，其次由这朵中心花的 2 个苞片间形成的 2 朵二级花序开放，以此类推。由于花序上花的级次不同，开花先后不同，因而同一花序上果实大小与成熟期也不相同。

草莓花序的高矮因品种而不同，有高于叶面、等于叶面和低于叶面 3 种类型。

在生产中经常见到草莓每个花序中，高级次的花有开花不结实成为无效花的现象。无效花的多少因品种不同而异，大部分品种无效花占 15%～25%。但同一品种，在不同年份、不同栽培管理条件下，其无效花的百分数变化也很大。在适宜的气候和良好的栽培管理条件下，无效花百分率可以大大减低。

由于草莓花序分歧复杂，花序上级次高的花的果小，采收费工，生产中一般不采收，属于无效果。

（六）果　实

果实由花托肥大形成，植物学上称为假果。果实柔软多汁，栽培学上称为浆果；又由于大量着生在花托上的离生雌蕊受精后，每一雌蕊形成 1 个小瘦果（通称种子），把着生瘦果的肉质花托称为聚合果。肉质花托分为两部分，内部为髓，外部为皮层，有许多维管束与瘦果相连。瘦果嵌生于浆果表面的深度不同，有与果面平、凸出果面和凹入果面 3 种，不同的嵌入深度与浆果的耐贮运能力有关，一般瘦果与果面平的品种比凹入或凸出的品种耐贮运性强。

果实大小与品种有关，以花序第一级花序果大小为准，一般为 3～60 克不等。同一品种其大小也因受其他因子的影响而不同，尤其是水分不足时大果品种也会相对变小。

二、物 候 期

（一）开始生长期

草莓根系在 10 厘米地温稳定在 1℃～2℃时，首先开始活动，比地上部开始生长早 10 天左右。根系开始生长是以上年秋季长出的未老化的根继续延长生长为主，以后随地温不断上升才

逐渐有新根发生。地上部越冬的叶片首先开始进行光合作用，随后新叶陆续出现，老叶枯死。扣棚升温后要及时浇水追肥，使新叶及早抽出，为当年丰产打下良好基础。

（二）开花和结果期

一般在新茎展出3片叶、而第四片叶未伸出时，花序就在第四片叶的托叶鞘内微露，随后花序逐渐伸出，整个花序显露。花期一般持续20天左右，在一个花序上有时甚至第一朵花所结的果实已成熟，而最末的花还正在开，因此草莓的开花期与结果期很难截然分开。在此物候期已开始少量抽生匍匐茎。一般情况下，早开花的品种通常是早熟品种，由开花到果实成熟需1个月左右，果实成熟期为20天左右。

（三）旺盛生长期

浆果采收结束后，在长日照和高温条件下，首先腋芽开始大量发出匍匐茎。随后腋芽发出新茎，新茎基部又相继长出新的根系。匍匐茎和新茎的大量产生，为分株繁殖及花芽分化奠定了基础。

（四）花芽分化期

一般草莓经过旺盛生长期之后，在较低的温度（17℃以下）和短日照（12小时以下）条件下开始花芽分化。对于形成花芽，低温比短日照更为重要，温度在9℃时，花芽分化和日照长短关系不大；短日照条件下17℃～24℃也能进行花芽分化，而30℃以上，则花芽停止分化。但温度过低，降至15℃以下，花芽分化则停止。在夏季高温和长日照条件下，只有四季草莓品种花芽才能分化，一般草莓多在9月份或更晚时开始花芽分化，我国北方较早，南方较晚。不同成熟期品种花芽分化早晚不同，如威斯塔尔品种比绿色品种开始分化早7天左右，停止分化早10天左右。同一品种的秧苗，由于氮肥施用过多，营养生长势强，表现徒长或秧苗叶数过多和叶数不足，这些都会使花芽分化延迟。因此，花芽分化期要严格控制氮肥的使用，必要时还可进行断根处理。这是因为断根能引起植株体内氮素水平的降低，有利于抑制营养生长而促进花芽分化。

（五）休眠期

草莓为常绿果树，休眠期叶片仍呈绿色不落叶，只呈现矮化现象，即秋季发出的叶片，叶小、叶柄短，匍匐于地面生长。晚秋到初冬随气温降低、日照变短，草莓才逐渐相对地停止生长发育，开始进入休眠。品种间休眠期长短很不一样，南方品种休眠期短，北方品种休眠期长。北方因气候严寒，除自然休眠外，还有被迫休眠。

三、对环境条件的要求

（一）温　度

草莓对温度适应性较强，喜冷凉气候，抗寒性较强，不耐酷热。不同品种，植株地上部和地下部以及在年生长周期的不同时期，对温度的要求有着显著的差异。一般晚熟品种在早春季节耐寒性强于早熟品种，至晚秋、初冬后则会相反。

草莓根系在温度为2℃时开始活动，在10℃时开始形成新的根。草莓根系适宜生长温度为15℃～20℃，秋季温度降至7℃～8℃时生长减弱；冬季地温降至-8℃时，根部便受到危害，在-12℃时被冻死。气温为5℃时草莓地上部茎叶开始生长，生长适宜温度为20℃～30℃，过高或过低对生长均有不良影响。在草莓开花期，温度低于0℃或高于40℃均会影响授粉受精过程，影响种子发育，产生畸形果。开花期和结果期最低温度应为5℃以上，花芽分化温度必须低于15℃，但气温降低至5℃时花芽分化又会停止。秋季草莓植株经霜冻和低温锻炼后，抗寒力可大大增强。温度超过30℃，对草莓生长产生严重的抑制作用，不发新叶，老叶有时会出现灼伤或焦边，并逐渐枯萎脱落，因此

生产中应采取遮阴降温措施。

（二）光　照

草莓是喜光植物，但又比较耐阴。植株在既有充足光照又有较弱遮阴条件下，生长旺盛，叶片深绿色，花芽发育好，能够获得高产。草莓在不同的发育阶段对光照要求不同。在开花结果及旺盛生长期，要求有 12～15 小时的长日照；在花芽形成期，则要求 10～12 小时的短日照。

（三）水　分

草莓根系分布较浅，叶片较大，整个生长期几乎都在进行老叶死亡、新叶生长的频繁交替。采收后，又要大量抽生匍匐茎和生长新的根茎，要求有充足的水分，才能满足草莓生长发育的需要。在不同生长期草莓对水分的要求有所不同，苗期缺水会阻碍茎、叶的正常生长，结果期缺水则会降低果实产量和品质。早春和开花期需要土壤相对含水量 70%；果实生长期和成熟期需要水分最多，要求达到 80% 以上。采收以后要求土壤相对含水量不能低于 70%，缺水会使匍匐茎发出后扎根困难。植株积累营养和花芽形成期，要求水分较少，但土壤相对含水量仍不能低于 60%。草莓不耐涝，要求土壤有充足的水分，又有良好的通透性，才能促进正常生长。长时间缺水，将会严重影响根系和植株的生长，降低抗病性，严重时会引起叶片变黄、萎蔫、脱落，甚至窒息死亡。

（四）土　壤

草莓是浅根性植物，根系主要集中在 30 厘米以内的土层中，因此土壤表层结构和质地，对草莓生长影响较大。草莓最适宜栽植在疏松、肥沃、通气良好、保肥保水能力强的沙壤土中；同时，要求地下水位不高于 100 厘米，pH 值为 5.5～6.5。沙土虽肥力较差，肥水易流失，但只要多施厩肥、勤灌水，也非常适宜种植草莓，而且草莓果实颜色鲜艳，可溶性固形物含量高，成熟

期可提早4～5天。草莓不适应在盐碱地中生长，黏土地也不适宜种植草莓，其果实味酸，品质极差。草莓一般不宜连作，如需连作必须用噻唑膦对土壤进行消毒，以消灭土中的病菌。

草莓适宜在中性或微酸性的土壤中生长，要求pH值为5.5～7，pH值＜4和pH值＞8时均会生长发育不良，因此盐碱地和石灰性土壤不适宜栽培草莓。

土壤中的养分状况也会影响草莓生长，植株旺盛生长必须以良好的营养状态为前提。施肥应以适时、适量为基本原则，否则，会导致土壤中元素缺乏或过量，反而不利于植株生长。在设施栽培中往往出现，由于大量施用化肥而造成养分缺乏，植株缺氮易使叶色变浅，整株发育不良；缺磷会影响花芽分化，匍匐茎发育也差；缺钾会导致小叶死亡，结果数少，产量降低等。同时，施肥量过多还会使各种元素过多，容易出现离子过剩、离子间的拮抗作用和盐浓度障碍等现象，同样会抑制生长，降低产量。因此，生产中应根据草莓不同生长发育时期对元素的不同需求，进行适时、适量追肥。例如，在草莓花芽分化前3周供应充足的氮肥，会增加花芽数量；秋季植株进入休眠之前增施氮肥，有助于增加植株冬季养分贮藏，促进翌年春季生长，增加花数和花序数，有增产的效应。

第二节　设施草莓栽培品种选择

一、品种选择原则

设施草莓栽培的品种必须具备花芽易分化，休眠期短或无休眠期且易打破休眠，生长发育开花结果对温度要求低，花器抗寒性强，抗病害、早熟、丰产，采收期长，果型大、品质优等优良性状。

在栽培方式上，促成栽培和半促成栽培对草莓品种需求不尽一致，促成栽培要求选择花芽分化早、休眠浅、低温季节耐寒性好，其生长势强、花粉量大、抗逆性强、产量高、品质好的品种，如丰香、春香、秋香、静香、丽红、保交早生、明宝、女峰等。半促成栽培对品种的要求南方与北方不尽相同，南方地区应选休眠中等或稍浅的品种，如宝交早生、达娜等；北方可选用全明星、哈尼、弗杰利亚、戈雷拉等休眠中等或较深的品种。从早熟性看，丰香优于其他品种；从丰产性能来看，全明星优于其他品种。促成栽培中，丰香是首选品种，其次是静香、保交早生；在半促成栽培中全明星、哈尼品种的种植面积最大，占90%以上。

二、主要适栽品种

（一）丰　香

从日本引进。属早熟品种，适合促成栽培。植株生长势强，株高16厘米左右，株冠开展。叶圆形，叶片大、绿色、较厚，叶面平展。每株有2～3个花序，每花序有6～7朵花，花序斜生半低于叶面，两性花。果实大，平均单果重18克，最大果重50克。果实圆锥形、红色、有光泽，果肉白色、肉细，甜酸适口，可溶性固形物含量10%～12%，有香气，品质好。果实硬，耐贮运。抗寒、抗旱能力强，果实成熟期集中，采收期10～15天，适于保护地栽培。

（二）静　香

从日本引进。属于早熟品种，适合促成栽培。植株生长势强，株形半开展。叶片椭圆形、中等大小、深绿色，每株有5～7个花序。果实中大、长圆锥形，大小整齐，一级花序果平均单果重15克，最大果重20克。果实红色，具光泽，果肉浅红色，髓心小，质地细，风味香甜，品质优。每667米^{2}产量

1 500～2 000 千克。

（三）春 香

从日本引进，属于早熟品种。适合促成栽培。植株生长势强，株形较直立，株冠大，叶片大、圆形、黄绿色、无光泽。每株有 2～3 个花序，每序有 7 朵花，花序斜生，花序低于叶面，两性花。果实大，平均单果重 18 克，最大果重 35 克，果实短圆楔形、红色，果肉白色，肉质细，可溶性固形物含量 10%～12%，品质佳。每 667 米^{2}产量 1 500～2 000 千克。

（四）秋 香

从日本引进。属于早熟品种。适合促成栽培。植株生长势强，株形开展。叶片长椭圆形、浅绿色，每株有 3～5 个花序，花序低于叶面，两性花。果实中等大、长圆锥形、红色，具光泽。果肉红色，髓心小，质细密，品质好。一级花序果平均单果重 16 克，最大果重 22 克。

（五）宝交早生

日本主栽品种。果面平整、有光泽、鲜红色，果肉橙红色，髓心小。第一花序果平均单果重 14.5 克，最大果重 21 克，单株产量 222.1 克。果实酸甜适度，香味浓，品质极佳。休眠期短，植株生长旺盛，株形开张，繁殖力强，叶片较大、深绿色，单株花序 3～4 个。较丰产，适于设施栽培。

（六）丽 红

从日本引进。属于早熟品种，适合促成栽培。植株生长势强、较直立，株型大。叶片大，叶柄长，叶椭圆形、较薄，叶绿色微黄。花序斜生且低于叶面，两性花。果实大，一级花序果平均单果重 13 克，最大果重 50 克。果实长圆锥形，果面红色，具光泽。果肉红色，质地细，果汁多，风味甜酸，有香气，可溶性固形物含量 10%～11%，品质优良。

（七）全明星

从美国引进的优质大果型中晚熟品种。果实圆锥形、鲜红色、有光泽，果肉淡红色，髓心小。第一花序果平均单果重22.3克，最大果重48.5克，果实致密，质细多汁，酸甜适度，品质上等。果实硬度高，耐贮运，较丰产。植株生长旺盛，分枝力中等，叶片大、椭圆形，叶色深绿。单株花序2～4个。适应性强，耐高温、高湿，抗黄萎病和红中柱根腐病，较抗白粉病和灰霉病。

（八）戈雷拉

荷兰品种。植株生长直立、紧凑，分枝力中等。叶片椭圆形、浓绿色、质硬，托叶淡绿色稍带粉红。一级花序果平均单果重24克，最大果重47克，果实圆锥形，尖端稍扁，面有棱沟，红色有光泽，果尖不易着色。种子黄绿色，凸出果面。萼片大，平贴或反卷，果红色、较硬，果汁红色。抗寒抗病，为一季品种，丰产，一般每667米^{2}产量2000千克左右。

（九）达　那

日本的老品种。该品种休眠较深，但由于其果实的适口性和耐贮性均为极少品种能与之匹敌，因而目前仍是半促成栽培的主栽品种。果实大，但第一级花序果往往发育不规则。白粉病发病率低。

（十）女　峰

日本品种。植株直立，生长势强，匍匐茎抽生能力强，叶片大、浓绿色。果实圆锥形、鲜红色，果肉淡红色，果实硬度大，较耐贮藏，酸甜适合，有香味，为优良鲜食品种。第一级花序果平均单果重17.6克，最大果重24.5克。顶花穗着花15～20朵。花穗之间的边缘结实性好，因而产量也较高。该品种休眠极浅，不需电灯光照或喷施赤霉素也能获得较高产量，适合于温室促成栽培。但不抗白粉病，苗期易发生轮纹病。

第三节　设施草莓高效栽培技术要点

一、幼苗培育

（一）幼苗繁殖

最常用的繁殖方法是匍匐茎繁殖法。通常在浆果采收后，将作为子苗繁殖的地块，隔1行除1行，原地选取健壮无病毒植株，一般每平方米选留1～2株，并剥掉下部老叶和枯叶。拔去多余植株，耙平畦面，对全园追肥、浇水、中耕、松土，促进匍匐茎生长。匍匐茎大量发生后，及时将匍匐茎向母株四周拉开，均匀摆放，并在第二、第四节位上压土，促发不定根，形成匍匐茎茎苗（子苗）。1株母株最好留5～6条匍匐茎，每条匍匐茎上留2个小苗，促进形成壮苗。一般在7月下旬，子苗达到4片以上复叶、具有一定量的须根、根茎粗度1.2厘米以上、单株重约30克以上时即可从母株上剪离，作为大田定植苗。每667米^{2}草莓可繁殖2万株以上优质苗，可供1000～2000米^{2}土地栽培用苗。

（二）管　理

幼苗培育期间管理：①及时摘除全部花序和6月份以前的匍匐茎。②茎大量发生时，注意经常把茎蔓理顺、均匀分布，并及时压土。在整个生长季节内，随着新叶和匍匐茎的发生，新老叶不断更新，应及时摘除枯叶、老叶，以提高株行间通透性，减少养分消耗，增加匍匐茎生长空间，促进新茎加粗，确保幼苗健壮。③雨季到来时开沟排水，遇干旱应每5～7天浇1次水，保持土壤相对含水量70%左右。④根据生长情况可轻施三元复合肥或尿素1～2次。⑤及时防治病虫害，勤除草，保证苗木有一个良好的生长环境。⑥子苗移栽前10天切断匍匐茎，以防产生细弱的无效苗而浪费养分，这是保证定植苗健壮的关键。

（三）起　苗

1. 起苗时间　各地应根据本地气候特点、定植时间等因素确定起苗时间。

2. 起苗要求　起苗前提前3天浇1次小水，起苗时不要伤根，保证秧苗根系齐全。如秧苗与匍匐茎相连，要先切断匍匐茎后再起苗。带土起苗，随起苗随移栽，以提高移栽成活率。

二、整地定植

目前，设施草莓栽培均采用一年一栽制，以秋季定植为主，北方地区最早 7 月下旬至 8 月上旬定植，山东、辽宁、河北等省多在立秋前后定植，最迟在 9 月下旬至 10 月上旬定植。

定植前进行土壤消毒，可用 50% 多菌灵可湿性粉剂 500 倍液对土壤喷洒消毒，每 667 米^{2}用 50% 多菌灵可湿性粉剂 2 千克。草莓定植忌选重茬地，定植前 20 天建好大棚，每 667 米^{2}施腐熟有机肥 5000 千克、复合微生物肥 3～5 千克、专用配方肥 60～80 千克或磷酸氢二铵 30 千克＋硫酸钾 30 千克。将肥料混匀后撒施于地表，立即深耕 25～30 厘米，细耙 2 遍，浇足底墒水。采用小高垄栽培，垄高 15 厘米，垄距 90～100 厘米，垄面宽 50 厘米，每垄栽双行，行距 18 厘米，株距 12～15 厘米，每 667 米^{2}栽植 8000～10000 株。选用 5 片叶以上的苗，在阴雨天或晴天下午 4 时以后带土移栽，栽植时做到“上不埋心，下不露根”，新茎的弓背一律向外，栽后连续浇小水，直到成活为止。

三、定植后管理

（一）前期管理

定植苗长出 2 片新叶后摘去老叶，长出 4 片新叶时每 667 米^{2}追施尿素 10 千克。9 月中下旬每 667 米^{2}施专用配方肥 20～25 千克或 45% 三元复合肥 20 千克，施肥后及时浇水并中耕。10 月

20日左右，当夜间气温降至8℃时扣棚。

（二）温度管理

萌芽期设施内白天温度保持26℃～28℃、夜间8℃以上，花期白天温度保持22℃～25℃、夜间12～15℃，果实膨大期白天温度保持20℃～25℃、夜间8℃，采收期白天温度保持18℃～25℃、夜间5℃～6℃。

（三）水分管理

开花期控制浇水，坐果至果实成熟保持土壤湿润。早晨采收前控制浇水。

（四）合理追肥

追肥从顶花序吐蕾开始每20天追肥1次，第一次采收高峰后每30天追1次肥，每次每667米^{2}追施专用配方肥40～60千克或45%三元复合肥50千克。追肥时先把肥料用水化开，再随水冲施。结果始期开始喷施氨基酸复合微肥600倍液＋0.5%磷酸二氢钾混合肥液，每7～10天喷1次，连续喷3～4次。

（五）植株管理与辅助授粉

及时从茎基部摘除发黄的老叶及病叶，并带出田外烧掉或深埋，以利于通风透光和防病。在第一朵花开放前，每个花序留7～8朵小花，摘去花序前端的其他花蕾，使果实大而整齐，成熟期相对集中。此外，为了提高坐果率，在花期放养蜜蜂辅助授粉，一般每个棚室内放1箱蜜蜂即可。

四、病虫害防治

草莓在生长发育过程中，易发生灰霉病、白粉病、叶斑病、蚜虫等病虫害。病虫害防治要坚持“预防为主、综合防治”的原则，采用物理防治、化学防治和生物防治相结合的方法。尽量选用低毒低残留农药。在缓苗期后喷1次50%多菌灵可湿性粉剂500倍液；感染白粉病和叶斑病时，用25%三唑酮可湿性

粉剂 2000 倍液防治；防治灰霉病可用 50% 腐霉利可湿性粉剂 800 倍液，或 70% 甲基硫菌灵可湿性粉剂 1000 倍液，或 50% 多菌灵可湿性粉剂 600 倍液喷雾。也可每 667 米^{2}用 15% 腐霉·百菌清烟剂 300～400 克，分堆点燃熏蒸；防治根腐病的方法，轮作不重茬，及时清除病株和周围土壤，并用 70% 敌磺钠可湿性粉剂 600～800 倍液灌根消毒；蚜虫防治可用 10% 吡虫啉可湿性粉剂 3000 倍液喷雾。轮换用药可起到良好的防治作用。

为防止产生畸形果和果实污染，花期和结果期不喷药，但应及时去除病株病叶。采果期尽量少用药，必须用药时应选择残毒低的药剂，并且喷药后在安全间隔期内停止采果，防止果实残毒影响人体健康。

五、采　收

设施草莓果实以鲜食为主，在果面 70% 以上呈现鲜红色且具芳香时采收风味最佳。冬季和早春温度低，要在八九成熟时采收。软果品种和运销的，以未成熟时采收为宜。一般需每隔 1～2 天采收 1 次，采摘应在上午 8～10 时或下午 4～6 时进行，不摘露水果和晒热果，以免腐烂变质。采收时要带果柄，不损伤萼片，注意轻采轻放，不伤果肉。采后分级、架空堆放，切忌贮存和搬运时受挤压。采收后如无冷藏条件，应尽量当天采收，当天售完。草莓在 0℃冷库中可保鲜 7～10 天。农家乐旅游景点，游客采摘时要指导采摘方法，以免伤及花序其他部分。

第十二章 设施果桑高效栽培与安全施肥技术

果桑是从桑科桑属植物中选育出的以采集桑葚为主要经营目的的栽培品种。桑葚由30～40个圈形瘦果聚合而成，质地油润，酸甜可口，营养丰富，具有很高的食用价值和药用价值。1983年，国家卫生部将桑果列为“既是食品又是药品”的农产品之一。设施果桑栽培每年3月下旬至6月中旬和10月份2次结果，在大量水果未上市的3～4月份，可以提前供应市场，经济效益十分显著。

第一节 果桑生物学特性

一、生长结果习性

果桑树主根较深，入土深达1.5米以上；水平根极发达，分布面积广，为树冠直径的2～3倍。其根系分布与立地土壤质地有密切关系，一般须根以10～20厘米土层内最多，40厘米以下显著减少。桑树树冠高大，山东省鲁北平原成年桑树，树高达8～15米、冠径10～15米，枝干层次不明显，主枝细长披张，枝条平直，细长，自然状态下树冠多呈圆头形。幼龄树生长旺盛，新梢长可达 1 米以上，壮旺者近 2 米，并有副梢形成，萌芽率高达 90%，成枝力强，因而幼龄树成形快。成年树长势中庸，成枝力减弱。潜伏芽寿命长，200～300 年老树的冠内仍可萌生壮旺直立徒长枝。树冠更新较容易，结果寿命长达 200～300 年。

果桑花芽为混合芽，比较容易形成，一般发育良好的 1 年生枝顶芽、侧芽均为混合芽。翌年抽生新梢，在新梢基部 1～6 节叶腋间抽出葇荑花序结果，一般每节坐 1 个果，每条新梢结果 2～4 个，最多可达 6 个，不同品种间差异较大。新梢不着果的上部各节则形成腋花芽，翌年可连续生长结果。新梢连续结果能力、生长势与混合芽着生的部位有关，一般每条枝都是上强下弱，下部新梢生长量小、结果 1～2 年即自行枯死，中、上部枝条生长量大可连续生长结果，形成短果枝群，有的寿命长达数十年。少数顶端强旺新梢能够连年伸长，最后形成骨干枝。

果桑以采果为主，一般叶不喂蚕。采果后保持桑叶完整，生长发育快，故果桑树早实、丰产性极强，基本无大小年结果现象。一般管理条件下，定植后 3～4 年，干径达 8 厘米，树高、冠径均为 3 米左右，株产桑葚 5 千克左右；8～10 年生，干径达 20 厘米，株产桑葚 50 千克；盛果期树，干径达 40 厘米左右，树高 7～8 米，冠径 10 米左右，株产桑葚 250～300 千克，生长条件好的大树，株产桑葚高达 500 千克，盛果期可持续 100 年以上。

山东等地，果桑一般 4 月上旬发芽，4 月下旬开花，果实发育期 35～50 天，5 月下旬至 6 月下旬成熟。成熟期，果实自新梢基部果开始向上陆续“上浆”成熟，单果上浆 2～3 天，此时果实迅速膨大、变软，糖分增加，呈现本品种特点。成熟果实极易脱落。成熟采收期在麦收前后，长达 30～45 天，不同品种有差异。

二、对环境条件的要求

（一）光　照

果桑是喜光树种，在不同光照条件下，生长发育有显著差异。强光照条件下，生长好，枝条健壮，根系发达，结果多；弱光照条件下，则叶片大而薄，叶色较黄而嫩软，生长衰弱，根系发育不良。光质与桑树生长也有很大的关系，波长600～700纳米的红光和波长300～400纳米近紫外光对桑树生长有促进作用；而波长450～600纳米，尤其是波长450～550纳米的蓝绿光，对桑树则有明显的抑制作用。

（二）温　度

栽培实践证明，桑树具有较强抗寒性，春季地温5℃以上时，根系开始活动；日平均温度达12℃时，冬芽开始萌动；25℃～30℃是果桑生长的最适温度；通常温度高于35℃时，对果桑生长有抑制作用；温度低于12℃，果桑停止生长。在休眠期，枝芽可抗0℃低温。

（三）土　壤

桑树对土质要求不严，一般土质均可生长，尤其较耐瘠薄。但在土层深厚、肥水较好的沙壤土或壤土生长最好，表现为生长快，树体高大，产量高；在沙土和黏土中次之。要求土层深厚、至少在1米以上，地下水位低于1米，以疏松、通气、排水性能良好、富含有机质的土壤结构为好。果桑树对土壤酸碱度适应范围较广，pH值适应范围为4.5～9，以pH值6～6.5的微酸性土生长最好。幼苗期，0～60厘米土层内含盐量应在0.2%以下，超过0.2%时则生长不良。含盐量0.2%以上、土壤pH值8以上的盐碱地不宜栽植果桑。

（四）水　分

果桑树比较抗旱，但土壤水分不足或过多对果桑影响较大。

果桑树最适土壤相对含水量为70%～80%，表现为土壤湿润，手捏成团、落地即散。果桑萌芽生长、开花结实、果实成熟均在旱季，空气湿度低，利于桑葚糖分等内含物积累，果实品质优良。但必须注意土壤灌溉。

（五）空　气

空气是果桑生长不可缺少的环境因素，空气中的二氧化碳和氧气直接关系到果桑的光合作用和呼吸作用。空气流动，即风的有无和大小间接地影响到果桑树的生长。果桑园通风良好，有利于二氧化碳的补充和增强光合作用。土壤疏松，有利于土壤气体交换，增强根系的吸收作用。

此外，空气中的水汽和雾，会降低空气的透明度，影响光照。工业废气，如煤烟、氟化物、亚硫酸和其他有毒物会污染叶片、桑葚，影响果桑树生长。用被污染的桑叶养蚕，会造成蚕慢性中毒；食用污染的桑葚或用桑葚作加工原料，会危害消费者健康。在新建果桑园时应予以充分考虑。

第二节　设施果桑栽培品种选择

一、品种选择原则

设施栽培果桑，要求果大、成熟早、抗病、果实紫黑色或白色、花芽率高、结果能力强的品种。

二、主要适栽品种

（一）无核大十

即大10，三倍体早熟品种，树形开展，枝条细直，叶片较大，花芽率高，单芽果5～6个。果长3～6厘米，果径1.3～2厘米，单果重3～5克，果实紫黑色、无籽，果汁丰富，果味

酸甜清爽，含总糖14.87%，总酸0.82%，可溶性固形物含量14%～21%。黄淮流域5月上旬成熟，成熟期30天以上，每667米^{2}产桑果1 500千克左右，产桑叶1 500千克左右。抗病性较强，抗旱耐寒性较差，果叶兼用，桑果适合鲜食，也可加工。我国南方地区和中部地区适宜种植。

（二）红果2号

中熟品种，树形直立，枝条细长而直，叶片较小，花芽率高，单芽果6～8个。果长3～3.5厘米，果径1.2～1.3厘米，单果重3克左右，果实长筒形、紫黑色、有籽，果味酸甜爽口，果汁鲜艳，含总糖14.8%，总酸0.79%，可溶性固形物含量14%～20%。黄淮流域5月上旬成熟，成熟期30天以上，每667米^{2}产桑果2 000千克左右，产桑叶1 500千克左右。抗病性较好，适应性强，果叶兼用，桑果适合鲜食，也可加工。我国南、北方均可种植。

（三）白 玉 王

中熟品种，树形开展，枝条粗壮，长势较慢，叶片较小，花芽率高。果长3.5～4厘米，果径1.5厘米左右，单果重4～5克，最大果重10克，果实长筒形、乳白色、有籽、汁多，甜味浓，含糖量高达20%。黄淮流域5月中下旬成熟，成熟期30天左右，每667米^{2}产桑果1 000千克左右，产桑叶1 500千克左右。适应性强，抗旱耐寒，为大果型叶果兼用品种，桑果适合鲜食，也可加工。我国南、北方均可种植。

（四）8632

杂交品种，早熟。树形略开展，枝条略粗而直，下垂枝少，叶片较大，花芽率极高，单芽果4～5个。果长4.5～5厘米，果径1.8～2.2厘米，单果重6～8克，最大果重15克，桑葚长筒形、多而特大、紫黑色、有籽。黄淮流域5月上旬成熟，成熟期20天左右，每667米^{2}产桑果2 500千克左右，产桑叶1 600

千克左右。该品种抗旱、耐寒，在我国三北和沙化严重地区生长良好，抗病性、抗逆性强，产量高。果叶兼用，特别是桑叶中含有较高的黄酮类化合物成分，具有减肥、降脂作用，可预防心肌梗死和脑溢血，治疗老年风湿和关节硬化症等。桑果鲜食口感略淡，可作加工原料。我国南、北方均可种植。

（五）红　果

该系列品种是从红果中选出的无性系，分为 1 号、2 号、3 号、4 号。树势强健，树姿开展，节间较密，冬芽萌发率高，其萌发抽生的结果枝着葚 5～8 个。坐果后枝条微下垂，投产早，产量高。果长 2.5～4 厘米，果径 1.3～2 厘米，葚果圆筒形、紫黑色，单果重 2～6 克，果汁多，味甜，无籽，品质佳，可溶性固形物含量 14%～20%。种植后第二年每 667 米^2 产量超过 600 千克，进入盛果期每 667 米^2 产量达 1 500 千克以上，是优良的果叶兼用品种，可作水果，也可作加工原料。

（六）台湾超长果桑

即台湾长果桑，又名超级果桑、秀美果桑、紫金蜜桑，台湾新引进品种。果形细长，果长 8～12 厘米，最长达 18 厘米，果径 0.5～0.9 厘米，单果重可达 20 克。外观漂亮，口感好，糖度高，可溶性固形物含量 18%～20%，甘甜无酸，每 667 米^2 产量 2 500 千克以上，具有四季结果习性。该品种是近年来最受市场欢迎的果桑之一，是观光采摘园不可缺少的珍贵品种，适合我国南方和中部地区种植。

第三节　设施果桑高效栽培技术要点

一、整地定植

果桑温室栽培株行距 0.5 米 × 2 米，第二年隔株去株变为 1 米 × 2 米，以后视生长情况隔行、隔株确定株行距。定植前按南北走向在2米行间挖宽、深各60～80厘米的定植沟，每667米^{2}施充分腐熟农家肥5 000千克，与土充分混拌后回填沟里，然后灌水沉沟，3月下旬至4月上旬定植。根据经验，每667米^{2}栽300株左右，一般第三年就进入丰产期，即可开始建棚。

二、整形修剪与摘心

果桑温室栽培一般采用高密度，树形多采用细纺锤形，即"一根棍，满身刺"先放后缩，结果枝组直接着生在中心领导干上。1年生中心领导干不进行修剪，2米高以上的树可吊在温室的骨架上。生长季节修剪要除去密枝和细弱枝，果实采收后进行回缩修剪。夏剪在采后进行，将结果母枝剪除，只保留基部2～3个芽，促使萌发新梢。夏剪后10～15天大量发芽抽枝，应及时抹芽定梢，每枝保留3～5个新梢，作为翌年的结果母枝。为抑制新梢徒长，控制营养生长，新梢长到6～7片叶时进行摘心。如果桑生长茂密，可疏掉枝条基部的几片叶，确保棚内通风透光良好。

三、肥水管理

（一）安全施肥技术

果桑对氮肥的利用率为72%、磷肥为35%、钾肥为59%，氮、磷、钾吸收比例为10∶6∶8，一般每生产1 000千克桑果需氮1.5千克、五氧化二磷0.9千克、氧化钾1.2千克。设施果桑在覆膜前每667米^{2}施三元复合肥50千克；幼果膨大期每667米^{2}施三元复合肥20千克；桑果膨大至转色成熟期每667米^{2}施钾肥20千克，同时用0.3%磷酸二氢钾溶液在傍晚喷施2～3次，以增加桑果含糖量和色泽。采果结束后施秋肥，每667米^{2}施三元复合肥30～50千克，秋肥宜早施，最迟不超过8月下旬，以防后期枝叶徒长。

（二）浇水

温室栽培果桑，一般扣棚前、花后和果实膨大期各浇 1 次水，生产中可根据生育情况酌情浇水，以滴灌或覆地膜沟灌为好，成熟前 20 天控制浇水。

四、温湿度调控

棚室覆膜时间可根据上市期及品种特性而定，生产中一般在 12 月上中旬进行。棚室内温湿度调控是果桑栽培成功的关键因素之一，各生育期温湿度控制标准如表 12–1 所示。

表 12–1　设施果桑不同生育期温湿度调控指标

时　期	温度 /℃			空气相对湿度 /%
	白　天	夜　间	地　温	
催芽期	15～25	6～8	10	60～70
花　期	20～25	8～10	12	35～50
幼果期	22～25	10～12	15	60～70
膨大期	25～28	12～15	15	50～60
成熟前期	25～30	15～16	15	40～50

五、病虫害防治

设施栽培果桑，环境高温高湿，极易发病，特别是菌核病发病率高，严重时颗粒无收。防治方法：在覆膜前喷 3 波美度石硫合剂 1 次；花蕾初现时，用 70% 甲基硫菌灵可湿性粉剂 800～1 000 倍液，或 50% 多菌灵可湿性粉剂 600～800 倍液交替喷雾，每隔 7～10 天喷 1 次，连喷 2～3 次，在采果前 15～20 天停止喷药。发现病果及时摘除深埋。害虫主要有桑毛虫、桑螟虫，可用 1.8% 阿维菌素乳油 1 000～5 000 倍液喷雾防治。

六、采收与包装

桑果充分着色后要及时采收，以保证桑果新鲜、无损伤、无病虫害。采后按每盒1千克分格包装。设施栽培比露地栽培可提前上市1～2个月。

附 录

附录一 常见肥料混合参考图

○可以混合

◎可以混合，须随混随用

× 不可混合

序号	肥料	1 氨水	2 硫酸铵	3 氯化铵	4 碳酸氢铵	5 硝酸铵	6 尿素	7 石灰氮	8 过磷酸钙	9 钢渣磷肥	10 钙镁磷肥	11 磷矿粉	12 硫酸钾	13 氯化钾	14 窑灰钾肥	15 磷酸铵	16 氨化过磷酸钙	17 石灰质肥料	18 硫酸镁	19 硫酸锰	20 硼酸	21 骨粉类	22 粪尿肥	23 厩肥、堆肥	24 草木灰
1	氨水																								
2	硫酸铵	×																							
3	氯化铵	○	○																						
4	碳酸氢铵	○	◎	◎																					
5	硝酸铵	○	○	○	×																				
6	尿素	○	○	○	◎	◎																			
7	石灰氮	×	×	×	×	×	×																		
8	过磷酸钙	◎	○	○	◎	◎	○	×																	
9	钢渣磷肥	×	×	×	×	×	×	×	×																
10	钙镁磷肥	×	×	×	×	×	○	×	○	×															
11	磷矿粉	×	○	○	◎	○	○	×	○	○	○														
12	硫酸钾	◎	○	○	○	○	○	◎	○	◎	○	○													
13	氯化钾	◎	○	○	○	○	◎	◎	○	◎	○	○	○												
14	窑灰钾肥	×	×	×	×	×	×	×	×	○	○	○	○	○											
15	磷酸铵	◎	○	○	◎	○	○	×	○	×	◎	○	○	○	×										
16	氨化过磷酸钙	◎	○	○	◎	○	○	×	○	×	◎	○	○	○	○	○									
17	石灰质肥料	×	×	×	×	×	×	×	×	×	×	×	○	○	○	×	×								
18	硫酸镁	◎	○	○	◎	○	◎	×	○	○	○	○	○	○	×	○	○	○							
19	硫酸锰	×	○	○	×	○	○	×	○	×	×	○	○	○	×	○	○	×	○						
20	硼酸	○	○	○	○	○	○	×	○	×	○	○	○	○	×	○	○	×	○	○					
21	骨粉类	○	○	○	×	○	○	×	○	×	×	○	○	○	×	○	○	×	○	○	○				
22	粪尿肥	◎	○	○	×	◎	◎	×	○	×	○	○	○	○	×	○	○	○	○	○	○	○			
23	厩肥、堆肥	○	○	○	○	○	○	○	○	○	○	○	○	○	○	○	○	○	○	○	○	○	○		
24	草木灰	×	×	×	×	×	×	○	○	○	○	×	○	○	×	×	×	○	○	×	○	○	×	×	

附录二　化肥单位用量换算表

氮素单位用量换算成含氮肥料和复合（混）肥料单位用量　　（千克）

氮用量	硫酸铵（21%N）	硝硫酸铵（26%N）	硝酸铵钙和氯化铵（25%N）	硝酸钙（34%N）	硝酸铵（15.5%N）	硝酸钠/硫磷酸铵16–20–0	尿素（46%N）	尿素硝酸铵28–28–0
10	48	38	40	29	65	43	22	36
20	95	77	80	59	129	125	43	71
30	143	115	120	88	194	188	65	107
40	190	154	160	118	258	250	87	143
50	238	192	200	147	323	313	109	179
60	286	231	240	176	387	375	130	214
70	334	269	280	206	452	438	152	250
80	380	308	320	235	516	500	174	286
90	428	346	360	265	581	563	195	321
100	476	385	400	294	645	625	217	357
110	524	423	440	324	710	688	239	393
120	571	462	480	353	774	750	361	429
130	619	500	520	382	839	813	283	464
140	666	538	560	412	903	875	304	500
150	714	577	600	441	968	938	326	536

附录三 波尔多液配制方法

波尔多液是用硫酸铜、生石灰和水配制成的天蓝色悬浮液，呈微碱性。波尔多液喷洒到植物上，黏着力强，耐雨水冲刷，持效期长达15～20天，是苹果、梨、葡萄等多种果树良好的保护性杀菌剂(注意桃、李、杏等对波尔多液敏感，生产上不宜使用)。由于该药具有成本较低、药效期较长、抗药性不强等特点，在生产中被广泛应用。但不少农民为省工省事，在配制时操作不规范，降低药效，影响防治效果。现将波尔多液科学配制方法介绍如下。

一、配制方法

根据植物种类、施药时期和防治病害的种类不同，所选用的硫酸铜、生石灰和水的比例也不同。目前应用的有石灰半量式、等量式、倍量式和多量式数种。所谓石灰半量式，即生石灰的用量为硫酸铜用量的1/2；石灰等量式，即生石灰和硫酸铜的用量相等，其他依此类推。常用等量式波尔多液配量为1份硫酸铜、1份生石灰和100～200份水，简写为1∶1∶100～200。石灰倍量式波尔多液的配量为2份生石灰、1份硫酸铜、160～240份水，简写为1∶2∶160～240。例如，硫酸铜1份、生石灰1份、水100份（简写为1∶1∶100），配成1%石灰等量式波尔多液。用木桶或缸两只，一只放水90份，加入硫酸铜1份（硫酸铜可先用少量热水溶化），溶化成硫酸铜溶液；另一只放生石灰1份，加水10份，化成石灰乳，等石灰乳温度降到室温以后，将硫酸铜溶液慢慢倒入石灰乳中，边倒边用棍棒剧烈搅拌，即成天蓝色的波尔多液。也可以用3个容器，一只放水50份，加入硫酸铜1份，溶化成硫酸铜溶液；另一只放生石灰1份，加水50份，溶解成石灰液。然后将2个容器的溶液同时倒入第三个容器，边倒边搅拌，即配成同样的波尔多液。若是石灰倍量式，即以硫酸铜1份、石灰2份、水200份配制，其余类推。

二、注意事项

一是配制时应选用块状生石灰，硫酸铜应选用鲜蓝色结晶。已风化的生石灰和含杂质较多的硫酸铜不宜用。二是石灰乳和硫酸铜液混合时，温度不可超过室温，要等凉后再将两者慢慢混合，否则极易产生沉淀而影响质量。三是配制时，不能使用金属容器；喷过波尔多液的喷雾器要及时清洗，防止腐蚀受损。四是不能与肥皂、石硫合剂、油类乳剂及敌百虫、乐果等农药混合使用。五是桃、梅、李、杏类果树在生长期绝对不能喷洒波尔多液，否则会产生药害造成落叶。六是喷过波尔多液后，不能紧接着喷洒石硫合剂，一般要间隔20天左右；喷过石硫合剂后，间隔15天左右才能喷洒波尔多液，否则容易引起药害。七是喷过波尔多液后，常诱发锈壁虱，因此必须加强对锈壁虱的检查与防治。八是波尔多液要随配随用。

参考文献

[1] 全国农业技术推广服务中心. 北方果树测土配方施肥技术[M]. 北京：中国农业出版社，2011.

[2] 张洪昌. 果树施肥技术手册[M]. 北京：中国农业出版社，2014.

[3] 吕英华. 无公害果树施肥技术[M]. 北京：中国农业出版社，2003.

[4] 赵永志. 果树测土配方施肥技术理论与实践[M]. 北京：中国农业科学技术出版社，2012.

[5] 谭金芳. 作物施肥原理与技术[M]. 北京：中国农业大学出版社，2003.

[6] 全国农业技术推广服务中心. 无公害果品生产技术手册[M]. 北京：中国农业出版社，2003.

[7] 张义勇. 果树栽培技术（北方本）[M]. 北京：北京大学出版社，2007.

[8] 冯社章，赵善陶. 果树生产技术（北方本）[M]. 北京：化学工业出版社，2007.

[9] 马骏，蒋锦标. 果树生产技术（北方本）[M]. 北京：中国农业出版社，2006.

[10] 王跃进，杨晓盆. 北方果树整形修剪与异常树改造[M]. 北京：中国农业出版社，2002.

[11] 张占军，赵晓玲. 果树设施栽培学[M]. 西安：西北农林科技大学出版社，2009.

[12] 孙培博，夏树让. 设施果树栽培技术 [M]. 北京：中国农业出版社，2008.

[13] 温鹏飞，曹琴. 反季节鲜果栽培技术 [M]. 北京：中国社会出版社，2006.

[14] 王晓娅. 果树设施栽培技术 [M]. 银川：宁夏人民出版社，2009.

[15] 蒋锦标，吴国兴. 名优果树反季节栽培 [M]. 北京：金盾出版社，2010.

[16] 贾永祥，程福厚. 水果设施栽培技术 [M]. 北京：中国社会出版社，2010.

[17] 王金政，王少敏. 果树保护地栽培不可不读 [M]. 北京：中国农业出版社，2004.

[18] 郭世荣，高志红. 设施果树生产技术 [M]. 北京：化学工业出版社，2013.

[19] 宋士清，王久兴. 设施栽培技术 [M]. 北京：中国农业科学技术出版社，2010.

[20] 农业部农民科技教育培训中心组. 枣栽培技术 [M]. 北京：中国农业出版社，2001.

[21] 周俊义. 鲜枣高效栽培技术 [M]. 石家庄：河北科学技术出版社，2009.

[22] 冯月秀，等. 梨树栽培新技术 [M]. 西安：西北农林科技大学出版社，2005.

[23] 孙士宗，王志刚. 梨 [M]. 北京：中国农业大学出版社，2005.

[24] 杨建民，等. 李杏资源研究与利用进展 [M]. 北京：中国农业出版社，2006.

[25] 陆斌，等. 果桑栽培与加工新技术 [M]. 昆明：云南科技出版社，2009.

三农编辑部新书推荐

书　名	定　价
西葫芦实用栽培技术	16.00
萝卜实用栽培技术	16.00
杏实用栽培技术	15.00
葡萄实用栽培技术	19.00
梨实用栽培技术	21.00
特种昆虫养殖实用技术	29.00
水蛭养殖实用技术	15.00
特禽养殖实用技术	36.00
牛蛙养殖实用技术	15.00
泥鳅养殖实用技术	19.00
设施蔬菜高效栽培与安全施肥	32.00
设施果树高效栽培与安全施肥	29.00
特色经济作物栽培与加工	26.00
砂糖橘实用栽培技术	28.00
黄瓜实用栽培技术	15.00
西瓜实用栽培技术	18.00
怎样当好猪场场长	26.00
林下养蜂技术	25.00
獭兔科学养殖技术	22.00
怎样当好猪场饲养员	18.00
毛兔科学养殖技术	24.00
肉兔科学养殖技术	26.00
羔羊育肥技术	16.00

三农编辑部即将出版的新书

序　号	书　名
1	提高肉鸡养殖效益关键技术
2	提高母猪繁殖率实用技术
3	种草养肉牛实用技术问答
4	怎样当好猪场兽医
5	肉羊养殖创业致富指导
6	肉鸽养殖致富指导
7	果园林地生态养鹅关键技术
8	鸡鸭鹅病中西医防治实用技术
9	毛皮动物疾病防治实用技术
10	天麻实用栽培技术
11	甘草实用栽培技术
12	金银花实用栽培技术
13	黄芪实用栽培技术
14	番茄栽培新技术
15	甜瓜栽培新技术
16	魔芋栽培与加工利用
17	香菇优质生产技术
18	茄子栽培新技术
19	蔬菜栽培关键技术与经验
20	李高产栽培技术
21	枸杞优质丰产栽培
22	草菇优质生产技术
23	山楂优质栽培技术
24	板栗高产栽培技术
25	猕猴桃丰产栽培新技术
26	食用菌菌种生产技术